U0157694

激光与物质相互作用理论

丛书林　编著

科学出版社
北　京

内 容 简 介

本书从标量性质和矢量性质两个方面介绍激光与物质相互作用的基本理论及其应用. 全书共 9 章. 第 1 章概括介绍激光与原子、分子相互作用的机理和相关问题. 第 2 章介绍电磁场与原子态的二次量子化理论和光吸收与光辐射理论. 第 3 章介绍量子刘维尔方程与光学布洛赫方程及其应用. 第 4 章介绍量子力学微扰理论，用于描述原子或分子的多光子激发与电离过程. 第 5 章介绍含时量子波包理论及其计算方法. 第 6 章介绍角动量耦合与统计张量理论. 第 7 章介绍光与物质相互作用的矢量性质，包括分子定向与取向、定向分子的光解离与光电离理论、光电子角分布理论、光解离产物的角分布理论和离子成像理论等. 第 8 章介绍超快光物理与光化学动力学的基本理论. 第 9 章介绍利用激光控制化学反应的基本理论及其应用.

本书可供物理学、光学工程和电子科学与技术专业的研究生作为教材或参考书使用，也可供相关专业的科研人员参考.

图书在版编目(CIP)数据

激光与物质相互作用理论 / 丛书林编著. —北京：科学出版社，2023.6
ISBN 978-7-03-075828-6

Ⅰ. ①激… Ⅱ. ①丛… Ⅲ. ①激光－相互作用－物质－研究
Ⅳ. ①TN24 ②B021

中国国家版本馆 CIP 数据核字（2023）第 106814 号

责任编辑：杨慎欣 张培静 / 责任校对：邹慧卿
责任印制：赵 博 / 封面设计：无极书装

科学出版社出版
北京东黄城根北街 16 号
邮政编码：100717
http://www.sciencep.com
北京天宇星印刷厂印刷
科学出版社发行 各地新华书店经销
*
2023 年 6 月第 一 版 开本：787×1092 1/16
2024 年 6 月第三次印刷 印张：11 1/2
字数：259 000

定价：48.00 元

（如有印装质量问题，我社负责调换）

前　言

自 1960 年激光技术诞生以来，光与物质相互作用一直是物理学、化学、生物学、医学、农学、材料学、微电子学等学科和高新技术领域普遍感兴趣的科研课题.

光与物质相互作用包含标量性质和矢量性质两个方面. 通常研究者把更多的注意力放在标量性质的研究上，较少关注矢量性质的研究. 在标量性质研究方面，通过实验测量或理论计算来研究布居转移、吸收光谱、荧光光谱、激光诱导荧光光谱、拉曼光谱、电离光谱、光电子能谱、离子能谱、电离-解离质谱和光解离谱等；在矢量性质研究方面，主要研究分子定向与取向、光电子动量谱、离子动量谱、光电子角分布（光电子成像）、离子角分布（离子成像）、光解离产物角分布、解离或电离产物与母分子之间的矢量相关性等. 本书从光与物质相互作用的标量性质和矢量性质出发，系统地介绍了激光与原子、分子相互作用的基本理论及其应用.

作者自 2003 年以来一直为大连理工大学物理学院研究生讲授“激光与物质相互作用”课程，1998～2004 年期间曾为中国科学院大连化学物理研究所博士研究生讲授“分子反应动力学”课程. 本书是在这两门课程的讲义基础上整理而成，同时又补充了一些最近几年的科研成果.

本书初稿完成后，请韩永昌、王高仁、于杰、程传辉、柴硕、王淑芬和刘勇等几位教师以及二十多位研究生阅读，广泛征求修改意见. 这些教师和研究生提出了许多宝贵的修改意见与建议. 司博文、吕柄宽、白岩鹏、陈中博、孙志新、崔鹏飞和于宗汉等研究生帮助绘制了书中部分线条图. 特向这些教师和研究生表示感谢.

感谢大连理工大学研究生教材出版基金对本书出版提供的资助.

由于作者水平有限，书中难免会有疏漏之处，敬请读者批评指正，作者诚挚地表示感谢.

丛书林
大连理工大学凌水主校区
2021 年 8 月

目　录

第 1 章 绪　论

所有光物理与光化学现象都来源于光与物质（由原子、分子组成）的相互作用[1-5]，因此，光与物质相互作用不仅是物理学的一个重要研究课题，而且也是化学、生物学、医学、农学、材料学和微电子学等学科普遍感兴趣的研究课题[6-10].

在高新技术领域，发光二极管（light-emitting diode, LED）、自发光材料、微纳电子器件、激光武器、激光焊接与加工、集成电路（芯片）、光刻录机、太阳能电池、精密测量等技术均和光与物质相互作用密切相关.

根据量子力学理论，光通过电偶极矩（电多极矩）、磁偶极矩（磁多极矩）、精细结构耦合（如电子自旋与轨道角动量耦合）、超精细结构耦合（如电子自旋与核自旋耦合）、斯塔克（Stark）效应、塞曼（Zeeman）效应等与原子、分子发生相互作用.

在光与物质相互作用过程中，将伴随着光吸收、自发辐射、受激辐射、无辐射跃迁（包括内转换和系间穿越）、振动弛豫、转动弛豫、电荷转移、能量转移、动量转移、角动量转移等现象发生，使原子、分子发生电离、解离、电离-解离（或解离-电离）、定向与取向、极化与磁化等.

在实验研究方面，可以利用各种光谱技术测量吸收光谱、荧光光谱、激光诱导荧光光谱、拉曼光谱、光电子能谱、离子能谱、电离信号强度（电离光谱）、电离-解离质谱、分子解离谱等具有标量性质的物理量，测量分子定向（orientation）与取向（alignment）、光电子动量谱、离子动量谱、光电子空间角分布（或光电子成像）、离子空间角分布（或离子成像）、光解离产物空间角分布等具有矢量性质的物理量. 通过这些实验观测来研究光与物质相互作用的机理、基本性质和基本规律.

在理论研究方面，可以采用量子力学理论计算光与物质相互作用的相关物理量. ①计算具有标量性质的物理量：原子或分子吸收光谱、荧光光谱、激光诱导荧光光谱、拉曼光谱、受激辐射光谱、电离光谱、电离效率、光电子能谱、离子能谱、电离-解离（或解离-电离）质谱、分子解离产物分支比、振动弛豫、布居转移、电荷转移和能量转移等. ②计算具有矢量性质的物理量：分子定向和取向参数、光电子动量谱、离子动量谱、动量转移、角动量转移、光电子空间角分布（光电子成像）、离子空间角分布（离子成像）、分子解离产物空间角分布、解离或电离产物与母分子之间的矢量相关性等. 强激光场（$I \geqslant 10^{12}$ W/cm^2）可使分子同时发生电离和解离，需要计算电离-解离或解离-电离概率以及产物的空间角分布等. 通过理论计算来解释光与物质相互作用的实验结果，深入研究光与物质相互作用的机理和基本性质.

研究光与原子、分子相互作用的主要理论方法有二次量子化理论、含时量子波包理论、含时与非含时微扰理论、密度矩阵理论（包括量子刘维尔方程、光学布洛赫方程等）、瞬态极化与色散理论、力学量满足的速率方程、准经典轨线理论和量子化学从头计算理论（包括含时与非含时密度泛函）等.

本书包含以下内容.

第 2 章介绍电磁场与原子态的二次量子化理论，包括光子的基本性质、电磁场的量子化理论、原子哈密顿算符的二次量子化理论、光吸收与光辐射理论等.

第 3 章介绍量子刘维尔方程与光学布洛赫方程，包括密度矩阵的基本概念与性质、量子刘维尔方程、二能级与三能级系统的光学布洛赫方程、原子或分子多光子吸收与电离的密度矩阵理论等.

第 4 章介绍多光子激发与电离的量子力学微扰理论，包括量子力学微扰理论、原子吸收和辐射单光子的跃迁速率、吸收多光子的跃迁速率和原子的多光子激发与电离理论等.

第 5 章介绍含时量子波包理论及其计算方法，包括波包的基本概念、格点表象与有限基矢表象、初始波包的计算、绝热与非绝热表象、玻恩-奥本海默近似、波包的时间演化等，最后介绍含时量子波包方法在研究激光与原子、分子相互作用中的应用.

第 6 章介绍角动量耦合与统计张量理论，主要内容包括角动量算符及其基本性质、角动量耦合理论、转动变换与 D 函数、球张量和不可约张量算符、密度矩阵与态多极矩、分子基态和激发态多极矩. 本章内容是研究光与物质相互作用矢量性质的理论基础.

第 7 章介绍光与物质相互作用的矢量性质，主要内容包括由分子碰撞诱导发射荧光方法确定分子的定向与取向、由激光诱导荧光方法确定分子的定向和取向、利用超短脉冲激光控制分子的定向和取向、定向分子的光解离理论、定向分子的光电离与光电子角分布理论、光解离产物的角分布理论、光电子角分布理论和离子成像理论等.

第 8 章介绍超快光物理与光化学动力学的基本理论，主要内容包括激发态的产生与衰减、辐射与无辐射跃迁、单分子光物理过程的速率方程、瞬态极化理论、纳秒量级的分子激发态动力学理论、皮秒和飞秒量级的分子激发态动力学理论和飞秒时间分辨荧光亏蚀光谱理论等.

第 9 章介绍利用激光控制化学反应的基本理论，主要内容包括弱激光场相干控制的基本理论、单分子光解离反应的双光子控制方案、分子光解离反应的单光子与三光子控制方案、原子与分子碰撞反应的相干控制方案、强激光场相干控制的基本理论和相干控制理论的实验验证.

参 考 文 献

[1] 王中和，张光寅. 光子学物理基础. 北京：国防工业出版社，1998.

[2] 张明生. 激光光散射谱学. 北京：科学出版社，2008.

[3] 杰尔. 角动量——化学及物理学中的方位问题. 赖善桃，余亚雄，丘应楠，译. 北京：科学出版社，1995.

[4] Svanberg S. Atomic and molecular spectroscopy: basic aspects and practical applications. 4th ed. 北京：科学出版社, 2011.

[5] Rullière C. Femtosecond laser pulses: principles and experiments. 2nd ed. 北京：科学出版社，2007.

[6] 戴姆特瑞德. 激光光谱学（原书第四版），第 1 卷：基础理论. 姬扬，译. 北京：科学出版社，2012.

[7] 戴姆特瑞德. 激光光谱学（原书第四版），第 2 卷：实验技术. 姬扬，译. 北京：科学出版社，2012.

[8] 谭维翰. 光子光学导论. 2 版. 北京：科学出版社，2012.

[9] 张志刚. 飞秒激光技术. 北京：科学出版社，2011.

[10] 李桂春. 光子光学. 北京：国防工业出版社，2010.

第 2 章　电磁场与原子态的二次量子化理论

本章先介绍光子的基本性质，然后描述电磁场和原子哈密顿算符的二次量子化理论[1-5]，最后介绍原子的光吸收与光辐射理论. 由于没有考虑原子哈密顿的具体细节，而是把原子作为一个整体考虑，所以本章介绍的理论完全适用于处理激光场与分子相互作用问题.

2.1　光子的能量、动量和角动量

2.1.1　光子的能量

在频率为ν 的光模中，每个光子具有的能量 ε 为

$$\varepsilon = h\nu = \hbar\omega \tag{2.1.1}$$

式中，$h=6.63\times10^{-34}$ J·s 为普朗克常数；$\hbar = h/(2\pi)$；圆频率 $\omega = 2\pi\nu$. 不同的频率对应不同的光模. 一个光模内即使没有光子也具有一定的能量 $E_0 = \hbar\omega/2$，称为零点能. 当频率为ν 的光模中有 n 个光子时，该光模具有的能量为

$$E_n = (n+1/2)\hbar\omega, \quad n = 0,1,2,\cdots \tag{2.1.2}$$

由于能量的测量涉及两个能级差，故零点能不能直接被观测到. 零点能的存在对原子或分子的自发辐射过程起着重要作用.

2.1.2　光子的动量

设光的波长为λ，在波矢量为$\boldsymbol{k}_\lambda$ 的光模中，每个光子的动量为

$$\boldsymbol{P}_\lambda = \hbar\boldsymbol{k}_\lambda \tag{2.1.3}$$

波矢量的模为 $k_\lambda = \omega_\lambda/c = 2\pi/\lambda$，$c$ 为真空中光速. 电磁场的动量密度 $\boldsymbol{P}$（单位体积的动量）为

$$\boldsymbol{P} = \sum_\lambda (n_\lambda + 1/2)\hbar\boldsymbol{k}_\lambda \tag{2.1.4}$$

式中，n_λ 表示第λ个光模的光子数. 动量密度可以用光子的产生算符和湮灭算符表示为

$$\boldsymbol{P} = \sum_\lambda (\hat{a}_\lambda^+ \hat{a}_\lambda + 1/2)\hbar\boldsymbol{k}_\lambda \tag{2.1.5}$$

利用光子能量公式 $\varepsilon_\lambda = \hbar\omega_\lambda$ 得到

$$\varepsilon_\lambda^2 = \left|\boldsymbol{P}_\lambda\right|^2 c^2 \tag{2.1.6}$$

当光子被原子吸收时，原子不仅获得了光子的能量，同时也获得了光子的动量. 这相当于电磁场给原子一个压力，称为光压.

根据普朗克黑体辐射理论，电磁场的能量密度为

$$\rho(\nu)=\rho(\omega)=\frac{8\pi h\nu^3}{c^3}\frac{1}{\exp\left(\dfrac{h\nu}{k_B T}\right)-1} \tag{2.1.7}$$

式中，k_B 和 T 分别表示玻尔兹曼常数和温度.

设原子第一激发态和基态的布居分别为 N_1 和 N_0，两个态的能量差为 $\hbar\omega$，原子动量密度的变化率 $\mathrm{d}\boldsymbol{P}/\mathrm{d}t$ 正比于吸收和受激辐射的速率差，即

$$\frac{\mathrm{d}\boldsymbol{P}}{\mathrm{d}t}=\hbar\boldsymbol{k}_\lambda(N_0-N_1)B_{21}\rho(\omega) \tag{2.1.8}$$

式中，B_{21} 和 $\boldsymbol{k}_\lambda$ 分别表示受激辐射系数和波矢量. 设自发辐射系数为 A_{21}，达到稳定状态后，有

$$N_1A_{21}=(N_0-N_1)B_{21}\rho(\omega) \tag{2.1.9}$$

比较方程（2.1.8）和方程（2.1.9）得到

$$\frac{\mathrm{d}\boldsymbol{P}}{\mathrm{d}t}=\hbar\boldsymbol{k}_\lambda N_1A_{21} \tag{2.1.10}$$

动量的变化率表示原子受到的光压. 光压正比于波矢量 $\boldsymbol{k}_\lambda$ 和激发态布居 N_1，比例系数为自发辐射系数 A_{21}.

2.1.3　光子的角动量

一般粒子的角动量包含轨道角动量和自旋角动量（内禀角动量）. 自旋角动量是粒子围绕自身轴转动的角动量. 光子沿着直线方向传播，其轨道角动量和静止质量均为零. 光子的自旋角动量即为光子的总角动量.

设 L 和 M 分别表示光子角动量量子数和磁量子数，光子角动量的大小为

$$J=\sqrt{L(L+1)}\hbar,\qquad L=1 \tag{2.1.11}$$

在坐标系 Z 轴的投影分量为

$$J_Z=M\hbar,\qquad M=0,\pm1 \tag{2.1.12}$$

应该指出：①光子是玻色子；②光子的角动量量子数 L=1，磁量子数 M=1, 0, −1 分别对应左圆偏振光、线偏振光和右圆偏振光.

2.2　电磁场量子化和光子数态

2.2.1　电磁场的量子化

将电磁场量子化分为三个步骤：①求解电磁场矢势 $\boldsymbol{A}(\boldsymbol{r},t)$ 和标势 $\phi(\boldsymbol{r},t)$ 满足的达朗

贝尔方程，引出正则坐标 Q 和正则动量 P；②使用正则坐标 Q 和正则动量 P 写出电磁场哈密顿；③引入产生算符和湮灭算符，写出哈密顿算符的量子化表达式.

在真空中，电场强度 $\boldsymbol{E}(\boldsymbol{r},t)$ 和磁感应强度 $\boldsymbol{B}(\boldsymbol{r},t)$ 用矢势 $\boldsymbol{A}(\boldsymbol{r},t)$ 和标势 $\phi(\boldsymbol{r},t)$ 分别表示为

$$\boldsymbol{E}(\boldsymbol{r},t)=-\nabla\phi(\boldsymbol{r},t)-\frac{1}{c}\frac{\partial \boldsymbol{A}(\boldsymbol{r},t)}{\partial t} \tag{2.2.1}$$

和

$$\boldsymbol{B}(\boldsymbol{r},t)=\nabla\times\boldsymbol{A}(\boldsymbol{r},t) \tag{2.2.2}$$

采用库仑约规

$$\nabla\cdot\boldsymbol{A}(\boldsymbol{r},t)=0 \tag{2.2.3}$$

矢势 $\boldsymbol{A}(\boldsymbol{r},t)$ 满足达朗贝尔方程

$$\nabla^2\boldsymbol{A}(\boldsymbol{r},t)-\frac{1}{c^2}\frac{\partial^2\boldsymbol{A}(\boldsymbol{r},t)}{\partial t^2}=-\mu_0\boldsymbol{J} \tag{2.2.4}$$

式中，μ_0 为真空磁导率；$\boldsymbol{J}$ 为传导电流密度矢量. 在电磁场的空间中，$\boldsymbol{J}\equiv 0$，故

$$\nabla^2\boldsymbol{A}(\boldsymbol{r},t)-\frac{1}{c^2}\frac{\partial^2\boldsymbol{A}(\boldsymbol{r},t)}{\partial t^2}=0 \tag{2.2.5}$$

方程（2.2.5）的一个特解为

$$\boldsymbol{A}(\boldsymbol{r},t)=\boldsymbol{A}_0\exp[\mathrm{i}(\boldsymbol{k}\cdot\boldsymbol{r}-\omega t)] \tag{2.2.6}$$

式中，$\boldsymbol{A}_0$ 为振幅；$\boldsymbol{k}$ 为波矢量，其模为 $k=|\boldsymbol{k}|=\omega/c$；$\omega$ 为电磁场的圆频率. 采用分离变量方法，将矢势 $\boldsymbol{A}(\boldsymbol{r},t)$ 表示为

$$\boldsymbol{A}(\boldsymbol{r},t)=\boldsymbol{A}(\boldsymbol{r})q(t) \tag{2.2.7}$$

式中

$$q(t)=q_0\exp(-\mathrm{i}\omega t) \tag{2.2.8}$$

使用方程（2.2.7）和方程（2.2.8），把方程（2.2.5）改写为两个方程

$$\nabla^2\boldsymbol{A}(\boldsymbol{r})+k^2\boldsymbol{A}(\boldsymbol{r})=0 \tag{2.2.9}$$

$$\frac{\mathrm{d}^2q(t)}{\mathrm{d}t^2}+\omega^2q(t)=0 \tag{2.2.10}$$

在一般情况下，电磁场包含多种光模. 不同的光模对应不同的频率 ω_λ 或者波矢量 $\boldsymbol{k}_\lambda$. 只有一种光波模式的电磁波称为单色电磁波（单色光）. 矢势可以表示为

$$\boldsymbol{A}(\boldsymbol{r},t)=\sum_\lambda[q_\lambda(t)\boldsymbol{A}_\lambda(\boldsymbol{r})+q_\lambda^*(t)\boldsymbol{A}_\lambda^*(\boldsymbol{r})] \tag{2.2.11}$$

使用矢势 $\boldsymbol{A}(\boldsymbol{r},t)$ 和标势 $\phi(\boldsymbol{r},t)$ 的表达式，把电场强度 $\boldsymbol{E}(\boldsymbol{r},t)$ 和磁感应强度 $\boldsymbol{B}(\boldsymbol{r},t)$ 分别表示为

$$\boldsymbol{E}(\boldsymbol{r},t)=-\frac{1}{c}\frac{\partial\boldsymbol{A}(\boldsymbol{r},t)}{\partial t}=\frac{\mathrm{i}}{c}\sum_\lambda\omega_\lambda[q_\lambda(t)\boldsymbol{A}_\lambda(\boldsymbol{r})+q_\lambda^*(t)\boldsymbol{A}_\lambda^*(\boldsymbol{r})] \tag{2.2.12}$$

$$\boldsymbol{B}(\boldsymbol{r},t)=\nabla\times\boldsymbol{A}(\boldsymbol{r},t)=\sum_\lambda[q_\lambda(t)\nabla\times\boldsymbol{A}_\lambda(\boldsymbol{r})-q_\lambda^*(t)\nabla\times\boldsymbol{A}_\lambda^*(\boldsymbol{r})] \tag{2.2.13}$$

矢势 $\boldsymbol{A}(\boldsymbol{r})$ 满足正交关系式

$$\int\boldsymbol{A}_\lambda^*(\boldsymbol{r})\cdot\boldsymbol{A}_{\lambda'}(\boldsymbol{r})\mathrm{d}V=4\pi c^2\delta_{\lambda\lambda'} \tag{2.2.14}$$

利用方程（2.2.12），对空间体积积分后，得出电场的能量为

$$H_e = \int (1/8\pi)\boldsymbol{E}(\boldsymbol{r},t)\cdot\boldsymbol{E}^*(\boldsymbol{r},t)\mathrm{d}V = \sum_\lambda \omega_\lambda^2 (q_\lambda q_\lambda^* + q_\lambda^* q_\lambda)/2 \tag{2.2.15}$$

可以证明磁场能量 H_m=H_e. 电磁场在空间体积 V 内的总能量为

$$H = H_e + H_e = \sum_\lambda \omega_\lambda^2 (q_\lambda q_\lambda^* + q_\lambda^* q_\lambda) \tag{2.2.16}$$

式中，ω_λ 表示电磁波第λ个光模的圆频率. q_λ 不是实变量，为了讨论问题方便，引入两个实变量 Q_λ和 P_λ:

$$Q_\lambda = q_\lambda + q_\lambda^* \tag{2.2.17a}$$

$$P_\lambda = \frac{\mathrm{d}q_\lambda}{\mathrm{d}t} + \frac{\mathrm{d}q_\lambda^*}{\mathrm{d}t} = -\mathrm{i}\omega_\lambda (q_\lambda - q_\lambda^*) \tag{2.2.17b}$$

其逆变换为

$$q_\lambda = (Q_\lambda + \mathrm{i}P_\lambda/\omega_\lambda)/2, \quad q_\lambda^* = (Q_\lambda - \mathrm{i}P_\lambda/\omega_\lambda)/2 \tag{2.2.18}$$

使用 P_λ和 Q_λ表示电磁场的哈密顿，方程（2.2.16）变为

$$H = \sum_\lambda H_\lambda = \sum_\lambda (P_\lambda^2 + \omega_\lambda^2 Q_\lambda^2)/2 \tag{2.2.19}$$

P_λ 和 Q_λ 满足正则方程

$$\dot{Q}_\lambda = \frac{\partial H_\lambda}{\partial P_\lambda}, \quad \dot{P}_\lambda = -\frac{\partial H_\lambda}{\partial Q_\lambda} \tag{2.2.20}$$

根据经典力学，方程（2.2.19）表示一个由无穷多个线性谐振子组成的系统. 每个谐振子的圆频率为 $\omega_\lambda = |\boldsymbol{k}_\lambda| c$，而 Q_λ 和 P_λ 分别表示谐振子的正则坐标和正则动量. 在量子化过程中，它们不再是简单的力学量，而是算符，并满足下列对易关系：

$$[\hat{Q}_\lambda, \hat{Q}_\tau] = 0, \quad [\hat{P}_\lambda, \hat{P}_\tau] = 0, \quad [\hat{Q}_\lambda, \hat{P}_\tau] = \mathrm{i}\hbar\delta_{\lambda\tau} \tag{2.2.21}$$

引入一对无量纲算符 $\hat{a}_\lambda$ 和 $\hat{a}_\lambda^+$（分别称为湮灭算符和产生算符），即

$$\hat{Q}_\lambda = \left(\frac{\hbar}{2\omega_\lambda}\right)^{1/2} (\hat{a}_\lambda + \hat{a}_\lambda^+), \quad \hat{P}_\lambda = -\mathrm{i}\left(\frac{\hbar}{2\omega_\lambda}\right)^{1/2} (\hat{a}_\lambda - \hat{a}_\lambda^+) \tag{2.2.22}$$

其逆变换为

$$\hat{a}_\lambda = \left(\frac{\omega_\lambda}{2\hbar}\right)^{1/2} \left(\hat{Q}_\lambda + \mathrm{i}\frac{\hat{P}_\lambda}{\omega_\lambda}\right), \quad \hat{a}_\lambda^+ = \left(\frac{\omega_\lambda}{2\hbar}\right)^{1/2} \left(\hat{Q}_\lambda - \mathrm{i}\frac{\hat{P}_\lambda}{\omega_\lambda}\right) \tag{2.2.23}$$

把 $\hat{Q}_\lambda$ 和 $\hat{P}_\lambda$ 代入哈密顿 $\hat{H}_\lambda$ 的表达式（2.2.19）中，得到

$$\hat{a}_\lambda^+ \hat{a}_\lambda = \frac{1}{\hbar\omega_\lambda}\left(\hat{H}_\lambda - \frac{1}{2}\hbar\omega_\lambda\right), \quad \hat{a}_\lambda \hat{a}_\lambda^+ = \frac{1}{\hbar\omega_\lambda}\left(\hat{H}_\lambda + \frac{1}{2}\hbar\omega_\lambda\right) \tag{2.2.24}$$

产生算符 $\hat{a}_\lambda^+$ 和湮灭算符 $\hat{a}_\lambda$ 满足对易关系

$$[\hat{a}_\lambda, \hat{a}_\tau^+] = \delta_{\lambda\tau} \tag{2.2.25}$$

由式（2.2.24）得到

$$\hat{H}_\lambda = \hbar\omega_\lambda (\hat{a}_\lambda^+ \hat{a}_\lambda + 1/2) \tag{2.2.26}$$

或者

$$\hat{H}_\lambda = \hbar\omega_\lambda(\hat{a}_\lambda \hat{a}_\lambda^+ - 1/2) \tag{2.2.27}$$

定义光子数算符 $\hat{n}_\lambda$ 为

$$\hat{n}_\lambda = \hat{a}_\lambda^+ \hat{a}_\lambda \tag{2.2.28}$$

光子数算符 $\hat{n}_\lambda$ 的本征值取零或正整数. 对于多模电磁场，哈密顿算符为

$$\hat{H} = \sum_\lambda \hat{H}_\lambda = \sum_\lambda \hbar\omega_\lambda(\hat{n}_\lambda + 1/2) \tag{2.2.29}$$

其能量本征值为

$$E = \sum_\lambda E_\lambda = \sum_\lambda \hbar\omega_\lambda(n_\lambda + 1/2), \quad n_\lambda = 0, 1, 2, \cdots \tag{2.2.30}$$

以上通过引入正则坐标和产生及湮灭算符，将电磁场化为一系列谐振子，完成了电磁场的量子化. 每个谐振子相当于一个光子，其能量为 $E_\lambda = \hbar\omega_\lambda$. 下面对电磁场的矢势和标势进行量子化处理.

把式（2.2.22）代入式（2.2.18）中，得出

$$q_\lambda = \sqrt{\frac{\hbar}{2\omega_\lambda}}\hat{a}_\lambda, \qquad q_\lambda^* = \sqrt{\frac{\hbar}{2\omega_\lambda}}\hat{a}_\lambda^+ \tag{2.2.31}$$

把上式代入方程（2.2.11）中，然后求解方程（2.2.9），得到

$$\boldsymbol{A}(\boldsymbol{r},t) = \sum_\lambda \sqrt{\frac{2\pi\hbar c^2}{V\omega_\lambda}}\left(\hat{a}_\lambda \mathrm{e}^{\mathrm{i}\boldsymbol{k}_\lambda\cdot\boldsymbol{r}} + \hat{a}_\lambda^+ \mathrm{e}^{-\mathrm{i}\boldsymbol{k}_\lambda\cdot\boldsymbol{r}}\right)\hat{\boldsymbol{e}}_\lambda^0 \tag{2.2.32}$$

式中，V 表示电磁场的空间体积；$\hat{\boldsymbol{e}}_\lambda^0$ 表示沿着矢势 $\boldsymbol{A}_\lambda$ 方向的单位矢量. 使用方程（2.2.12）和方程（2.2.13）求出 $\boldsymbol{E}$ 和 $\boldsymbol{B}$ 分别为

$$\boldsymbol{E}(\boldsymbol{r},t) = \mathrm{i}\sum_\lambda \sqrt{\frac{2\pi\hbar\omega_\lambda}{V}}\left(\hat{a}_\lambda \mathrm{e}^{\mathrm{i}\boldsymbol{k}_\lambda\cdot\boldsymbol{r}} - \hat{a}_\lambda^+ \mathrm{e}^{-\mathrm{i}\boldsymbol{k}_\lambda\cdot\boldsymbol{r}}\right)\hat{\boldsymbol{e}}_\lambda^0 \tag{2.2.33}$$

$$\boldsymbol{B}(\boldsymbol{r},t) = \mathrm{i}\sum_\lambda \sqrt{\frac{2\pi\hbar c^2}{V\omega_\lambda}}\left(\hat{a}_\lambda \mathrm{e}^{\mathrm{i}\boldsymbol{k}_\lambda\cdot\boldsymbol{r}} - \hat{a}_\lambda^+ \mathrm{e}^{-\mathrm{i}\boldsymbol{k}_\lambda\cdot\boldsymbol{r}}\right)(\boldsymbol{k}_\lambda \times \hat{\boldsymbol{e}}_\lambda^0) \tag{2.2.34}$$

2.2.2　光子数算符和光子数态

只考虑单色光情况，可以略去光模指标 λ. 设 $|n\rangle$ 和 E_n 分别表示光子数算符 $\hat{n} = \hat{a}^+\hat{a}$ 的本征态和本征值，$|n\rangle$ 也是哈密顿算符 $\hat{H}$ 的本征态，即

$$\hat{n}|n\rangle = n|n\rangle \tag{2.2.35}$$

$$\hat{H}|n\rangle = \hbar\omega(\hat{n} + 1/2)|n\rangle = E_n|n\rangle \tag{2.2.36}$$

光子的能量本征值为

$$E_n = (n + 1/2)\hbar\omega, \quad n = 0, 1, 2, \cdots \tag{2.2.37}$$

图 2.2.1 表示光子能级图. 从图中可以看出：①任意两个相邻能级的间隔相同，且等于单光子的能量，即 $\Delta E = E_{n+1} - E_n = \hbar\omega$；②基态 $|0\rangle$ 的能量（零点能）为 $E_0 = \hbar\omega/2$；③能级 E_n 是 N 个光子能量 $n\hbar\omega$ 与零点能 E_0 之和；④每产生或湮灭一个光子，就有 $\hbar\omega$ 的能量变化.

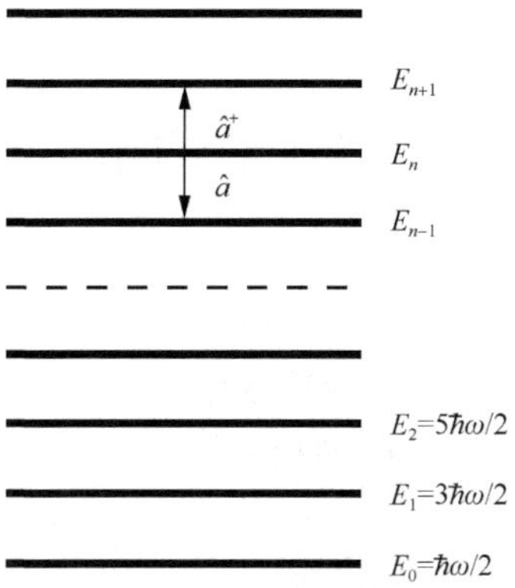

图 2.2.1　光子能级图

光子数态$|n\rangle$不是产生算符和湮灭算符的本征态．可以证明

$$\hat{a}|n\rangle=\sqrt{n}|n-1\rangle,\quad \hat{a}^{+}|n\rangle=\sqrt{n+1}|n+1\rangle \tag{2.2.38}$$

$$\langle n-1|\hat{a}|n\rangle=\sqrt{n},\quad \langle n+1|\hat{a}^{+}|n\rangle=\sqrt{n+1} \tag{2.2.39}$$

但$\hat{n}|n\rangle=\hat{a}^{+}\hat{a}|n\rangle=\sqrt{n}\hat{a}^{+}|n-1\rangle=n|n\rangle$，与式（2.2.35）相同.

在量子力学中，力学量用线性厄米算符来表示．厄米算符的本征值是可观测力学量．厄米算符定义为

$$\hat{A}^{+}=\hat{A},\quad 且\,(\hat{A}\hat{B})^{+}=\hat{B}^{+}\hat{A}^{+} \tag{2.2.40}$$

光子数算符$\hat{n}=\hat{a}^{+}\hat{a}$是厄米算符，其本征值表示光子数．但$\hat{a}^{+}$和$\hat{a}$均不是厄米算符，$\hat{a}$的作用是使光子数减少一个，$\hat{a}^{+}$的作用是使光子数增加一个．另外，$\hat{a}$和$\hat{a}^{+}$作用到左矢上，有

$$\langle n|\hat{a}=\sqrt{n+1}\langle n+1|,\quad \langle n|\hat{a}^{+}=\sqrt{n}\langle n-1| \tag{2.2.41}$$

光子的产生算符和湮灭算符还具有下列运算性质：

$$[\hat{a},(\hat{a}^{+})^{n}]=n(\hat{a}^{+})^{n-1},\quad [\hat{a}^{n},\hat{a}^{+}]=n\hat{a}^{n-1} \tag{2.2.42}$$

$$[\hat{a},f(\hat{a},\hat{a}^{+})]=\frac{\partial f}{\partial \hat{a}^{+}},\quad [\hat{a}^{+},f(\hat{a},\hat{a}^{+})]=-\frac{\partial f}{\partial \hat{a}} \tag{2.2.43}$$

$$|n\rangle=\frac{(\hat{a}^{+})^{n}}{\sqrt{n!}}|0\rangle \tag{2.2.44}$$

式中，$f(\hat{a},\hat{a}^{+})$是以$\hat{a}$和$\hat{a}^{+}$为变量的任意函数.

对于多模电磁场，由于不同模之间彼此独立，故光子数态可以表示为

$$|n_1,n_2,\cdots,n_i,\cdots\rangle=|n_1\rangle|n_2\rangle\cdots|n_i\rangle\cdots \tag{2.2.45}$$

且满足

$$\hat{n}_i|n_1,n_2,\cdots,n_i,\cdots\rangle=n_i|n_1,n_2,\cdots,n_i,\cdots\rangle \tag{2.2.46}$$

$$\hat{a}_i|n_1,n_2,\cdots,n_i,\cdots\rangle=\sqrt{n_i}|n_1,n_2,\cdots,n_i-1,\cdots\rangle \tag{2.2.47}$$

$$\hat{a}_i^{+}|n_1,n_2,\cdots,n_i,\cdots\rangle=\sqrt{n_i+1}|n_1,n_2,\cdots,n_i+1,\cdots\rangle \tag{2.2.48}$$

2.3 原子哈密顿算符的二次量子化

本节先介绍原子态的产生算符与湮灭算符，然后使用光子和原子态产生算符与湮灭算符表示系统的哈密顿算符，并讨论旋转波近似，最后介绍利用原子跃迁算符和泡利（Pauli）矩阵来描述电磁场与原子之间的相互作用.

2.3.1 原子态的产生算符与湮灭算符

设系统由电磁场与原子组成，系统的哈密顿算符为

$$\hat{H}=\hat{H}_a+\hat{H}_f+\hat{H}_i \tag{2.3.1}$$

式中，$\hat{H}_a$ 表示原子哈密顿算符；$\hat{H}_f$ 表示电磁场哈密顿算符；$\hat{H}_i$ 表示电磁场与原子之间的相互作用势. 设 $\hat{H}_a$ 的本征态和本征值分别为 $|i\rangle$ 和 $\hbar\omega_i$，则

$$\hat{H}_a|i\rangle=\hbar\omega_i|i\rangle \tag{2.3.2}$$

$$\langle i|\hat{H}_a|j\rangle=\hbar\omega_i\delta_{ij} \tag{2.3.3}$$

利用本征态 $|i\rangle$ 的完备性条件 $\sum_i|i\rangle\langle i|=1$，得

$$\hat{H}_a=\sum_i|i\rangle\langle i|\hat{H}_a\sum_j|j\rangle\langle j|=\sum_i\hbar\omega_i|i\rangle\langle i| \tag{2.3.4}$$

将原子态算符 $|i\rangle\langle j|$ 作用到本征态 $|l\rangle$ 上，有

$$|i\rangle\langle j|\,l\rangle=|i\rangle\delta_{jl} \tag{2.3.5}$$

原子态算符 $|i\rangle\langle j|$ 的作用是将原子从 $|j\rangle$ 态转移到 $|i\rangle$ 态上. 换句话说，算符 $|i\rangle\langle j|$ 消灭一个原子态 $|j\rangle$，产生一个原子态 $|i\rangle$. 设 $\hat{b}_i^+$ 和 $\hat{b}_i$ 分别表示原子态 $|i\rangle$ 的产生算符和湮灭算符，则 $|i\rangle\langle j|$ 可以表示为

$$|i\rangle\langle j|=\hat{b}_i^+\hat{b}_j,\quad \hat{b}_i^+\hat{b}_j|l\rangle=|i\rangle\delta_{jl} \tag{2.3.6}$$

虽然原子态的产生算符和湮灭算符与光子的产生算符和湮灭算符相似，但它们的含义却不同. 光子可以产生和湮灭，但原子不能产生和湮灭，只能在相互作用中从一个态转变为另一个态. 因此原子态算符总是以产生-湮灭算符成对出现. 原子哈密顿算符可以表示为

$$\hat{H}_a=\sum_i\hbar\omega_i\hat{b}_i^+\hat{b}_i \tag{2.3.7}$$

从方程（2.3.4）到方程（2.3.7）的转换过程称为哈密顿算符的二次量子化，或者说用产生算符和湮灭算符来表示力学量算符的过程称为二次量子化. 而确定力学量算符的本征值和本征态的过程称为一次量子化.

电磁场与原子的相互作用势 $\hat{H}_i$ 为

$$\hat{H}_i = -\frac{q}{mc}\boldsymbol{A}\cdot\hat{\boldsymbol{P}} + \frac{q^2}{2mc^2}|\boldsymbol{A}|^2 \tag{2.3.8}$$

式中，q 和 m 分别表示原子的电量和质量；$\hat{\boldsymbol{P}}$ 表示原子的动量算符；c 表示真空中的光速. 由于上式右边第二项远远小于第一项，故

$$\hat{H}_i \approx -\frac{q}{mc}\boldsymbol{A}\cdot\hat{\boldsymbol{P}} \tag{2.3.9}$$

通常采用电偶极矩来表示相互作用势 $\hat{H}_i$，即

$$\hat{H}_i = -\boldsymbol{\mu}\cdot\boldsymbol{E} \tag{2.3.10}$$

式中，$\boldsymbol{E}$ 表示电场强度；原子的电偶极矩为

$$\boldsymbol{\mu} = q\boldsymbol{D} = q\sum_j \boldsymbol{r}_j \tag{2.3.11}$$

方程（2.3.9）和方程（2.3.10）是等价的，证明如下.

因为

$$\langle n|\hat{H}_i|n'\rangle = -\frac{q}{mc}\boldsymbol{A}\cdot\langle n|\hat{\boldsymbol{P}}|n'\rangle$$

$$\boldsymbol{E} = -\frac{1}{c}\frac{\partial \boldsymbol{A}}{\partial t} = -\frac{1}{c}\frac{\partial}{\partial t}[\boldsymbol{A}(\boldsymbol{r})\mathrm{e}^{-\mathrm{i}\omega t}] = \mathrm{i}\frac{\omega}{c}\boldsymbol{A}(\boldsymbol{r},t)$$

$$\langle n|\hat{\boldsymbol{P}}|n'\rangle = -\frac{\mathrm{i}(E_n - E_{n'})m}{\hbar}\langle n|\boldsymbol{D}|n'\rangle = \mathrm{i}m\omega_{nn'}\langle n|\boldsymbol{D}|n'\rangle$$

所以

$$\begin{aligned}\langle n|\hat{H}_i|n'\rangle &= -\frac{q}{mc}\cdot\frac{cm}{\mathrm{i}\omega}\mathrm{i}\omega_{nn'}\boldsymbol{E}\cdot\langle n|\boldsymbol{D}|n'\rangle \\ &= -q\boldsymbol{E}\cdot\langle n|\boldsymbol{D}|n'\rangle = -\langle n|\boldsymbol{\mu}\cdot\boldsymbol{E}|n'\rangle\end{aligned}$$

上式已经使用了共振条件 $\omega=\omega_{nn'}$. 最后得到

$$\hat{H}_i = -\frac{q}{mc}\boldsymbol{A}\cdot\hat{\boldsymbol{P}} = -\boldsymbol{\mu}\cdot\boldsymbol{E} \tag{2.3.12}$$

用电子电量 e 表示式（2.3.12），得出

$$\hat{H}_i = e\boldsymbol{D}\cdot\boldsymbol{E} \tag{2.3.13}$$

式中，$\boldsymbol{D}$ 表示原子中所有电子位置的矢量和，其算符形式为

$$\hat{\boldsymbol{D}} = \sum_i |i\rangle\langle i|\hat{\boldsymbol{D}}\sum_j |j\rangle\langle j| = \sum_{i,j}\boldsymbol{D}_{ij}|i\rangle\langle j| \tag{2.3.14}$$

其中，$\boldsymbol{D}_{ij} = \langle i|\hat{\boldsymbol{D}}|j\rangle$. 使用原子态产生算符和湮灭算符将 $\hat{\boldsymbol{D}}$ 表示为

$$\hat{\boldsymbol{D}} = \sum_{i,j}\boldsymbol{D}_{ij}\hat{b}_i^+\hat{b}_j \tag{2.3.15}$$

在电偶极矩近似下（取 $\mathrm{e}^{\mathrm{i}\boldsymbol{k}_\lambda\cdot\boldsymbol{r}}$ 级数展开式的第一项），利用方程（2.2.33）、方程（2.3.13）和方程（2.3.15），得到

$$\hat{H}_i = \frac{\mathrm{i}e}{c}\sum_\lambda\sum_{i,j}\sqrt{\frac{\hbar\omega_\lambda}{2}}\hat{\boldsymbol{\varepsilon}}_\lambda\cdot\boldsymbol{D}_{ij}(\hat{a}_\lambda - \hat{a}_\lambda^+)\hat{b}_i^+\hat{b}_j \tag{2.3.16}$$

式中，$\hat{\boldsymbol{\varepsilon}}_\lambda$ 表示电场方向的单位矢量.

2.3.2　旋转波近似

我们以双能级模型为例来说明旋转波近似（rotating wave approximation，RWA）．原子的两个能级为$\hbar\omega_1$和$\hbar\omega_2$，相应的本征态为$|1\rangle$和$|2\rangle$，相互作用势为

$$\hat{H}_i = \mathrm{i}\sum_{\lambda}\hbar g_{\lambda}\left(\hat{a}_{\lambda} - \hat{a}_{\lambda}^{+}\right)\left(\hat{b}_1^{+}\hat{b}_2 + \hat{b}_2^{+}\hat{b}_1\right) \tag{2.3.17}$$

式中，耦合系数g_{λ}为

$$g_{\lambda} = \frac{e}{c}\sqrt{\frac{\omega_{\lambda}}{2\hbar}}\,\hat{\boldsymbol{\varepsilon}}_{\lambda}\cdot\boldsymbol{D}_{12} \tag{2.3.18}$$

$\hat{\boldsymbol{D}}$具有奇宇称，其对角矩阵元为零．在式（2.3.16）中所有$i = j$的项等于零．对于非对角项，有$\boldsymbol{D}_{ij} = \boldsymbol{D}_{ji}$．

如图 2.3.1 所示，把方程（2.3.17）右边展开，共有四项，代表下面四个不同的量子跃迁过程：

（1）$\hat{a}_{\lambda}\hat{b}_1^{+}\hat{b}_2$表示湮灭高能态$|2\rangle$，产生低能态$|1\rangle$，并湮灭一个光子．或者说，原子吸收一个光子由高能态$|2\rangle$向低能态$|1\rangle$跃迁．

（2）$\hat{a}_{\lambda}\hat{b}_2^{+}\hat{b}_1$表示原子吸收一个光子后由低能态$|1\rangle$向高能态$|2\rangle$跃迁．

（3）$\hat{a}_{\lambda}^{+}\hat{b}_1^{+}\hat{b}_2$表示原子从高能态$|2\rangle$向低能态$|1\rangle$跃迁并发射一个光子．

（4）$\hat{a}_{\lambda}^{+}\hat{b}_2^{+}\hat{b}_1$表示原子从低能态$|1\rangle$向高能态$|2\rangle$跃迁并发射一个光子．

显然，（1）和（4）过程不可能发生，因为它们违背了能量守恒定律．但在某些高阶辐射过程中可能会包含这种能量不守恒的项．在这些过程中，中间态跃迁可能像（1）和（4）过程那样违背能量守恒定律，但总的跃迁仍然保持能量守恒．我们把略去（1）和（4）等违反能量守恒定律的相互作用过程称为旋转波近似．值得注意的是，已经有研究者通过引入“虚光子”的概念包含了（1）和（4）过程，在非旋转波近似下研究了原子的光吸收与光辐射问题[6]．我们将在 2.4 节介绍另一种常用的旋转波近似．

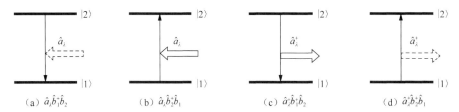

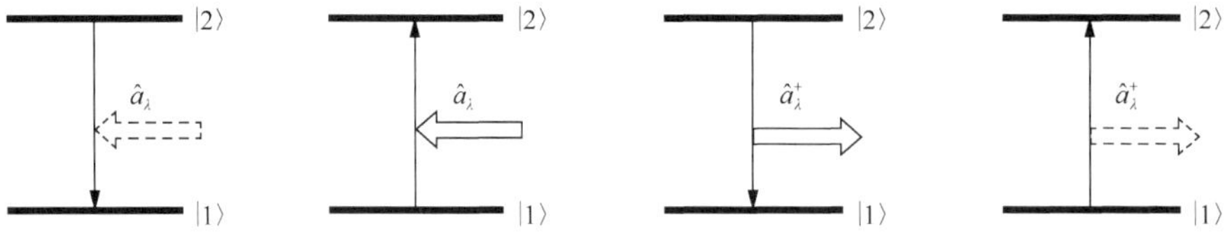

（a）$\hat{a}_{\lambda}\hat{b}_1^{+}\hat{b}_2$　（b）$\hat{a}_{\lambda}\hat{b}_2^{+}\hat{b}_1$　（c）$\hat{a}_{\lambda}^{+}\hat{b}_1^{+}\hat{b}_2$　（d）$\hat{a}_{\lambda}^{+}\hat{b}_2^{+}\hat{b}_1$

图 2.3.1　四种量子跃迁过程

2.3.3　原子跃迁算符

由电磁场和原子组成的系统的波函数满足薛定谔方程

$$(\hat{H}_a+\hat{H}_f+\hat{H}_i)\phi(\boldsymbol{r},t)=\mathrm{i}\hbar\frac{\partial}{\partial t}\phi(\boldsymbol{r},t) \tag{2.3.19}$$

式中，$\hat{H}_f=\sum_\lambda \hbar\omega_\lambda\left(\hat{a}_\lambda^+\hat{a}_\lambda+1/2\right)$表示电磁场（辐射场）哈密顿算符. 在电偶极矩近似下，原子与辐射场的相互作用势为

$$\hat{H}_i=\frac{\mathrm{i}e}{c}\sum_\lambda\sum_{i,j}\sqrt{\frac{\hbar\omega_\lambda}{2}}\hat{\boldsymbol{\varepsilon}}_\lambda\cdot\boldsymbol{D}_{ij}(\hat{a}_\lambda-\hat{a}_\lambda^+)\hat{b}_i^+\hat{b}_j \tag{2.3.20}$$

式中，$\hat{\boldsymbol{\varepsilon}}_\lambda$表示电场方向的单位矢量. 考虑双能级问题，引入跃迁算符

$$\hat{\pi}=\hat{b}_1^+\hat{b}_2=|1\rangle\langle 2|,\quad \hat{\pi}^+=\hat{b}_2^+\hat{b}_1=|2\rangle\langle 1| \tag{2.3.21}$$

式中，$\hat{\pi}^+$表示从基态$|1\rangle$到激发态$|2\rangle$的跃迁；$\hat{\pi}$表示相反的跃迁. $\hat{\pi}^+$和$\hat{\pi}$满足关系式

$$\hat{\pi}^+\hat{\pi}=|2\rangle\langle 1|1\rangle\langle 2|=|2\rangle\langle 2|=\hat{b}_2^+\hat{b}_2 \tag{2.3.22}$$

$$\hat{\pi}\hat{\pi}^+=|1\rangle\langle 2|2\rangle\langle 1|=|1\rangle\langle 1|=\hat{b}_1^+\hat{b}_1 \tag{2.3.23}$$

利用方程（2.3.21）～方程（2.3.23），可以把$\hat{H}_a$、$\hat{\boldsymbol{D}}$和$\hat{H}_i$表示为

$$\hat{H}_a=\hbar\left(\omega_1\hat{b}_1^+\hat{b}_1+\omega_2\hat{b}_2^+\hat{b}_2\right)=\hbar\left(\omega_1\hat{\pi}\hat{\pi}^++\omega_2\hat{\pi}^+\hat{\pi}\right) \tag{2.3.24}$$

$$\hat{\boldsymbol{D}}=\sum_{i,j}\boldsymbol{D}_{ij}\hat{b}_i^+\hat{b}_j=\boldsymbol{D}_{12}(\hat{\pi}^++\hat{\pi}) \tag{2.3.25}$$

$$\hat{H}_i=\mathrm{i}\sum_\lambda\hbar g_\lambda\left(\hat{a}_\lambda-\hat{a}_\lambda^+\right)\left(\hat{\pi}^++\hat{\pi}\right) \tag{2.3.26}$$

对于单模电磁场，在旋转波近似下，$\hat{H}_i$约化为

$$\hat{H}_i=\mathrm{i}\hbar g_\lambda\left(\hat{\pi}^+\hat{a}_\lambda-\hat{a}_\lambda^+\hat{\pi}\right) \tag{2.3.27}$$

跃迁算符满足下列对易关系：

$$[\hat{\pi}^+,\hat{\pi}]=2\hat{\pi}_z,\quad [\hat{\pi},\hat{\pi}_z]=\hat{\pi},\quad [\hat{\pi}^+,2\hat{\pi}_z]=0 \tag{2.3.28}$$

$$(\hat{\pi}^+)^2=0,\quad (\hat{\pi})^2=0,\quad (\hat{\pi}_z)^2=1/4 \tag{2.3.29}$$

2.3.4　双能级原子态算符的泡利矩阵表示

原子态算符和跃迁算符可以用矩阵来表示. 原子态用列矩阵表示为

$$|1\rangle=\begin{pmatrix}0\\1\end{pmatrix},\quad |2\rangle=\begin{pmatrix}1\\0\end{pmatrix} \tag{2.3.30}$$

原子态算符和跃迁算符为

$$\hat{b}_2^+\hat{b}_2=|2\rangle\langle 2|=\begin{pmatrix}1&0\\0&0\end{pmatrix},\quad \hat{b}_1^+\hat{b}_1=|1\rangle\langle 1|=\begin{pmatrix}0&0\\0&1\end{pmatrix} \tag{2.3.31}$$

$$\hat{\pi}^+=|2\rangle\langle 1|=\begin{pmatrix}0&1\\0&0\end{pmatrix},\quad \hat{\pi}=|1\rangle\langle 2|=\begin{pmatrix}0&0\\1&0\end{pmatrix} \tag{2.3.32}$$

描述电子自旋的泡利矩阵为

$$\hat{\sigma}_x = \begin{pmatrix} 0 & 1 \\ 1 & 0 \end{pmatrix}, \quad \hat{\sigma}_y = \begin{pmatrix} 0 & -\mathrm{i} \\ \mathrm{i} & 0 \end{pmatrix}, \quad \hat{\sigma}_z = \begin{pmatrix} 1 & 0 \\ 0 & -1 \end{pmatrix} \tag{2.3.33}$$

跃迁算符与泡利矩阵之间的关系为

$$\hat{\sigma}^+ = \left(\hat{\sigma}_x + \mathrm{i}\hat{\sigma}_y\right)/2 = \begin{pmatrix} 0 & 1 \\ 0 & 0 \end{pmatrix} = \hat{\pi}^+ \tag{2.3.34}$$

$$\hat{\sigma}^- = \left(\hat{\sigma}_x - \mathrm{i}\hat{\sigma}_y\right)/2 = \begin{pmatrix} 0 & 0 \\ 1 & 0 \end{pmatrix} = \hat{\pi} \tag{2.3.35}$$

定义

$$\hat{\pi}_z = \frac{1}{2}\hat{\sigma}_z \tag{2.3.36}$$

将 $\hat{H}_a$ 、$\hat{\boldsymbol{D}}$ 和 $\hat{H}_i$ 用泡利矩阵表示为

$$\hat{H}_a = \hbar\left(\omega_1\hat{\sigma}^-\hat{\sigma}^+ + \omega_2\hat{\sigma}^+\hat{\sigma}^-\right) \tag{2.3.37}$$

$$\hat{\boldsymbol{D}} = \boldsymbol{D}_{12}\left(\hat{\sigma}^+ + \hat{\sigma}^-\right) \tag{2.3.38}$$

$$\hat{H}_i = \mathrm{i}\sum_{\lambda}\hbar g_{\lambda}\left(\hat{a}_{\lambda} - \hat{a}_{\lambda}^+\right)\left(\hat{\sigma}^+ + \hat{\sigma}^-\right) \tag{2.3.39}$$

2.4　光吸收与光辐射理论

描述原子或分子的光吸收和光辐射主要有半经典理论和全量子理论. 在半经典理论中，原子或分子用量子力学理论描述，而辐射场用经典理论描述. 在全量子力学理论中，原子或分子和辐射场均用量子力学理论来描述. 采用全量子力学理论可以处理光吸收、受激辐射和自发辐射问题.

2.4.1　光吸收与受激辐射的半经典理论

在无辐射场情况下，原子的波函数可以表示为

$$\Psi_n(\boldsymbol{r},t) = \Psi_n(\boldsymbol{r})\exp(-\mathrm{i}\omega_n t) \tag{2.4.1}$$

空间波函数 $\Psi_n(\boldsymbol{r})$ 满足能量本征值方程

$$\hat{H}_a\Psi_n(\boldsymbol{r}) = E_n\Psi_n(\boldsymbol{r}) \tag{2.4.2}$$

式中，E_n 表示能级；$\omega_n = E_n/\hbar$. 对于双能级问题，$n=1,2$，有

$$\hat{H}_a\Psi_1(\boldsymbol{r}) = E_1\Psi_1(\boldsymbol{r}), \qquad \hat{H}_a\Psi_2(\boldsymbol{r}) = E_2\Psi_2(\boldsymbol{r}) \tag{2.4.3}$$

两个能级之间的共振跃迁频率为 $\omega_0 = \omega_2 - \omega_1$.

在有辐射场情况下，原子系统的哈密顿算符为

$$\hat{H} = \hat{H}_a + \hat{H}_i \tag{2.4.4}$$

式中，$\hat{H}_i$ 表示原子与辐射场的相互作用势. 由于辐射场的作用，原子不会永远处于 Ψ_1 或

Ψ_2 态，而是以一定的概率处于 Ψ_1 或 Ψ_2 态．原子总的波函数为两个态的线性叠加，即

$$\Psi(\boldsymbol{r},t) = c_1(t)\Psi_1(\boldsymbol{r}) + c_2(t)\Psi_2(\boldsymbol{r}) \tag{2.4.5}$$

波函数 $\Psi(\boldsymbol{r},t)$ 满足归一化条件

$$\int \left|\Psi(\boldsymbol{r},t)\right|^2 \mathrm{d}V = \left|c_1(t)\right|^2 + \left|c_2(t)\right|^2 = 1 \tag{2.4.6}$$

把 $\Psi(\boldsymbol{r},t)$ 代入薛定谔方程中，得

$$\hat{H}_i(c_1\Psi_1 + c_2\Psi_2) = \mathrm{i}\hbar\left(\Psi_1\frac{\partial c_1}{\partial t} + \Psi_2\frac{\partial c_2}{\partial t}\right) \tag{2.4.7}$$

分别对方程（2.4.7）左乘以 Ψ_1^* 和 Ψ_2^*，然后对空间积分，得出

$$c_1 I_{11} + c_2\exp(-\mathrm{i}\omega_0 t)I_{12} = \mathrm{i}\frac{\partial c_1}{\partial t} \tag{2.4.8}$$

$$c_1\exp(\mathrm{i}\omega_0 t)I_{21} + c_2 I_{22} = \mathrm{i}\frac{\partial c_2}{\partial t} \tag{2.4.9}$$

式中

$$I_{11} = \hbar^{-1}\int \Psi_1^*\hat{H}_i\Psi_1\mathrm{d}V \tag{2.4.10}$$

$$I_{22} = \hbar^{-1}\int \Psi_2^*\hat{H}_i\Psi_2\mathrm{d}V \tag{2.4.11}$$

$$I_{12} = I_{21}^* = \hbar^{-1}\int \Psi_1^*\hat{H}_i\Psi_2\mathrm{d}V \tag{2.4.12}$$

方程（2.4.8）和方程（2.4.9）与坐标位置无关，求出矩阵元 I_{11}、I_{22} 和 I_{12} 后，可以求出展开系数 c_1 和 c_2 随时间的函数关系，然后再代回方程（2.4.5）中求出原子的波函数．采用电偶极矩近似，相互作用势 $\hat{H}_i$ 为

$$\hat{H}_i = e\hat{\boldsymbol{D}}\cdot\boldsymbol{E}_0\cos\omega t \tag{2.4.13}$$

式中

$$\hat{\boldsymbol{D}} = \sum_{i=1}^{2}\sum_{j=1}^{2}\boldsymbol{D}_{ij}\left|i\right\rangle\left\langle j\right| \tag{2.4.14}$$

$\boldsymbol{E}_0$ 和 ω 分别表示电场的振幅和频率．由于 $\hat{H}_i$ 具有奇宇称（ $\hat{\boldsymbol{D}}$ 具有奇宇称），故 $I_{11}= I_{22}=0$．设电场沿着 X 轴方向，则

$$I_{12} = I_{21}^* = \hbar^{-1}eE_0X_{12}\cos\omega t \tag{2.4.15}$$

式中

$$X_{12} = X_{21}^* = \int \Psi_1^*\hat{D}_x\Psi_2\mathrm{d}V \tag{2.4.16}$$

其中，$\hat{D}_x$ 表示 $\hat{\boldsymbol{D}}$ 沿着 X 轴方向的分量．令 $V_{12} = \hbar^{-1}eE_0X_{12}$，给出

$$I_{12} = V_{12}\cos\omega t \tag{2.4.17}$$

把 I_{11}、I_{12} 和 I_{22} 的表达式代入方程（2.4.8）和方程（2.4.9）中，得到

$$V_{12}\cos\omega t\exp(-\mathrm{i}\omega_0 t)c_2 = \mathrm{i}\frac{\partial c_1}{\partial t} \tag{2.4.18}$$

$$V_{12}^*\cos\omega t\exp(\mathrm{i}\omega_0 t)c_1 = \mathrm{i}\frac{\partial c_2}{\partial t} \tag{2.4.19}$$

下面讨论光吸收和受激辐射问题．

设初始时刻原子处于Ψ_1态，即$c_1(0)=1$，$c_2(0)=0$. 在t时刻发现原子处于Ψ_2态的概率为$|c_2(t)|^2$，而$|c_2(t)|^2/t$表示跃迁速率 $P(\omega)$. 根据爱因斯坦光辐射理论，处于低能级E_1的粒子吸收一个能量为$\hbar\omega$的光子后跃迁至高能级E_2，跃迁速率与辐射场的能量密度$\rho(\omega)$成正比［$\rho(\omega)$由式（2.1.7）给出］，比例系数为光吸收系数B_{12}，即

$$P(\omega)=B_{12}\rho(\omega)=|c_2(t)|^2/t \tag{2.4.20}$$

精确求解c_1和c_2是比较困难的，下面采用近似方法求解. 在一般情况下，

$$I_{12}\ll\omega_0=\omega_2-\omega_1 \tag{2.4.21}$$

在$c_1(0)=1$和$c_2(0)=0$的初始条件下求解方程（2.4.18）和方程（2.4.19），取一级近似，得

$$c_2(t)=\frac{I_{12}^*}{2}\left\{\frac{1-\exp\left[\mathrm{i}(\omega_0+\omega)t\right]}{\omega_0+\omega}+\frac{1-\exp\left[\mathrm{i}(\omega_0-\omega)t\right]}{\omega_0-\omega}\right\} \tag{2.4.22}$$

$$c_1(t)=\left[1-|c_2(t)|^2\right]^{1/2} \tag{2.4.23}$$

把$c_1(t)$和$c_2(t)$的表达式代入方程（2.4.18）和方程（2.4.19）中，可以求出$c_1(t)$和$c_2(t)$的二级近似解. 在$I_{12}\ll\omega_0$条件下，取一级近似已足够.

当光的频率ω等于或接近于共振跃迁频率$\omega_0=\omega_2-\omega_1=(E_2-E_1)/\hbar$时，方程(2.4.22)右边第二项远远大于第一项，可略去第一项. 这种近似被称为通常情况下的旋转波近似. 在旋转波近似下，求出t时刻发现原子处于Ψ_2态的概率为

$$|c_2(t)|^2=|I_{12}|^2\frac{\sin^2\left[(\omega_0-\omega)t/2\right]}{(\omega_0-\omega)^2} \tag{2.4.24}$$

利用狄拉克（Dirac）δ函数的定义

$$\delta(\omega_0-\omega)=\frac{2}{\pi}\lim_{t\to\infty}\frac{\sin^2\left[(\omega_0-\omega)t/2\right]}{(\omega_0-\omega)^2t} \tag{2.4.25}$$

把方程（2.4.24）改写为

$$|c_2(t)|^2=\frac{\pi}{2}|I_{12}|^2t\delta(\omega_0-\omega) \tag{2.4.26}$$

上式是由半经典理论推导的原子或分子从低能态吸收光子后，在t时刻跃迁到高能态的概率. 跃迁速率为

$$P(\omega)=|c_2(t)|^2/t=\frac{\pi}{2}|I_{12}|^2\delta(\omega_0-\omega) \tag{2.4.27}$$

我们再来处理原子或分子的受激辐射问题. 采用类似的方法，可以推导t时刻从高能态到低能态的跃迁概率和跃迁速率分别为

$$|c_1(t)|^2=\frac{\pi}{2}|I_{21}|^2t\delta(\omega_0-\omega) \tag{2.4.28}$$

和

$$P(\omega)=\frac{|c_1(t)|^2}{t}=\frac{\pi}{2}|I_{21}|^2\delta(\omega_0-\omega) \tag{2.4.29}$$

应当注意，采用半经典理论可以处理原子或分子的光吸收和受激辐射问题，但不能处理自发辐射问题.

2.4.2　光吸收与光辐射的全量子力学理论

把辐射场和原子或分子视为一个系统，系统的量子态记作

$$|n_\lambda, l\rangle = |n_\lambda\rangle|l\rangle, \quad l = 1, 2;\ n = 0, 1, 2, \cdots \tag{2.4.30}$$

式中，n_λ表示辐射场第λ个模的光子数. 光子的吸收和辐射跃迁矩阵元分别为

$$I_{12} = \langle n_\lambda - 1, 2|\hat{H}_i|n_\lambda, 1\rangle = \mathrm{i}\hbar g_\lambda \exp(-\mathrm{i}\omega_\lambda t)\sqrt{n_\lambda} \tag{2.4.31}$$

和

$$I_{21} = \langle n_\lambda + 1, 1|\hat{H}_i|n_\lambda, 2\rangle = -\mathrm{i}\hbar g_\lambda \exp(\mathrm{i}\omega_\lambda t)\sqrt{n_\lambda + 1} \tag{2.4.32}$$

式中，g_λ 由式（2.3.18）计算. 把方程（2.4.31）代入式（2.4.26）和式（2.4.27）中，得

$$|c_2(t)|^2 = \frac{\pi}{2} g_\lambda{}^2 n_\lambda t \delta(\omega_0 - \omega_\lambda) \tag{2.4.33}$$

$$P(\omega_\lambda) = \frac{|c_2(t)|^2}{t} = \frac{\pi}{2} g_\lambda{}^2 n_\lambda \delta(\omega_0 - \omega_\lambda) \tag{2.4.34}$$

式（2.4.33）和式（2.4.34）是单模光情况. 对于多模光，需要对光模指标λ求和.

设原子或分子初始时刻（t=0）处于激发态$|2\rangle$，在 t 时刻处于$|1\rangle$态的概率为$|c_1(t)|^2$，采用类似于前面的推导方法，得到

$$|c_1(t)|^2 = \frac{\pi}{2} g_\lambda{}^2 (n_\lambda + 1) t \delta(\omega_0 - \omega_\lambda) \tag{2.4.35}$$

这就是原子从高能态$|2\rangle$衰减到低能态$|1\rangle$并发射一个波矢量为$\boldsymbol{k}_\lambda$的光子的跃迁概率. 方程（2.4.35）右边由两项组成：第一项与式（2.4.33）相同，表示辐射概率正比于波矢量为$\boldsymbol{k}_\lambda$的光子数n_λ，称为受激辐射概率. 第二项表示自发辐射概率. 即使$n_\lambda = 0$，自发辐射仍然存在.

设自发辐射寿命为τ_R，它等于自发辐射速率的倒数. 由方程（2.4.34）得

$$\frac{1}{\tau_R} = \frac{\pi}{2}\sum_\lambda g_\lambda{}^2 \delta(\omega_0 - \omega_\lambda) \tag{2.4.36}$$

上式已经对各种光模求和.

参 考 文 献

[1] 王中和，张光寅. 光子学物理基础. 北京：国防工业出版社，1998.

[2] 张明生. 激光光散射谱学. 北京：科学出版社，2008.

[3] 戴姆特瑞德. 激光光谱学（原书第四版），第 1 卷：基础理论. 姬扬，译. 北京：科学出版社，2012.

[4] 李桂春. 光子光学. 北京：国防工业出版社，2010.

[5] 谭维翰. 光子光学导论. 2 版. 北京：科学出版社，2012.

[6] 丛红璐，任学藻，廖旭. 非旋波近似下双光子 Jaynes-Cummings 模型的量子特性. 光学学报，2015, 35(7)：0727002.

第 3 章　量子刘维尔方程与光学布洛赫方程

纽曼（J. V. Neumam）于 1927 年提出了密度矩阵的概念. 密度矩阵理论在现代物理学、化学和生物学中有着重要的应用[1-10]. 本章介绍密度矩阵及其基本性质、量子刘维尔方程、二能级系统与三能级系统的光学布洛赫方程和约化密度矩阵的基本理论.

3.1　密度矩阵及其基本性质

3.1.1　纯态与混态

设力学量算符 $\hat{A}$ 的本征值和本征态分别为 A_n 和 $|\Phi_n\rangle$，本征值方程为

$$\hat{A}|\Phi_n\rangle = A_n|\Phi_n\rangle, \qquad n = 1, 2, \cdots \tag{3.1.1}$$

所有本征态 $\{|\Phi_n\rangle\}$ 构成了一个完备集. 设系统由 N 个粒子组成，每个粒子所处的量子力学状态 $|\Psi\rangle$ 称为一个纯态. 每个纯态都可以用完备集 $\{|\Phi_n\rangle\}$ 展开为

$$|\Psi\rangle = \sum_n |\Phi_n\rangle\langle\Phi_n|\Psi\rangle = \sum_n C_n|\Phi_n\rangle \tag{3.1.2}$$

在纯态下，测量力学量 $\hat{Q}$ 的期望值（平均值）为

$$\langle\hat{Q}\rangle = \langle\Psi|\hat{Q}|\Psi\rangle = \sum_{m,n} C_m^* C_n \langle\Phi_m|\hat{Q}|\Phi_n\rangle \tag{3.1.3}$$

特殊地，令 $\hat{Q} = \hat{A}$，给出

$$\langle\hat{A}\rangle = \sum_{m,n} C_m^* C_n \langle\Phi_m|\hat{A}|\Phi_n\rangle = \sum_{m,n} C_m^* C_n A_n \delta_{mn} = \sum_n |C_n|^2 A_n \tag{3.1.4}$$

$\hat{A}$ 取本征值 $A_1, A_2, A_3, \cdots$ 的概率依次为 $|C_1|^2, |C_2|^2, |C_3|^2, \cdots$.

系统中 N 个粒子不可能处于同一个纯态. 系统的状态由不同的纯态叠加而成，称为混合态（混态）. 我们无法确定系统中每个粒子处在哪个纯态上，但可以确定处在各个纯态上的统计权重 $W_1, W_2, \cdots, W_i, \cdots$，即 $|\Psi_1\rangle \to W_1$，$|\Psi_2\rangle \to W_2$，$\cdots$，$|\Psi_i\rangle \to W_i$，$\cdots$. 统计权重 W_i 表示处于第 i 个纯态上的粒子数占总粒子数的百分数. 设第 i 个纯态 $|\Psi_i\rangle$ 上有 n_i 个粒子，则 $W_i = n_i / N$. 由此得到

$$\sum_i W_i = \sum_i n_i / N = N / N = 1 \tag{3.1.5}$$

在混态下，力学量 $\hat{Q}$ 的期望值为

$$\langle\hat{Q}\rangle_m = \sum_i W_i \langle\Psi_i|\hat{Q}|\Psi_i\rangle \tag{3.1.6}$$

将纯态$\left|\varPsi_i\right\rangle$按$\hat{Q}$的本征态$\left|\varPhi_n\right\rangle$展开，得出

$$\left|\varPsi_i\right\rangle=\sum_n C_{in}\left|\varPhi_n\right\rangle \tag{3.1.7}$$

式中，$\hat{Q}$满足本征值方程

$$\hat{Q}\left|\varPhi_n\right\rangle=Q_n\left|\varPhi_n\right\rangle \tag{3.1.8}$$

把方程（3.1.7）和方程（3.1.8）代入方程（3.1.6）中，得出

$$\left\langle\hat{Q}\right\rangle_m=\sum_{i,n}W_i\left|C_{in}\right|^2 Q_n \tag{3.1.9}$$

期望值的物理意义：$\left\langle\hat{Q}\right\rangle_m$表示对混态求平均，包含两种性质不同的概率平均$\sum_i W_i$和$\sum_n\left|C_{in}\right|^2$，前者为统计概率平均，后者为量子力学态概率平均. 量子力学态概率平均只能对纯态进行，它不包含统计概率平均. 混态需要使用密度矩阵理论来描述.

3.1.2　密度矩阵的定义与性质

密度矩阵定义为

$$\hat{\rho}=\sum_i W_i\left|\varPsi_i\right\rangle\left\langle\varPsi_i\right| \tag{3.1.10}$$

密度矩阵又称为密度算符. 将纯态$\left|\varPsi_i\right\rangle$按某一力学量的完备性基矢$\left\{|m\rangle=\left|\varPhi_m\right\rangle\right\}$展开为

$$\left|\varPsi_i\right\rangle=\sum_m|m\rangle\left\langle m|\varPsi_i\right\rangle=\sum_m C_{im}|m\rangle \tag{3.1.11}$$

给出密度矩阵的表达式为

$$\hat{\rho}=\sum_i W_i\sum_{m,n}C_{in}^*C_{im}|m\rangle\langle n|=\sum_{m,n}\rho_{mn}|m\rangle\langle n| \tag{3.1.12}$$

式中

$$\rho_{mn}=\langle m|\hat{\rho}|n\rangle=\sum_i W_i C_{in}^* C_{im}=\sum_i W_i\left\langle m|\varPsi_i\right\rangle\left\langle\varPsi_i|n\right\rangle \tag{3.1.13}$$

称为密度矩阵元. 特殊地，令$m=n$，给出密度矩阵对角矩阵元为

$$\rho_{nn}=\langle n|\hat{\rho}|n\rangle=\sum_i W_i\left|C_{in}\right|^2 \tag{3.1.14}$$

密度矩阵对角矩阵元ρ_{nn}表示的物理意义：W_i表示在系统中发现粒子处于纯态$\left|\varPsi_i\right\rangle$的概率，而$\left|C_{in}\right|^2$表示在纯态$\left|\varPsi_i\right\rangle$中发现粒子处于本征态$|n\rangle$的概率，故$\rho_{nn}$表示在系统中发现粒子处于本征态$|n\rangle$的总概率. 由于概率取正值，故$\rho_{nn}=\langle n|\hat{\rho}|n\rangle\geqslant 0$.

纯态的密度矩阵：若系统中N个粒子处于同一纯态$\left|\varPsi_j\right\rangle$上，则$W_i=\begin{cases}0, & i\neq j\\ 1, & i=j\end{cases}$，故有

$$\hat{\rho}=\left|\varPsi_j\right\rangle\left\langle\varPsi_j\right|=\sum_{m,n}C_n^*C_m|m\rangle\langle n| \tag{3.1.15}$$

密度矩阵具有下列性质.

（1）$\hat{\rho}$ 是厄米算符或者厄米矩阵：$\hat{\rho}^{+}=\hat{\rho}$.

证明：因为

$$\langle m|\hat{\rho}|n\rangle^{*}=\langle n|\hat{\rho}^{+}|m\rangle=\sum_{i}W_{i}\langle m|\Psi_{i}\rangle^{*}\langle\Psi_{i}|n\rangle^{*}=\sum_{i}W_{i}\langle n|\Psi_{i}\rangle\langle\Psi_{i}|m\rangle=\langle n|\hat{\rho}|m\rangle$$

所以 $\hat{\rho}^{+}=\hat{\rho}$.

（2）归一化条件：$\mathrm{Tr}(\hat{\rho})=1$.

证明：

$$\mathrm{Tr}(\hat{\rho})=\sum_{n}\langle n|\hat{\rho}|n\rangle=\sum_{n,i}W_{i}|C_{in}|^{2}=\sum_{i}W_{i}\sum_{n}|C_{in}|^{2}=\sum_{i}W_{i}=1$$

（3）定理：任何一个力学量算符 $\hat{Q}$ 在混态下的期望值（平均值）等于密度矩阵 $\hat{\rho}$ 与 $\hat{Q}$ 乘积的迹（取矩阵对角元素之和），即

$$\langle\hat{Q}\rangle_{m}=\mathrm{Tr}(\hat{\rho}\hat{Q})=\sum_{n}\langle n|\hat{\rho}\hat{Q}|n\rangle=\sum_{m,n}\langle n|\hat{\rho}|m\rangle\langle m|\hat{Q}|n\rangle \tag{3.1.16}$$

证明：因为

$$\hat{\rho}=\sum_{n,m}\langle m|\hat{\rho}|n\rangle|m\rangle\langle n|$$

所以

$$\begin{aligned}\sum_{n'}\langle n'|\hat{\rho}\hat{Q}|n'\rangle&=\sum_{n',n,m}\langle m|\hat{\rho}|n\rangle\langle n'|m\rangle\langle n|\hat{Q}|n'\rangle\\&=\sum_{n,m}\langle m|\hat{\rho}|n\rangle\langle n|\hat{Q}|m\rangle=\sum_{m}\langle m|\hat{\rho}\hat{Q}|m\rangle=\mathrm{Tr}(\hat{\rho}\hat{Q})\end{aligned}$$

密度矩阵包含了用混态描述的系统的所有信息，其作用如同用纯态描述单个粒子的基本性质.

（4）纯态的充要条件：对于纯态，$\mathrm{Tr}(\hat{\rho}^{2})=1$；对于混态，$\mathrm{Tr}(\hat{\rho}^{2})<1$.

证明：因为$0\leqslant W_{i}\leqslant1$，$\sum_{i}W_{i}=1$，所以$\sum_{i}W_{i}^{2}\leqslant1$.

$$\hat{\rho}^{2}=\sum_{i}W_{i}|\Psi_{i}\rangle\langle\Psi_{i}|\sum_{j}W_{j}|\Psi_{j}\rangle\langle\Psi_{j}|=\sum_{i}W_{i}^{2}|\Psi_{i}\rangle\langle\Psi_{i}|$$

$$\mathrm{Tr}(\hat{\rho}^{2})=\sum_{n,i}W_{i}^{2}\langle n|\Psi_{i}\rangle\langle\Psi_{i}|n\rangle=\sum_{i}W_{i}^{2}\sum_{n}|C_{in}|^{2}=\sum_{i}W_{i}^{2}\leqslant1$$

等号对应于纯态. 对于纯态，有

$$\hat{\rho}=|\Psi_{j}\rangle\langle\Psi_{j}|,\qquad\hat{\rho}^{2}=\hat{\rho},\qquad\mathrm{Tr}(\hat{\rho}^{2})=1 \tag{3.1.17}$$

3.2　量子刘维尔方程

设系统的哈密顿算符为 $\hat{H}$，密度矩阵满足量子刘维尔（Liouville）方程

$$\frac{\partial}{\partial t}\hat{\rho}(t)=\frac{1}{\mathrm{i}\hbar}[\hat{H},\hat{\rho}(t)] \tag{3.2.1}$$

用矩阵元表示为

$$\frac{\partial}{\partial t}\rho_{mn}(t)=\frac{1}{\mathrm{i}\hbar}\left[\hat{H}\hat{\rho}(t)-\hat{\rho}(t)\hat{H}\right]_{mn} \tag{3.2.2}$$

量子刘维尔方程（3.2.1）可由密度矩阵的定义式和薛定谔方程推导出来. 利用下列关系式:

$$\hat{\rho}(t)=\sum_{i,n,m}W_i C_{im}(t)C_{in}^*(t)|m\rangle\langle n| \tag{3.2.3}$$

$$\rho_{mn}(t)=\sum_i W_i C_{im}(t)C_{in}^*(t) \tag{3.2.4}$$

$$|\Psi_i(t)\rangle=\sum_n C_{in}(t)|n\rangle \tag{3.2.5}$$

$$\mathrm{i}\hbar\frac{\partial}{\partial t}|\Psi_i(t)\rangle=\hat{H}|\Psi_i(t)\rangle \tag{3.2.6}$$

把式（3.2.5）代入式（3.2.6）中，左乘以$\langle m|$，得到

$$\mathrm{i}\hbar\frac{\partial}{\partial t}C_{im}(t)=\sum_n\langle m|\hat{H}|n\rangle C_{in}(t) \tag{3.2.7}$$

对式（3.2.4）求偏导，再利用式（3.2.7）得到

$$\begin{aligned}\frac{\partial}{\partial t}\rho_{mn}(t)&=\sum_i W_i\left(\frac{\partial C_{im}}{\partial t}C_{in}^*+C_{im}\frac{\partial C_{in}^*}{\partial t}\right)\\&=\frac{1}{\mathrm{i}\hbar}\sum_i W_i\left(\sum_l\langle m|\hat{H}|l\rangle C_{il}C_{in}^*-\sum_k\langle n|\hat{H}|k\rangle^* C_{im}C_{ik}^*\right)\\&=\frac{1}{\mathrm{i}\hbar}\left(\sum_l H_{ml}\rho_{ln}-\sum_k\rho_{mk}H_{kn}\right)=\frac{1}{\mathrm{i}\hbar}\left[(\hat{H}\hat{\rho})_{mn}-(\hat{\rho}\hat{H})_{mn}\right]=\frac{1}{i\hbar}(\hat{H}\hat{\rho}-\hat{\rho}\hat{H})_{mn}\end{aligned}$$

在上面推导中使用了哈密顿算符为厄米算符的性质，即 $H_{kn}=\langle k|\hat{H}|n\rangle=\langle k|\hat{H}^+|n\rangle$.

对于一个稳定的系统，$\frac{\partial\hat{\rho}}{\partial t}=0$，$\hat{\rho}$ 与 $\hat{H}$ 对易，$\hat{\rho}$ 是一个守恒量.

若取$|n\rangle=|\Phi_n\rangle$为哈密顿算符 $\hat{H}$ 的本征态，即 $\hat{H}|n\rangle=E_n|n\rangle$，则

$$\frac{\partial\rho_{mn}}{\partial t}=\frac{1}{\mathrm{i}\hbar}(E_m-E_n)\rho_{mn} \tag{3.2.8}$$

对时间积分，得到

$$\rho_{mn}(t)=\rho_{mn}(0)\mathrm{e}^{-\mathrm{i}(E_m-E_n)t/\hbar} \tag{3.2.9}$$

上式描述了密度矩阵元随时间的演化过程.

3.3　二能级系统的光学布洛赫方程

本节采用量子刘维尔方程研究光与二能级原子的相互作用，推导二能级系统光学布洛赫（Bloch）方程，并讨论其求解方法. 光学布洛赫方程是研究原子光激发与光电离的重要理论之一. 我们以原子为例进行讨论，所推导的公式也适用于分子.

3.3.1 光学布洛赫方程

1. 不计原子辐射衰减情况

设原子低能级和高能级的能量分别为 $E_1 = \hbar\omega_1$ 和 $E_2 = \hbar\omega_2$，原子共振跃迁频率为

$$\omega_0 = (E_2 - E_1)/\hbar = \omega_2 - \omega_1 \tag{3.3.1}$$

在电偶极矩近似下，原子与单模激光场的相互作用势为

$$\hat{V} = -\boldsymbol{\mu}\cdot\boldsymbol{E} \tag{3.3.2}$$

式中，$\boldsymbol{\mu} = e\boldsymbol{r} = \sum_i e\boldsymbol{r}_i$ 为原子的电偶极矩；$\boldsymbol{E}$ 表示电场强度．因 $\boldsymbol{\mu}$ 具有奇宇称，故 $\hat{V}$ 的对角矩阵元等于零，即

$$\hat{V} = \begin{pmatrix} 0 & V_{12} \\ V_{21} & 0 \end{pmatrix} \tag{3.3.3}$$

原子的哈密顿算符为

$$\hat{H} = \hat{H}_0 + \hat{V} = \begin{pmatrix} E_1 & 0 \\ 0 & E_2 \end{pmatrix} + \begin{pmatrix} 0 & V_{12} \\ V_{21} & 0 \end{pmatrix} = \begin{pmatrix} \hbar\omega_1 & V_{12} \\ V_{21} & \hbar\omega_2 \end{pmatrix} \tag{3.3.4}$$

设原子态的密度矩阵为

$$\hat{\rho} = \begin{pmatrix} \rho_{11} & \rho_{12} \\ \rho_{21} & \rho_{22} \end{pmatrix} \tag{3.3.5}$$

把 $\hat{\rho}$ 和 $\hat{H}$ 代入量子刘维尔方程

$$\mathrm{i}\hbar\frac{\partial}{\partial t}\hat{\rho} = [\hat{H},\ \hat{\rho}] \tag{3.3.6}$$

中，得到各个矩阵元满足的微分方程为

$$\dot{\rho}_{11} = -\frac{\mathrm{i}}{\hbar}(V_{12}\rho_{21} - V_{21}\rho_{12}) \tag{3.3.7}$$

$$\dot{\rho}_{22} = -\frac{\mathrm{i}}{\hbar}(V_{21}\rho_{12} - V_{12}\rho_{21}) \tag{3.3.8}$$

$$\dot{\rho}_{12} = \dot{\rho}_{21}^* = -\frac{\mathrm{i}}{\hbar}\left[\hbar\omega_0\rho_{12} + V_{12}(\rho_{22} - \rho_{11})\right] \tag{3.3.9}$$

式中，$\dot{\rho}_{aa} = \dfrac{\mathrm{d}\rho_{aa}}{\mathrm{d}t}(a = 1,2)$．方程（3.3.7）～方程（3.3.9）是不计原子辐射衰减情况下推导的光学布洛赫方程．为了说明上述方程各项表示的物理意义，我们把原子波函数 $\varPsi(\boldsymbol{r},t)$ 按定态能量本征函数 $\varPsi_1(\boldsymbol{r})$ 和 $\varPsi_2(\boldsymbol{r})$ 展开为

$$\varPsi(\boldsymbol{r},t) = c_1(t)\varPsi_1(\boldsymbol{r}) + c_2(t)\varPsi_2(\boldsymbol{r}) \tag{3.3.10}$$

用矩阵表示为

$$|\varPsi\rangle = \begin{pmatrix} c_1(t) \\ c_2(t) \end{pmatrix} \tag{3.3.11}$$

根据密度矩阵的定义

$$\hat{\rho}(t)=|\Psi\rangle\langle\Psi|=\begin{pmatrix}c_1\\c_2\end{pmatrix}\begin{pmatrix}c_1^* & c_2^*\end{pmatrix}=\begin{pmatrix}|c_1|^2 & c_1c_2^*\\c_1^*c_2 & |c_2|^2\end{pmatrix}=\begin{pmatrix}\rho_{11} & \rho_{12}\\\rho_{21} & \rho_{22}\end{pmatrix}\tag{3.3.12}$$

$|c_1(t)|^2$ 表示发现原子处于 $\Psi_1(\boldsymbol{r})$ 态的概率. 因此 ρ_{11} 表示低能级 E_1 的布居密度（粒子数密度），ρ_{22} 表示高能级 E_2 的布居密度. 电偶极矩 $\boldsymbol{\mu}$ 在 $|\Psi\rangle$ 态的期望值为

$$\langle\boldsymbol{\mu}\rangle=e\langle\Psi|\boldsymbol{r}|\Psi\rangle=\boldsymbol{d}(c_1^*c_2+c_1c_2^*)\tag{3.3.13}$$

式中

$$\boldsymbol{d}=e(\Psi_1,\boldsymbol{r}\Psi_2)=e\int\Psi_1^*(\boldsymbol{r})\boldsymbol{r}\Psi_2(\boldsymbol{r})\mathrm{d}V\tag{3.3.14}$$

所以密度矩阵的非对角矩阵元 ρ_{12} 表示原子的跃迁概率.

2. 考虑原子辐射衰减情况

衰减是一种非线性效应. 按照经典理论，衰减是由谐振子（原子或分子）向外辐射电磁波引起的能量损耗；按照量子力学解释，衰减是由自发辐射及原子间碰撞引起的损耗. 通常用衰减系数来描述衰减效应. 除了原子基态之外，所有激发态都不同程度地存在衰减效应. 如图 3.3.1 所示，设低能级和高能级的衰减系数分别为 Γ_1 和 Γ_2，则

$$\dot{\rho}_{11}=-\Gamma_1\rho_{11},\quad \dot{\rho}_{22}=-\Gamma_2\rho_{22}\tag{3.3.15}$$

因为 $\rho_{11}=|c_1|^2=c_1^*c_1$，所以 $\dot{\rho}_{11}=\dot{c}_1^*c_1+c_1^*\dot{c}_1=-\Gamma_1\rho_{11}=-\Gamma_1c_1^*c_1$. 在形式上，令

$$\dot{c}_1^*=-\frac{1}{2}\Gamma_1c_1^*,\quad \dot{c}_1=-\frac{1}{2}\Gamma_1c_1\tag{3.3.16}$$

$$\dot{c}_2^*=-\frac{1}{2}\Gamma_2c_2^*,\quad \dot{c}_2=-\frac{1}{2}\Gamma_2c_2\tag{3.3.17}$$

对于非对角矩阵元 ρ_{12}，有

$$\dot{\rho}_{12}=\dot{c}_1c_2^*+c_1\dot{c}_2^*=-\frac{1}{2}(\Gamma_1+\Gamma_2)c_1c_2^*=-\Gamma_{12}c_1c_2^*\tag{3.3.18}$$

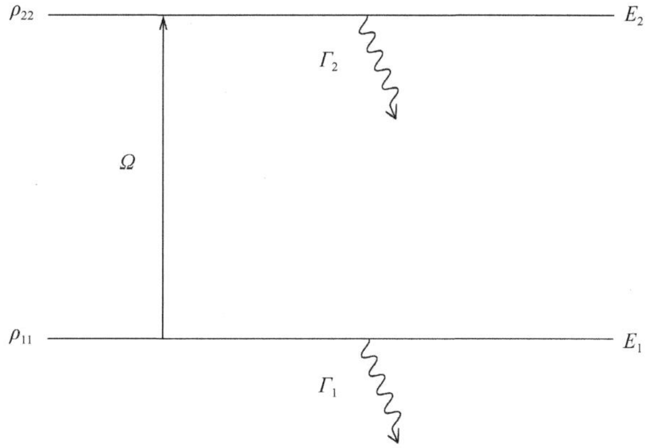

图 3.3.1　二能级原子的跃迁图

E_1 和 E_2 能级的纵向衰减系数分别为 Γ_1 和 Γ_2

式中

$$\Gamma_{12}=\frac{1}{2}(\Gamma_1+\Gamma_2) \tag{3.3.19}$$

由此可见，高、低能级的衰减也导致了原子跃迁电偶极矩的衰减. 同时，由于大量原子以不同的相位振荡，导致宏观电极化强度减弱，这种现象称为退相（dephasing），相应的衰减系数为Γ_p. 由于能级衰减和退相衰减的机制不同，故需要引入两种不同的衰减系数：描述能级衰减的纵向衰减系数Γ_r和描述电偶极矩跃迁及退相的横向衰减系数Γ_t. 两者与Γ_1、Γ_2和Γ_p的关系为

$$\Gamma_r=\Gamma_1\oplus\Gamma_2,\qquad \Gamma_t=\Gamma_{12}+\Gamma_p \tag{3.3.20}$$

在空间某点处单位体积内，在时间$(t, t+\mathrm{d}t)$内由外界向能级E_1（或E_2）输入的平均光子数为$\lambda_1(t)\mathrm{d}t$（或$\lambda_2(t)\mathrm{d}t$），其中$\lambda_1(t)$和$\lambda_2(t)$称为泵浦速率. 考虑衰减和泵浦两种因素，布洛赫方程变为

$$\dot{\rho}_{11}=\lambda_1-\Gamma_1\rho_{11}-\frac{\mathrm{i}}{\hbar}(V_{12}\rho_{21}-V_{21}\rho_{12}) \tag{3.3.21}$$

$$\dot{\rho}_{22}=\lambda_2-\Gamma_2\rho_{22}-\frac{\mathrm{i}}{\hbar}(V_{21}\rho_{12}-V_{12}\rho_{21}) \tag{3.3.22}$$

$$\dot{\rho}_{12}=\dot{\rho}_{21}^*=-(\mathrm{i}\omega_0+\Gamma_t)\rho_{12}+\frac{\mathrm{i}}{\hbar}V_{12}(\rho_{11}-\rho_{22}) \tag{3.3.23}$$

描述电偶极矩$\boldsymbol{\mu}$期望值的表达式（3.3.13）变为

$$\langle\boldsymbol{\mu}\rangle=\boldsymbol{d}(\rho_{12}+\rho_{21})=\boldsymbol{d}(\rho_{12}+\rho_{12}^*) \tag{3.3.24}$$

电场可以表示为

$$\boldsymbol{E}(t)=\frac{1}{2}\boldsymbol{E}_0(\mathrm{e}^{-\mathrm{i}\omega t}+\mathrm{e}^{\mathrm{i}\omega t})=\boldsymbol{E}_0\cos\omega t \tag{3.3.25}$$

式中，$\boldsymbol{E}_0$和ω分别表示电场的振幅和圆频率. 电场与原子的相互作用势为

$$V_{12}=V_{21}^*=-\boldsymbol{\mu}\cdot\boldsymbol{E}(t)=-\boldsymbol{\mu}\cdot\boldsymbol{E}_0\cos\omega t=-\hbar\Omega\cos\omega t \tag{3.3.26}$$

式中

$$\Omega=\frac{\boldsymbol{\mu}\cdot\boldsymbol{E}_0}{\hbar} \tag{3.3.27}$$

称为拉比（Rabi）频率. 在分析光谱实验时，常常把拉比频率视为参量. 应当注意，不同文献对拉比频率的定义可能不同. 例如，有的文献定义拉比频率为$\Omega=2\boldsymbol{\mu}\cdot\boldsymbol{E}_0/\hbar$，还有极个别文献定义为$\Omega=\boldsymbol{\mu}\cdot\boldsymbol{E}(t)/\hbar$. 因此使用拉比频率时，一定要注意其定义式.

布洛赫方程［式（3.3.21）～式（3.3.23）］是耦合方程组. 可以采用四阶龙格-库塔（Runge-Kutta）方法数值求解，也可以解析求解. 但求解析解时，必须做某些近似，严格求解是做不到的. 通常先采用某种近似求出ρ_{12}，然后代入方程组中联立求出ρ_{11}和ρ_{22}. 求解布洛赫方程的近似方法主要有：微扰法、稳定态法和慢变振幅近似等.

3.3.2　二能级系统光学布洛赫方程的求解

把方程（3.3.26）代入方程（3.3.23）中得

$$\dot{\rho}_{12} = -(\mathrm{i}\omega_0 + \Gamma_t)\rho_{12} - \frac{\mathrm{i}\Omega}{2}(\mathrm{e}^{-\mathrm{i}\omega t} + \mathrm{e}^{\mathrm{i}\omega t})(\rho_{11} - \rho_{22}) \tag{3.3.28}$$

当光场为零时，ρ_{12} 按下列方式振荡：

$$\rho_{12} = \rho_{12}^{(0)} \exp[-(\mathrm{i}\omega_0 + \Gamma_t)t] \tag{3.3.29}$$

在一级近似下，把 $(\rho_{11} - \rho_{22})$ 视为常数，即忽略它随时间的变化．把方程（3.3.29）代入方程（3.3.28）中，得到 ρ_{12} 的零级解 $\rho_{12}^{(0)}$ 满足的微分方程为

$$\dot{\rho}_{12}^{(0)} = -\frac{\mathrm{i}\Omega}{2}(\rho_{11} - \rho_{22})\left\{ \exp[-\mathrm{i}(\omega - \omega_0 + \mathrm{i}\Gamma_t)t] + \exp[\mathrm{i}(\omega + \omega_0 - \mathrm{i}\Gamma_t)t] \right\} \tag{3.3.30}$$

对时间积分得到

$$\rho_{12}^{(0)} = \frac{\Omega}{2}(\rho_{11} - \rho_{22})\left\{ \frac{\exp[-\mathrm{i}(\omega - \omega_0 + \mathrm{i}\Gamma_t)t]}{\omega - \omega_0 + \mathrm{i}\Gamma_t} - \frac{\exp[\mathrm{i}(\omega + \omega_0 - \mathrm{i}\Gamma_t)t]}{\omega + \omega_0 - \mathrm{i}\Gamma_t} \right\} \tag{3.3.31}$$

采取常用的旋转波近似：在共振点及其附近，$\omega - \omega_0 \ll \omega + \omega_0$，可以忽略上式右边第二项，得

$$\rho_{12}^{(0)} \approx \frac{\Omega}{2} \frac{\rho_{11} - \rho_{22}}{\omega - \omega_0 + \mathrm{i}\Gamma_t} \mathrm{e}^{-\mathrm{i}(\omega - \omega_0 + \mathrm{i}\Gamma_t)t} \tag{3.3.32}$$

把方程（3.3.32）代入方程（3.3.29）中，得到

$$\rho_{12} = \frac{\Omega}{2} \frac{\rho_{11} - \rho_{22}}{\omega - \omega_0 + \mathrm{i}\Gamma_t} \mathrm{e}^{-\mathrm{i}\omega t} = \rho_{21}^{*} \tag{3.3.33}$$

式中，$\Omega = \boldsymbol{\mu} \cdot \boldsymbol{E}_0 / \hbar$ 表示拉比频率；ω 表示电磁场的频率；$\omega_0 = (E_2 - E_1)/\hbar$ 表示原子的共振跃迁频率．在共振情况下，$\omega = \omega_0$；在近共振情况下，ω 与 ω_0 接近．

把方程（3.3.33）代入方程（3.3.21）和方程（3.3.22）中，得到

$$\dot{\rho}_{11} = \lambda_1 - \Gamma_r \rho_{11} + \beta(t)(\rho_{11} - \rho_{22}) \tag{3.3.34}$$

$$\dot{\rho}_{22} = \lambda_2 - \Gamma_r \rho_{22} - \beta(t)(\rho_{11} - \rho_{22}) \tag{3.3.35}$$

式中

$$\beta(t) = -\frac{\mathrm{i}\Omega}{2\hbar}\left(\frac{V_{12}\mathrm{e}^{\mathrm{i}\omega t}}{\omega - \omega_0 - \mathrm{i}\Gamma_t} - \frac{V_{21}\mathrm{e}^{-\mathrm{i}\omega t}}{\omega - \omega_0 + \mathrm{i}\Gamma_t} \right) \tag{3.3.36}$$

方程（3.3.34）和方程（3.3.35）仍然是耦合方程组．为了消除耦合，做变量代换：

$$u = \rho_{11} + \rho_{22},\quad v = \rho_{11} - \rho_{22} \tag{3.3.37}$$

得到两个普通的一阶微分方程：

$$\frac{\mathrm{d}u}{\mathrm{d}t} = \lambda_1 + \lambda_2 - \Gamma_r u \tag{3.3.38}$$

$$\frac{\mathrm{d}v}{\mathrm{d}t} = \lambda_1 - \lambda_2 - [\Gamma_r - 2\beta(t)]v \tag{3.3.39}$$

求解上述方程可以求出 u 和 v，然后利用方程（3.3.37）计算 ρ_{11} 和 ρ_{22}．

现在考虑一种特殊情况：当系统达到稳定状态后，求出稳定态解. 令 $\frac{\mathrm{d}u}{\mathrm{d}t}=0$，$\frac{\mathrm{d}v}{\mathrm{d}t}=0$，给出

$$u=\frac{\lambda_1+\lambda_2}{\Gamma_r},\qquad v=\frac{\lambda_1-\lambda_2}{\Gamma_r-2\beta(t)} \tag{3.3.40}$$

进一步求得

$$\rho_{11}=\frac{1}{2}(u+v)=\frac{(\Gamma_r-\beta)\lambda_1-\beta\lambda_2}{\Gamma_r(\Gamma_r-2\beta)} \tag{3.3.41}$$

$$\rho_{22}=\frac{1}{2}(u-v)=\frac{(\beta-\Gamma_r)\lambda_2+\beta\lambda_1}{\Gamma_r(\Gamma_r-2\beta)} \tag{3.3.42}$$

3.4　三能级系统的光学布洛赫方程

图 3.4.1 表示三个能级 E_1、E_2 和 E_3 的跃迁图，图中虚线表示电离能 E_I. 密度矩阵 $\hat{\rho}$ 满足量子刘维尔方程

$$\mathrm{i}\hbar\frac{\partial}{\partial t}\hat{\rho}=[\hat{H},\hat{\rho}]=\hat{H}\hat{\rho}-\hat{\rho}\hat{H} \tag{3.4.1}$$

式中，哈密顿算符为

$$\hat{H}=\hat{H}_0+\hat{V} \tag{3.4.2}$$

$\hat{H}_0$ 表示无外场时原子或分子的哈密顿算符，其本征态和本征值分别为 $|n\rangle$ 和 E_n；$\hat{V}=-\boldsymbol{\mu}\cdot\boldsymbol{E}$ 表示电场与原子之间的相互作用势.

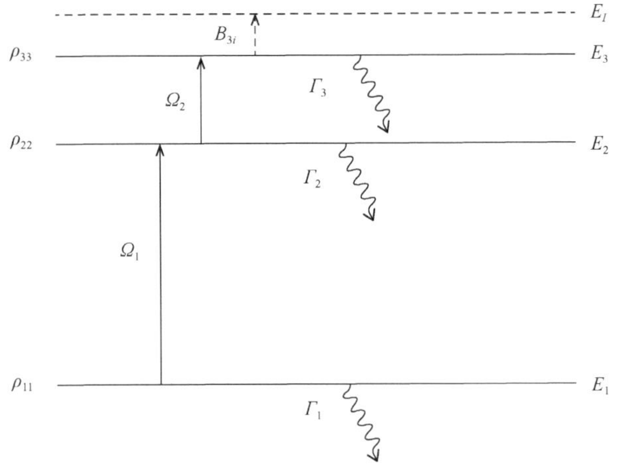

图 3.4.1　三能级原子的跃迁图

Γ_1、Γ_2 和 Γ_3 分别表示 E_1、E_2 和 E_3 能级的纵向衰减系数，B_{3i} 表示电离速率

考虑各种衰减效应，在方程（3.4.1）中加上描述衰减效应的弛豫项，即

$$\mathrm{i}\hbar\frac{\partial}{\partial t}\hat{\rho}+\mathrm{i}\hbar\left(\frac{\partial\hat{\rho}}{\partial t}\right)_{\text{relax}}=[\hat{H},\hat{\rho}] \tag{3.4.3}$$

对于三能级原子或分子，密度矩阵为

$$\hat{\rho}=\begin{pmatrix}\rho_{11} & \rho_{12} & \rho_{13}\\ \rho_{21} & \rho_{22} & \rho_{23}\\ \rho_{31} & \rho_{32} & \rho_{33}\end{pmatrix} \tag{3.4.4}$$

描述弛豫项的方程为

$$\mathrm{i}\hbar\left(\frac{\partial\hat{\rho}}{\partial t}\right)_{\text{relax}}=\begin{pmatrix}\Gamma_1\rho_{11} & \Gamma_{12}\rho_{12} & \Gamma_{13}\rho_{13}\\ \Gamma_{21}\rho_{21} & \Gamma_2\rho_{22} & \Gamma_{23}\rho_{23}\\ \Gamma_{31}\rho_{31} & \Gamma_{32}\rho_{32} & \Gamma_3\rho_{33}+B_{3i}\rho_{33}\end{pmatrix} \tag{3.4.5}$$

式中，Γ_1、Γ_2 和 Γ_3 分别表示能级 E_1、E_2 和 E_3 的纵向衰减系数；$\Gamma_{ij}(i\neq j)$ 表示横向衰减系数. 因基态 $|1\rangle$ 无衰减，故令 $\Gamma_1=0$. 在方程（3.4.5）中，因 $|1\rangle$ 与 $|3\rangle$ 态之间耦合较弱，可令 $\rho_{13}=\rho_{31}=0$. 附加的矩阵元 $B_{3i}\rho_{33}$ 表示电离产率，其中 B_{3i} 表示电离速率. $B_{3i}\rho_{33}$ 表示的物理意义是利用频率为 ω_3 的光子把处于激发态 $|3\rangle$ 的原子或分子电离，导致 E_3 能级布居减少的量. 若不考虑电离问题，可令 B_{3i} 等于零. 由方程（3.4.1）～方程（3.4.5）可以求出下列对易关系：

$$[\hat{H}_0,\hat{\rho}]=\hbar\begin{pmatrix}0 & \omega_{12}\rho_{12} & 0\\ \omega_{21}\rho_{21} & 0 & \omega_{23}\rho_{23}\\ 0 & \omega_{32}\rho_{32} & 0\end{pmatrix} \tag{3.4.6}$$

$$[\hat{V},\hat{\rho}]=\begin{pmatrix}V_{12}\rho_{12}-\rho_{12}V_{21} & V_{12}\rho_{22}-\rho_{11}V_{12} & V_{12}\rho_{23}-\rho_{12}V_{23}\\ V_{21}\rho_{11}-\rho_{22}V_{21} & V_{21}\rho_{12}-\rho_{21}V_{12}+V_{23}\rho_{32}-\rho_{23}V_{32} & V_{23}\rho_{33}-\rho_{22}V_{23}\\ V_{32}\rho_{21}-\rho_{32}V_{21} & V_{32}\rho_{22}-\rho_{33}V_{32} & V_{32}\rho_{23}-\rho_{32}V_{23}\end{pmatrix} \tag{3.4.7}$$

式中

$$\omega_{ij}=(E_i-E_j)/\hbar \tag{3.4.8}$$

设电场强度为

$$\boldsymbol{E}_i(t)=\boldsymbol{E}_{i0}(\mathrm{e}^{-\mathrm{i}\omega_i t}+\mathrm{e}^{\mathrm{i}\omega_i t})=2\boldsymbol{E}_{i0}\cos\omega_i t \tag{3.4.9}$$

在方程（3.4.7）中，相互作用势的矩阵元为

$$V_{12}=V_{21}=-\boldsymbol{\mu}_{12}\cdot\boldsymbol{E}_1(t)=-2\hbar\Omega_1\cos\omega_1 t \tag{3.4.10}$$

$$V_{23}=V_{32}=-\boldsymbol{\mu}_{23}\cdot\boldsymbol{E}_2(t)=-2\hbar\Omega_2\cos\omega_2 t \tag{3.4.11}$$

式中，拉比频率为

$$\Omega_1=\boldsymbol{\mu}_{12}\cdot\boldsymbol{E}_{10}/\hbar,\qquad \Omega_2=\boldsymbol{\mu}_{23}\cdot\boldsymbol{E}_{20}/\hbar \tag{3.4.12}$$

把方程（3.4.4）～方程（3.4.11）代入方程（3.4.3）中，得到三能级系统光学布洛赫方程为

$$\dot{\rho}_{11}=-\frac{\mathrm{i}}{\hbar}V_{12}(\rho_{21}-\rho_{12})-\Gamma_1\rho_{11} \tag{3.4.13}$$

$$\dot{\rho}_{22}=-\frac{\mathrm{i}}{\hbar}[V_{12}(\rho_{12}-\rho_{21})+V_{23}(\rho_{32}-\rho_{23})]-\Gamma_2\rho_{22} \tag{3.4.14}$$

$$\dot{\rho}_{33}=-\frac{\mathrm{i}}{\hbar}V_{23}(\rho_{23}-\rho_{32})-(\Gamma_3+B_{3i})\rho_{33} \tag{3.4.15}$$

$$\dot{\rho}_{12}=\dot{\rho}_{21}^*=-\frac{\mathrm{i}}{\hbar}V_{12}(\rho_{22}-\rho_{11})-\mathrm{i}\omega_{12}\rho_{12}-\Gamma_{12}\rho_{12} \tag{3.4.16}$$

$$\dot{\rho}_{23}=\dot{\rho}_{32}^*=-\frac{\mathrm{i}}{\hbar}V_{23}(\rho_{33}-\rho_{22})-\mathrm{i}\omega_{23}\rho_{23}-\Gamma_{23}\rho_{23} \tag{3.4.17}$$

可以采用 3.3 节介绍的方法求解耦合方程组［式（3.4.13）～式（3.4.17）］. 但下面我们采取简单的慢变振幅近似方法求解上述方程组. 设

$$\rho_{12}(t)=\mathrm{e}^{-\mathrm{i}\omega_1 t}\rho_{12}(0),\qquad \rho_{21}(t)=\mathrm{e}^{\mathrm{i}\omega_1 t}\rho_{21}(0) \tag{3.4.18}$$

$$\rho_{23}(t)=\mathrm{e}^{-\mathrm{i}\omega_2 t}\rho_{23}(0),\qquad \rho_{32}(t)=\mathrm{e}^{\mathrm{i}\omega_2 t}\rho_{32}(0) \tag{3.4.19}$$

$$\Delta_1=\omega_{21}-\omega_1,\qquad \Delta_2=\omega_{32}-\omega_2 \tag{3.4.20}$$

把方程（3.4.18）～方程（3.4.20）代入方程（3.4.16）和方程（3.4.17）中，得到

$$\rho_{12}(t)=\frac{V_{12}(\rho_{11}-\rho_{22})}{\hbar(\Delta_1-\mathrm{i}\Gamma_{12})},\qquad \rho_{21}(t)=\frac{V_{21}(\rho_{11}-\rho_{22})}{\hbar(\Delta_1+\mathrm{i}\Gamma_{21})} \tag{3.4.21}$$

$$\rho_{23}(t)=\frac{V_{23}(\rho_{22}-\rho_{33})}{\hbar(\Delta_2-\mathrm{i}\Gamma_{23})},\qquad \rho_{32}(t)=\frac{V_{32}(\rho_{22}-\rho_{33})}{\hbar(\Delta_2+\mathrm{i}\Gamma_{32})} \tag{3.4.22}$$

由此得出

$$\rho_{12}-\rho_{21}=\frac{\mathrm{i}K_1V_{12}}{\hbar}(\rho_{11}-\rho_{22}),\qquad \rho_{23}-\rho_{32}=\frac{\mathrm{i}K_2V_{23}}{\hbar}(\rho_{22}-\rho_{33}) \tag{3.4.23}$$

式中

$$K_1=\frac{\Gamma_{12}+\Gamma_{21}}{(\Delta_1-\mathrm{i}\Gamma_{12})(\Delta_1+\mathrm{i}\Gamma_{21})},\qquad K_2=\frac{\Gamma_{23}+\Gamma_{32}}{(\Delta_2-\mathrm{i}\Gamma_{23})(\Delta_2+\mathrm{i}\Gamma_{32})} \tag{3.4.24}$$

在稳定态条件下，有

$$\dot{\rho}_{11}=0,\qquad \dot{\rho}_{22}=0,\qquad \dot{\rho}_{33}=0 \tag{3.4.25}$$

初始条件为

$$\rho_{11}=N_0 \tag{3.4.26}$$

式中，N_0 表示初始态布居. 把方程（3.4.23）和方程（3.4.25）代入方程（3.4.14）和方程（3.4.15）中，得

$$\frac{K_1V_{12}^2}{\hbar^2}(\rho_{11}-\rho_{22})+\frac{K_2V_{23}^2}{\hbar^2}(\rho_{33}-\rho_{22})-\Gamma_2\rho_{22}=0 \tag{3.4.27}$$

$$\frac{K_2V_{23}^2}{\hbar^2}\rho_{22}=\left(\frac{K_2V_{23}^2}{\hbar^2}+\Gamma_3+B_{3i}\right)\rho_{33} \tag{3.4.28}$$

联立求解上述两个方程，得到

$$\rho_{33}=\frac{N_0R_1R_2}{(R_1+R_2+\Gamma_2)(R_2+\Gamma_3+B_{3i})-R_2^2} \tag{3.4.29}$$

式中

$$R_1 = \frac{K_1 V_{12}^2}{\hbar^2}, \qquad R_2 = \frac{K_2 V_{23}^2}{\hbar^2} \tag{3.4.30}$$

R_1 表示从 $|1\rangle$ 态到 $|2\rangle$ 态的跃迁概率，R_2 表示从 $|2\rangle$ 态到 $|3\rangle$ 态的跃迁概率.

当原子或分子被电离时，离子的产率为

$$R_{\text{ion}} = B_{3i}\rho_{33} = \frac{N_0 R_1 R_2 B_{3i}}{(R_1 + R_2 + \Gamma_2)(R_2 + \Gamma_3 + B_{3i}) - R_2^2} \tag{3.4.31}$$

在实验中，电离信号强度 S 正比于离子产率，即

$$S = KR_{\text{ion}} \tag{3.4.32}$$

式中，K 为比例系数. 方程（3.4.31）和方程（3.4.32）为分析原子、分子的多光子电离实验奠定了理论基础.

3.5　约化密度矩阵理论

前面几节介绍了封闭系统的密度矩阵理论. 没有考虑原子或分子与周围环境之间的相互作用. 在实际问题中，严格意义的封闭或孤立系统是不存在的. 例如，研究激光与溶剂中某种原子相互作用，需要考虑溶剂的影响. 对于一个开放系统，可以将其分为两个子系统：原子或分子子系统（S）和热浴（环境）子系统（R）.

3.5.1　约化密度矩阵满足的时间演化方程

开放系统哈密顿算符为

$$\hat{H} = \hat{H}_{\text{S}} + \hat{H}_{\text{R}} + \hat{H}_{\text{S-R}} \tag{3.5.1}$$

式中，$\hat{H}_{\text{S}}$ 和 $\hat{H}_{\text{R}}$ 分别表示原子和热浴的哈密顿算符；$\hat{H}_{\text{S-R}}$ 表示原子和热浴之间相互作用势. 开放系统密度矩阵满足量子刘维尔方程

$$\frac{\partial \hat{\rho}(t)}{\partial t} = -\frac{\text{i}}{\hbar}[\hat{H}, \hat{\rho}(t)] = -\frac{\text{i}}{\hbar}(\hat{H}\hat{\rho} - \hat{\rho}\hat{H}) \tag{3.5.2}$$

定义刘维尔算符为

$$\hat{L} = \frac{1}{\hbar}[\hat{H}, \bullet] = \frac{1}{\hbar}(\hat{H}\bullet - \bullet\hat{H}) \tag{3.5.3}$$

式中，圆点表示当把刘维尔算符 $\hat{L}$ 作用在密度矩阵 $\hat{\rho}(t)$ 上时，密度矩阵 $\hat{\rho}(t)$ 出现的位置. 利用刘维尔算符，把方程（3.5.2）改写为

$$\frac{\partial \hat{\rho}(t)}{\partial t} = -\text{i}\hat{L}\hat{\rho}(t) \tag{3.5.4}$$

对于开放系统，我们感兴趣的是原子或分子子系统的动力学行为. 为此，我们对热浴的量子态求迹，给出约化密度矩阵 $\hat{\sigma}(t)$ 的表达式为

$$\hat{\sigma}(t) = \text{Tr}_{\text{R}}\left[\hat{\rho}(t)\right] \tag{3.5.5}$$

约化密度矩阵 $\hat{\sigma}(t)$ 与热浴的自由度或量子态无关. 将方程（3.5.5）对时间求导数，得到

$$\begin{aligned}\frac{\partial\hat{\sigma}(t)}{\partial t}&=\mathrm{Tr}_{\mathrm{R}}\left[\frac{\partial\hat{\rho}(t)}{\partial t}\right]=-\frac{\mathrm{i}}{\hbar}\mathrm{Tr}_{\mathrm{R}}\{[\hat{H}_{\mathrm{S}}+\hat{H}_{\mathrm{R}}+\hat{H}_{\mathrm{S\text{-}R}},\ \hat{\rho}(t)]\}\\&=-\frac{\mathrm{i}}{\hbar}[\hat{H}_{\mathrm{S}},\ \hat{\sigma}(t)]-\frac{\mathrm{i}}{\hbar}\mathrm{Tr}_{\mathrm{R}}\{[\hat{H}_{\mathrm{R}}+\hat{H}_{\mathrm{S\text{-}R}},\ \hat{\rho}(t)]\}\end{aligned}\tag{3.5.6}$$

式中，对热浴的量子态求迹后，含有 $\hat{H}_{\mathrm{R}}$ 的项等于零. 约化密度矩阵满足的时间演化方程为

$$\frac{\partial\hat{\sigma}(t)}{\partial t}=-\frac{\mathrm{i}}{\hbar}[\hat{H}_{\mathrm{S}},\hat{\sigma}(t)]-\frac{\mathrm{i}}{\hbar}\mathrm{Tr}_{\mathrm{R}}\{[\hat{H}_{\mathrm{S\text{-}R}},\ \hat{\rho}(t)]\}\tag{3.5.7}$$

式中，$\hat{\rho}(t)$ 由方程(3.5.2)计算. 通常采用路径积分方法或者微扰方法求解方程(3.5.7)[11-13]. 设热浴的密度矩阵为 $\hat{R}(t)$，在一阶微扰近似下，若取原子和热浴之间相互作用势为双线性函数形式，则有

$$\hat{\rho}(t)=\hat{\sigma}(t)+\hat{R}(t)\tag{3.5.8}$$

$$\hat{H}_{\mathrm{S\text{-}R}}=\sum_{\mu}K_{\mu}\phi_{\mu}\tag{3.5.9}$$

式中，K_μ 和 ϕ_μ 分别与原子和热浴有关. 利用方程(3.5.8)和方程(3.5.9)，把方程(3.5.7)简化为

$$\begin{aligned}\frac{\partial\hat{\sigma}(t)}{\partial t}&=-\frac{\mathrm{i}}{\hbar}[\hat{H}_{\mathrm{S}},\hat{\sigma}(t)]-\frac{\mathrm{i}}{\hbar}\mathrm{Tr}_{\mathrm{R}}\{[\hat{H}_{\mathrm{S\text{-}R}},\ \hat{\sigma}(t)]+[\hat{H}_{\mathrm{S\text{-}R}},\ \hat{R}(t)]\}\\&=-\frac{\mathrm{i}}{\hbar}\left[\hat{H}_{\mathrm{S}}+\mathrm{Tr}_{\mathrm{R}}\left[\hat{H}_{\mathrm{S\text{-}R}}\hat{R}(t)\right],\hat{\sigma}(t)\right]-\frac{\mathrm{i}}{\hbar}\mathrm{Tr}_{\mathrm{R}}\{[\hat{H}_{\mathrm{S\text{-}R}},\hat{R}(t)]\}\\&=-\frac{\mathrm{i}}{\hbar}\left[\hat{H}_{\mathrm{S}}+\sum_{\mu}K_{\mu}\mathrm{Tr}_{\mathrm{R}}\left[\phi_{\mu}\hat{R}(t)\right],\ \hat{\sigma}(t)\right]\end{aligned}\tag{3.5.10}$$

设热浴处于热平衡状态，其密度矩阵为

$$\hat{R}(t)=\hat{R}_{\mathrm{eq}}(t)=\frac{\exp\left(-\dfrac{\hat{H}_{\mathrm{R}}}{k_{\mathrm{B}}T}\right)}{\mathrm{Tr}_{\mathrm{R}}\left[\exp\left(-\dfrac{\hat{H}_{\mathrm{R}}}{k_{\mathrm{B}}T}\right)\right]}\tag{3.5.11}$$

且有

$$\mathrm{Tr}_{\mathrm{R}}\left[\phi_{\mu}\hat{R}(t)\right]=\left\langle\phi_{\mu}\right\rangle_{\mathrm{R}}\tag{3.5.12}$$

3.5.2 约化密度矩阵满足的量子主方程

在相互作用绘景中，密度矩阵 $\hat{\rho}^{(I)}(t)$ 满足运动方程

$$\frac{\partial\hat{\rho}^{(I)}(t)}{\partial t}=-\frac{\mathrm{i}}{\hbar}[\hat{H}_{\mathrm{S\text{-}R}}^{(I)}(t),\ \hat{\rho}^{(I)}(t)]\tag{3.5.13}$$

设 $\hat{U}_0(t,t_0)$ 表示在相互作用绘景中密度矩阵及哈密顿算符的时间演化算符[14]，即

$$\hat{H}_{\text{S-R}}^{(I)}(t)=\hat{U}_0^+(t,t_0)\hat{H}_{\text{S-R}}(t)\hat{U}_0(t,t_0) \tag{3.5.14}$$

$$\hat{\rho}^{(I)}(t)=\hat{U}_0^+(t,t_0)\hat{\rho}(t)\hat{U}_0(t,t_0) \tag{3.5.15}$$

利用方程（3.5.13），对热浴量子态求迹，得到相互作用绘景中约化密度矩阵满足的运动方程为

$$\frac{\partial\hat{\sigma}^{(I)}(t)}{\partial t}=-\frac{\mathrm{i}}{\hbar}\mathrm{Tr}_{\mathrm{R}}\{[\hat{H}_{\text{S-R}}^{(I)}(t),\ \hat{\rho}^{(I)}(t)]\} \tag{3.5.16}$$

引入投影算符 $\hat{P}$ 及其正交补集算符 $\hat{Q}=\hat{I}-\hat{P}$（其中 $\hat{I}$ 为单位算符），则有

$$\hat{P}\hat{\rho}(t)=\hat{R}_{\mathrm{eq}}\mathrm{Tr}_{\mathrm{R}}\left[\hat{\rho}(t)\right] \tag{3.5.17}$$

式中，$\hat{R}_{\mathrm{eq}}$ 由方程（3.5.11）计算. 利用投影算符，方程（3.5.16）变为

$$\begin{aligned}\frac{\partial\hat{\sigma}^{(I)}(t)}{\partial t}&=\mathrm{Tr}_{\mathrm{R}}\left[\hat{P}\frac{\partial\hat{\rho}^{(I)}(t)}{\partial t}\right]\\&=-\frac{\mathrm{i}}{\hbar}\mathrm{Tr}_{\mathrm{R}}\{[\hat{H}_{\text{S-R}}^{(I)}(t),\ \hat{P}\hat{\rho}^{(I)}(t)+\hat{Q}\hat{\rho}^{(I)}(t)]\}\\&=-\frac{\mathrm{i}}{\hbar}\mathrm{Tr}_{\mathrm{R}}\{[\hat{H}_{\text{S-R}}^{(I)}(t),\ \hat{R}_{\mathrm{eq}}\hat{\sigma}^{(I)}(t)+\hat{Q}\hat{\rho}^{(I)}(t)]\}\end{aligned} \tag{3.5.18}$$

将算符 $\hat{Q}$ 作用于方程（3.5.13），得到

$$\begin{aligned}\hat{Q}\frac{\partial\hat{\rho}^{(I)}(t)}{\partial t}=\frac{\partial(\hat{Q}\hat{\rho}^{(I)}(t))}{\partial t}&=-\frac{\mathrm{i}}{\hbar}\hat{Q}\mathrm{Tr}_{\mathrm{R}}\{[\hat{H}_{\text{S-R}}^{(I)}(t),\ \hat{P}\hat{\rho}^{(I)}(t)+\hat{Q}\hat{\rho}^{(I)}(t)]\}\\&=-\frac{\mathrm{i}}{\hbar}\hat{Q}\mathrm{Tr}_{\mathrm{R}}\{[\hat{H}_{\text{S-R}}^{(I)}(t),\ \hat{R}_{\mathrm{eq}}\hat{\sigma}^{(I)}(t)+\hat{Q}\hat{\rho}^{(I)}(t)]\}\end{aligned} \tag{3.5.19}$$

把方程（3.5.19）写成积分形式，并代入方程（3.5.18）中，得到

$$\begin{aligned}\frac{\partial\hat{\sigma}^{(I)}(t)}{\partial t}=&-\frac{\mathrm{i}}{\hbar}\mathrm{Tr}_{\mathrm{R}}\{\hat{R}_{\mathrm{eq}}[\hat{H}_{\text{S-R}}^{(I)}(t),\ \hat{\sigma}^{(I)}(t)]\}\\&-\frac{1}{\hbar^2}\int_{t_0}^{t}\mathrm{d}\tau\,\mathrm{Tr}_{\mathrm{R}}\{[\hat{H}_{\text{S-R}}^{(I)}(t),\ (\hat{I}-\hat{R})[\hat{H}_{\text{S-R}}^{(I)}(t),\ \hat{R}_{\mathrm{eq}}\hat{\sigma}^{(I)}(t)]]\}\end{aligned} \tag{3.5.20}$$

使用方程（3.5.9），把方程（3.5.20）右边第一项改写为

$$\begin{aligned}-\frac{\mathrm{i}}{\hbar}\mathrm{Tr}_{\mathrm{R}}\{\hat{R}_{\mathrm{eq}}[\hat{H}_{\text{S-R}}^{(I)}(t),\ \hat{\sigma}^{(I)}(t)]\}&=-\frac{\mathrm{i}}{\hbar}\sum_{\mu}\mathrm{Tr}_{\mathrm{R}}\{[\hat{R}_{\mathrm{eq}}K_{\mu}^{(I)}\phi_{\mu}^{(I)},\ \hat{\sigma}^{(I)}(t)]\}\\&=-\frac{\mathrm{i}}{\hbar}\sum_{\mu}[K_{\mu}^{(I)}\left\langle\phi_{\mu}^{(I)}\right\rangle_{\mathrm{R}},\ \hat{\sigma}^{(I)}(t)]\end{aligned} \tag{3.5.21}$$

式中

$$\left\langle\phi_{\mu}^{(I)}\right\rangle_{\mathrm{R}}=\mathrm{Tr}_{\mathrm{R}}\left(\hat{R}_{\mathrm{eq}}\phi_{\mu}^{(I)}\right) \tag{3.5.22}$$

为了计算方程（3.5.20）右边第二项，定义热浴的相关函数为[4,15]

$$C_{\mu\nu}(t)=\left\langle\phi_{\mu}(t)\phi_{\nu}(0)\right\rangle_{\mathrm{R}}-\left\langle\phi_{\mu}\right\rangle_{\mathrm{R}}\left\langle\phi_{\nu}\right\rangle_{\mathrm{R}} \tag{3.5.23}$$

相关函数 $C_{\mu\nu}(t)$ 反映了热浴函数 $\phi_{\mu}(t)$ 和 $\phi_{\nu}(t)$ 的涨落. 相关函数 $C_{\mu\nu}(t-\tau)$ 的复共轭满足关系式 $C_{\mu\nu}^{*}(t-\tau)=C_{\nu\mu}(-t+\tau)$. 经过复杂的推导，方程（3.5.20）右边第二项变为

$$-\frac{1}{\hbar^2}\int_{t_0}^{t}\mathrm{d}\tau\,\mathrm{Tr}_{\mathrm{R}}\{[\hat{H}_{\text{S-R}}^{(I)}(t),(\hat{I}-\hat{R})[\hat{H}_{\text{S-R}}^{(I)}(t),\hat{R}_{\mathrm{eq}}\hat{\sigma}^{(I)}(t)]]\}$$

$$=-\frac{1}{\hbar^2}\sum_{\mu,\nu}\int_0^t\mathrm{d}\tau\{C_{\mu\nu}(t-\tau)[K_\mu^{(I)}(t),K_\nu^{(I)}(\tau)\hat{\sigma}^{(I)}(\tau)]$$

$$-C_{\mu\nu}^*(t-\tau)[K_\mu^{(I)}(t),\hat{\sigma}^{(I)}(\tau)K_\nu^{(I)}(\tau)]\} \tag{3.5.24}$$

把方程（3.5.21）和方程（3.5.24）代入方程（3.5.20）中，给出相互作用绘景中约化密度矩阵满足的量子主方程为

$$\frac{\partial\hat{\sigma}^{(I)}(t)}{\partial t}=-\frac{\mathrm{i}}{\hbar}\sum_{\mu}\left\langle\phi_\mu\right\rangle[K_\mu^{(I)}(t)\left\langle\phi_\mu^{(I)}\right\rangle_{\mathrm{R}},\ \hat{\sigma}^{(I)}(t)]$$

$$-\frac{1}{\hbar^2}\sum_{\mu,\nu}\int_0^t\mathrm{d}\tau\{C_{\mu\nu}(t-\tau)[K_\mu^{(I)}(t),K_\nu^{(I)}(\tau)\hat{\sigma}^{(I)}(\tau)]$$

$$-C_{\mu\nu}^*(t-\tau)[K_\mu^{(I)}(t),\hat{\sigma}^{(I)}(\tau)K_\nu^{(I)}(\tau)]\} \tag{3.5.25}$$

使用幺正变换，得到薛定谔绘景中约化密度矩阵为

$$\hat{\sigma}(t)=\hat{U}_{\mathrm{S}}(t,t_0)\hat{\sigma}^{(I)}(t)\hat{U}_{\mathrm{S}}^+(t,t_0)$$

$$=\exp[-\mathrm{i}(t-t_0)\hat{H}_{\mathrm{S}}/\hbar]\hat{\sigma}^{(I)}(t)\exp[\mathrm{i}(t-t_0)\hat{H}_{\mathrm{S}}/\hbar] \tag{3.5.26}$$

它满足的量子主方程为

$$\frac{\partial\hat{\sigma}(t)}{\partial t}=-\frac{\mathrm{i}}{\hbar}[\hat{H}_{\mathrm{S}},\hat{\sigma}(t)]+\hat{U}_{\mathrm{S}}(t,t_0)\frac{\partial\hat{\sigma}^{(I)}(t)}{\partial t}\hat{U}_{\mathrm{S}}^+(t,t_0)$$

$$=-\mathrm{i}\hat{L}_{\mathrm{S}}'\hat{\sigma}(t)-D\hat{\sigma}(t) \tag{3.5.27}$$

式中

$$\hat{L}_{\mathrm{S}}'\hat{\sigma}(t)=\frac{1}{\hbar}[\hat{H}_{\mathrm{S}}+\sum_{\mu}\left\langle\phi_\mu^{(I)}\right\rangle K_\mu,\hat{\sigma}(t)] \tag{3.5.28}$$

描述了封闭子系统的演化过程. $D\hat{\sigma}(t)$ 表示耗散（或弛豫）过程，它描述了原子能量流向热浴的不可逆过程，其表达式为

$$D\hat{\sigma}(t)=-\frac{1}{\hbar^2}\sum_{\mu,\nu}\int_0^{t-t_0}\mathrm{d}\tau\{C_{\mu\nu}(\tau)[K_\mu,\hat{U}_{\mathrm{S}}(\tau)K_\nu\hat{\sigma}(t-\tau)\hat{U}_{\mathrm{S}}^+(\tau)]$$

$$-C_{\nu\mu}(-\tau)[K_\mu,\hat{U}_{\mathrm{S}}(\tau)\hat{\sigma}(t-\tau)K_\nu\hat{U}_{\mathrm{S}}^+(\tau)]\} \tag{3.5.29}$$

3.5.3　马尔可夫近似

方程（3.5.29）描述在一般情况下系统的耗散（或弛豫）过程. 由于约化密度矩阵 $\hat{\sigma}(t-\tau)$ 与时间 t 和 τ 有关，故精确求解约化密度矩阵的演化方程是一项困难的任务. 方程（3.5.27）和方程（3.5.29）表示的演化过程具有存储大量过去数据信息的功能. 为了简化计算，通常用 $\hat{\sigma}(t)$ 代替 $\hat{\sigma}(t-\tau)$，并取积分上限为无穷大，这种近似忽略了存储（记忆）功能，称为马尔可夫（Markov）近似[3,4].

在马尔可夫近似下，量子主方程的耗散项变为

$$D\hat{\sigma}(t)=\left(\frac{\partial\hat{\sigma}(t)}{\partial t}\right)_{\text{dis}}=-\frac{1}{\hbar^2}\sum_{\mu,\nu}\int_0^\infty \mathrm{d}\tau\{C_{\mu\nu}(\tau)[K_\mu,\hat{U}_{\text{S}}(\tau)K_\nu\hat{\sigma}(t)\hat{U}_{\text{S}}^+(\tau)]$$
$$-C_{\nu\mu}(-\tau)[K_\mu,\hat{U}_{\text{S}}(\tau)\hat{\sigma}(t)K_\nu\hat{U}_{\text{S}}^+(\tau)]\} \tag{3.5.30}$$

引入衰减矩阵 Γ，它在原子量子态表象 $\{|\phi_a\rangle\}$ 中的矩阵元为

$$\Gamma_{ab,cd}(\omega)=\text{Re}\sum_{\mu}\langle\phi_a|K_\mu|\phi_b\rangle\langle\phi_c|\Lambda_\mu|\phi_d\rangle \tag{3.5.31}$$

式中

$$\Lambda_\mu=\sum_\nu\int_0^\infty \mathrm{d}\tau C_{\mu\nu}(\tau)\exp(-\mathrm{i}\hat{H}_{\text{S}}\tau/\hbar)\exp(\mathrm{i}\hat{H}_{\text{S}}\tau/\hbar) \tag{3.5.32}$$

利用方程（3.5.31）和方程（3.5.32），把方程（3.5.30）改写为

$$\left(\frac{\partial\hat{\sigma}_{ab}(t)}{\partial t}\right)_{\text{dis}}=\sum_{c,d}\{\Gamma_{bd,dc}(\omega_{cd})\hat{\sigma}_{ac}(t)+\Gamma_{ac,cd}(\omega_{dc})\hat{\sigma}_{db}(t)$$
$$-[\Gamma_{ca,bd}(\omega_{db})+\Gamma_{db,ac}(\omega_{ca})]\hat{\sigma}_{cd}(t)\} \tag{3.5.33}$$

引入弛豫矩阵 $\hat{R}$，又称为 Redfield 张量[4,16-18]. 弛豫矩阵 $\hat{R}$ 在原子量子态表象 $\{|\phi_a\rangle\}$ 中的矩阵元为

$$R_{ab,cd}=\delta_{ac}\sum_e\Gamma_{be,ed}(\omega_{de})+\delta_{bd}\sum_e\Gamma_{ae,ec}(\omega_{ce})-\Gamma_{ca,cbd}(\omega_{db})-\Gamma_{db,ac}(\omega_{ca}) \tag{3.5.34}$$

使用方程（3.5.31），可以将方程（3.5.33）改写为

$$\left(\frac{\partial\hat{\sigma}_{ab}(t)}{\partial t}\right)_{\text{dis}}=\sum_{c,d}R_{ab,cd}\hat{\sigma}_{cd}(t) \tag{3.5.35}$$

在马尔可夫近似下，量子主方程变为

$$\frac{\partial\hat{\sigma}(t)}{\partial t}=-\mathrm{i}\hat{L}'_{\text{S}}\hat{\sigma}(t)+\hat{R}\hat{\sigma}(t) \tag{3.5.36}$$

式中，$\hat{L}'_{\text{S}}\hat{\sigma}(t)$ 和 $\hat{R}\hat{\sigma}(t)$ 分别由方程（3.5.28）和方程（3.5.35）计算. 在原子的量子态表象 $\{|\phi_a\rangle\}$ 中，约化密度矩阵元 $\hat{\sigma}_{ab}(t)$ 满足的时间演化方程为

$$\frac{\partial\hat{\sigma}_{ab}(t)}{\partial t}=-\mathrm{i}\omega_{ab}\hat{\sigma}_{ab}(t)+\sum_{c,d}R_{ab,cd}\hat{\sigma}_{cd}(t) \tag{3.5.37}$$

方程（3.5.37）又称为 Redfield 方程.

对于非马尔可夫近似的量子主方程（3.5.27），可以使用拉普拉斯变换[17,18]和谱展开[19-22]方法求解.

参考文献

[1] Lin S H, Alden R, Islampour R, et al. Density matrix method and femtosecond processes. Singapore: World Scientific Publishing Co. Pte. Ltd., 1991.

[2] Lin S H, Fujimura Y, Neusser H J, et al. Multiphoton spectroscopy of molecules. London: Academic Press, 1984.

[3] Blum K. Density matrix theory and applications. New York: Plenum Press, 1981.

[4] May V, Kühn O. Charge energy transfer dynamics in molecular systems. Berlin: Wiley-VCH , 1999.
[5] 谭维翰. 量子光学导论. 2 版. 北京：科学出版社，2012.
[6] 李桂春. 光子光学. 北京：国防工业出版社，2010.
[7] Pillet P, Crubellier A, Bleton A, et al. Photoassociation in a gas of cold alkali atoms: I. Perturbative quantum approach. Journal of Physics B: Atomic, Molecular and Optical Physics, 1997, 30(12): 2801-2820.
[8] Paramonov G K, Saalfrank P. Time-evolution operator method for non-Markovian density matrix propagation in time and space representation: application to laser association of OH in an environment. Physical Review A, 2009, 79(1): 013415.
[9] Bartana A, Kosloff R. Laser cooling of internal degrees of freedom. II. The Journal of Chemical Physics, 1997, 106(4): 1435-1448.
[10] Huisinga W, Pesce L, Kosloff R, et al. Faber and Newton polynomial integrators for open-system density matrix propagation. The Journal of Chemical Physics, 1999, 110(12): 5538-5547.
[11] Kondov I S. Numerical studies of electron transfer in system with dissipation. Berlin: Humboldt University, 2003.
[12] Fick E, Sauermann G. The quantum statistics of dynamic processes. New York: Springer,1990.
[13] Renger T, May V, Kühn O. Ultrafast excitation energy transfer dynamics in photosynthetic pigment-protein complexes. Physics Reports, 2001, 343(3): 137-254.
[14] 喀兴林. 高等量子力学. 2 版. 北京：高等教育出版社, 2000.
[15] Mancal T. Laser pulse control of dissipative dynamics in molecular systems. Berlin: Humboldt University, 2002.
[16] Petkovic M. Inaugural dissertation. Berlin: Freie Universität Berlin, 2004.
[17] Villaeys A A, Lin S H. Non-Markovian effects on optical absorption. Physical Review A, 1991, 43(9): 5030-5038.
[18] Lavoine J P, Villaeys A A. Influence of non-Markovian effects in degenerate four-wave-mixing processes. Physical Review Letters, 1991, 67(20): 2780-2783.
[19] Mancal T, May V. Non-Markovian relaxation in an open quantum system: polynomial approach to the solution of the quantum master equation. The European Physical Journal B-Condensed Matter and Complex Systems, 2000, 18(4): 633-643.
[20] Mancal T, Bok J, Skala L. Short time de-excitation dynamics of a two-level electrons system: non-perturbative solution of the master equation. Journal of Physics A: Mathematical and General, 1998, 31(47): 9429-9440.
[21] Mancal T, May V. Interplay of non-Markovian relaxation and ultrafast optical state preparation in molecular systems: the Laguerre polynomial method. The Journal of Chemical Physics, 2001, 114(4): 1510-1523.
[22] Niu K, Dong L Q, Cong S L. Theoretical description of femtosecond fluorescence depletion spectrum of molecules in solution. The Journal of Chemical Physics, 2007, 127(12): 124502.

第 4 章　多光子激发与电离的量子力学微扰理论

研究原子、分子的多光子吸收和电离过程的主要理论方法有量子力学微扰理论、含时量子波包理论和密度矩阵理论. 第 3 章介绍了密度矩阵理论，本章介绍量子力学微扰理论. 我们以原子为例进行讨论. 由于不涉及原子的具体能级结构，故所推导的理论公式完全适用于处理分子的多光子吸收和电离过程.

4.1　量子力学微扰理论

原子的波函数满足薛定谔方程

$$\mathrm{i}\hbar\frac{\partial}{\partial t}\Psi(\boldsymbol{r},t)=\hat{H}\Psi(\boldsymbol{r},t) \tag{4.1.1}$$

哈密顿算符为

$$\hat{H}=\hat{H}_0+\lambda\hat{V} \tag{4.1.2}$$

式中，$\hat{H}_0$ 表示未受微扰的原子哈密顿算符；$\hat{V}$ 表示微扰势；λ 表示微扰参数. 未受微扰的本征函数 $\Psi_n^{(0)}$ 满足薛定谔方程

$$\mathrm{i}\hbar\frac{\partial}{\partial t}\Psi_n^{(0)}(\boldsymbol{r},t)=\hat{H}_0\Psi_n^{(0)}(\boldsymbol{r},t) \tag{4.1.3}$$

式中

$$\Psi_n^{(0)}(\boldsymbol{r},t)=\Psi_n(\boldsymbol{r})\exp(-\mathrm{i}E_nt/\hbar) \tag{4.1.4}$$

其中，$\Psi_n(\boldsymbol{r})$ 满足定态薛定谔方程

$$\hat{H}_0\Psi_n(\boldsymbol{r})=E_n\Psi_n(\boldsymbol{r}) \tag{4.1.5}$$

将原子波函数 $\Psi(\boldsymbol{r},t)$ 按 $\Psi_n^{(0)}(\boldsymbol{r},t)$ 展开为

$$\Psi(\boldsymbol{r},t)=\sum_m C_m(t)\Psi_m^{(0)}(\boldsymbol{r},t) \tag{4.1.6}$$

把方程（4.1.2）和方程（4.1.6）代入方程（4.1.1）中，左乘以 $\Psi_n^{(0)*}(\boldsymbol{r},t)$，对空间坐标积分，利用方程（4.1.3）得到

$$\mathrm{i}\hbar\frac{\partial C_n}{\partial t}=\lambda\sum_m C_m\left\langle\Psi_n^{(0)}(\boldsymbol{r},t)\middle|\hat{V}\middle|\Psi_m^{(0)}(\boldsymbol{r},t)\right\rangle \tag{4.1.7}$$

将展开系数 C_n 按微扰参数 λ 展开为

$$C_n=C_n^{(0)}+\lambda C_n^{(1)}+\lambda^2C_n^{(2)}+\lambda^3C_n^{(3)}+\cdots \tag{4.1.8}$$

把方程（4.1.8）代入方程（4.1.7）中，令方程两边微扰参数相同幂次方的项相等，给出下列方程：

$$\frac{\mathrm{d}C_n^{(0)}}{\mathrm{d}t}=0 \tag{4.1.9}$$

$$\mathrm{i}\hbar\frac{\mathrm{d}C_n^{(1)}}{\mathrm{d}t}=\sum_m C_m^{(0)}\left\langle \Psi_n^{(0)}\middle|\hat{V}\middle|\Psi_m^{(0)}\right\rangle \tag{4.1.10}$$

$$\mathrm{i}\hbar\frac{\mathrm{d}C_n^{(2)}}{\mathrm{d}t}=\sum_m C_m^{(1)}\left\langle \Psi_n^{(0)}\middle|\hat{V}\middle|\Psi_m^{(0)}\right\rangle \tag{4.1.11}$$

$$\mathrm{i}\hbar\frac{\mathrm{d}C_n^{(3)}}{\mathrm{d}t}=\sum_m C_m^{(2)}\left\langle \Psi_n^{(0)}\middle|\hat{V}\middle|\Psi_m^{(0)}\right\rangle \tag{4.1.12}$$

……

首先求解零级方程（4.1.9），$C_n^{(0)}$为常数．设系统最初处于$\Psi_k^{(0)}(\boldsymbol{r},t)$态，则有

$$C_k^{(0)}=1,\quad C_m^{(0)}=0,\quad m\neq k \tag{4.1.13}$$

把方程（4.1.13）代入一级方程（4.1.10）中，得到

$$\mathrm{i}\hbar\frac{\mathrm{d}C_n^{(1)}}{\mathrm{d}t}=\left\langle \Psi_n^{(0)}\middle|\hat{V}\middle|\Psi_k^{(0)}\right\rangle \tag{4.1.14}$$

若$\hat{V}$不显含时间，则

$$C_n^{(1)}=\frac{V_{nk}}{\hbar\omega_{nk}}(1-\mathrm{e}^{\mathrm{i}\omega_{nk}t}) \tag{4.1.15}$$

式中

$$\omega_{nk}=(E_n-E_k)/\hbar \tag{4.1.16}$$

$$V_{nk}=\langle\Psi_n(\boldsymbol{r})|\hat{V}|\Psi_k(\boldsymbol{r})\rangle=\langle n|\hat{V}|k\rangle \tag{4.1.17}$$

其中，$|n\rangle=|\Psi_n(\boldsymbol{r})\rangle$，$|k\rangle=|\Psi_k(\boldsymbol{r})\rangle$．把方程（4.1.15）代入方程（4.1.11）中，得到二级微扰系数为

$$C_n^{(2)}=\sum_m\frac{V_{nm}V_{mk}}{\hbar\omega_{mk}}\left(\frac{1-\mathrm{e}^{\mathrm{i}\omega_{nm}t}}{\hbar\omega_{nm}}-\frac{1-\mathrm{e}^{\mathrm{i}\omega_{nk}t}}{\hbar\omega_{nk}}\right) \tag{4.1.18}$$

把$C_n^{(2)}$代入方程（4.1.12）中，求出三级微扰系数为

$$C_n^{(3)}=\sum_{l,m}\frac{V_{nm}V_{ml}V_{lk}}{\hbar\omega_{lk}}\left[\frac{1}{\hbar\omega_{ml}}\left(\frac{1-\mathrm{e}^{\mathrm{i}\omega_{nm}t}}{\hbar\omega_{nm}}-\frac{1-\mathrm{e}^{\mathrm{i}\omega_{nl}t}}{\hbar\omega_{nl}}\right)-\frac{1}{\hbar\omega_{mk}}\left(\frac{1-\mathrm{e}^{\mathrm{i}\omega_{nm}t}}{\hbar\omega_{nm}}-\frac{1-\mathrm{e}^{\mathrm{i}\omega_{nk}t}}{\hbar\omega_{nk}}\right)\right] \tag{4.1.19}$$

在一级近似下，原子从$|k\rangle$态跃迁到$|n\rangle$态，跃迁概率为

$$\left|C_n^{(1)}\right|^2=\frac{2\left|V_{nk}\right|^2}{\hbar^2\omega_{nk}^2}(1-\cos\omega_{nk}t) \tag{4.1.20}$$

在$t\to\infty$的极限条件下，利用δ函数的性质

$$\delta(\omega_{nk})=\lim_{t\to\infty}\frac{1}{\pi t}\frac{1-\cos\omega_{nk}t}{\omega_{nk}^2} \tag{4.1.21}$$

得到

$$\left|C_n^{(1)}\right|^2=\frac{2\pi t}{\hbar^2}\left|V_{nk}\right|^2\delta(\omega_{nk})=\frac{2\pi t}{\hbar}\left|V_{nk}\right|^2\delta(E_n-E_k) \tag{4.1.22}$$

式中，$\omega_{nk}=(E_n-E_k)/\hbar$．单位时间的跃迁概率（即跃迁速率）为

$$W_{k\to n}^{(1)}=\left|C_n^{(1)}\right|^2/t=\frac{2\pi}{\hbar}\left|V_{nk}\right|^2\delta(E_n-E_k) \tag{4.1.23}$$

在通常情况下，观测的跃迁速率包括各种末态$|n\rangle$，故

$$W_k^{(1)}=\sum_n W_{k\to n}^{(1)}=\frac{2\pi}{\hbar}\sum_n\left|V_{nk}\right|^2\delta(E_n-E_k) \tag{4.1.24}$$

测量的平均跃迁速率为

$$W^{(1)}=\sum_k P_k W_k^{(1)}=\frac{2\pi}{\hbar}\sum_n\sum_k P_k\left|V_{nk}\right|^2\delta(E_n-E_k) \tag{4.1.25}$$

式中，P_k表示初始态$|k\rangle$的权重因子．对于热力学系统，P_k表示玻尔兹曼分布函数；对于孤立（绝热）系统，P_k表示微观状态分布因子．关于P_k的详细讨论，参见文献[1]～[3].

采用与上面类似的推导方法，求出二级和三级微扰近似的结果为

$$\left|C_n^{(2)}\right|^2=\frac{2(1-\cos\omega_{nk}t)}{\hbar^2\omega_{nk}^2}\left|\sum_m\frac{V_{nm}V_{mk}}{\hbar\omega_{mk}}\right|^2 \tag{4.1.26}$$

$$W_{k\to n}^{(2)}=\frac{\mathrm{d}}{\mathrm{d}t}\left|C_n^{(2)}\right|^2=\frac{2\pi}{\hbar}\left|\sum_m\frac{V_{nm}V_{mk}}{\hbar\omega_{mk}}\right|^2\delta(E_n-E_k) \tag{4.1.27}$$

$$W_k^{(2)}=\sum_n W_{k\to n}^{(2)}=\frac{2\pi}{\hbar}\sum_n\left|\sum_m\frac{V_{nm}V_{mk}}{\hbar\omega_{mk}}\right|^2\delta(E_n-E_k) \tag{4.1.28}$$

$$W^{(2)}=\frac{2\pi}{\hbar}\sum_k\sum_n P_k\left|\sum_m\frac{V_{nm}V_{mk}}{\hbar\omega_{mk}}\right|^2\delta(E_n-E_k) \tag{4.1.29}$$

$$\left|C_n^{(3)}\right|^2=\frac{2(1-\cos\omega_{nk}t)}{\hbar^2\omega_{nk}^2}\left|\sum_{l,m}\frac{V_{nm}V_{ml}V_{lk}}{\hbar^2\omega_{lk}\omega_{mk}}\right|^2 \tag{4.1.30}$$

$$W_{k\to n}^{(3)}=\frac{2\pi}{\hbar}\left|\sum_{l,m}\frac{V_{nm}V_{ml}V_{lk}}{\hbar^2\omega_{lk}\omega_{mk}}\right|^2\delta(E_n-E_k) \tag{4.1.31}$$

$$W_k^{(3)}=\frac{2\pi}{\hbar}\sum_k\left|\sum_{l,m}\frac{V_{nm}V_{ml}V_{lk}}{\hbar^2\omega_{lk}\omega_{mk}}\right|^2\delta(E_n-E_k) \tag{4.1.32}$$

$$W^{(3)}=\frac{2\pi}{\hbar}\sum_k\sum_n P_k\left|\sum_{l,m}\frac{V_{nm}V_{ml}V_{lk}}{\hbar^2\omega_{lk}\omega_{mk}}\right|^2\delta(E_n-E_k) \tag{4.1.33}$$

从方程（4.1.22）～方程（4.1.33）可以看出：一级微扰的表达式中不含中间态，故一级微扰适用于处理单光子吸收和辐射问题；二级微扰的表达式中允许有一个中间态$|m\rangle$存在，它适用于处理双光子吸收和辐射问题；三级微扰的表达式中允许有两个中间态$|m\rangle$和$|l\rangle$存在，它适用于处理三光子吸收和辐射问题.

4.2　原子与电磁场相互作用势

电磁场的矢势为

$$\boldsymbol{A}(\boldsymbol{r},t)=\sum_k \boldsymbol{A}_k(\boldsymbol{r},t)=\sum_k\left(\frac{2\pi\hbar c^2}{V\omega_k}\right)^{1/2}(\hat{a}_k\mathrm{e}^{\mathrm{i}\boldsymbol{k}_k\cdot\boldsymbol{r}}+\hat{a}_k^+\mathrm{e}^{-\mathrm{i}\boldsymbol{k}_k\cdot\boldsymbol{r}})\ \hat{e}_k^0 \tag{4.2.1}$$

式中，V 表示电磁场的空间体积. 相互作用势 $\hat{V}$ 为

$$\hat{V}=-\sum_j\frac{q_j}{m_j c}\boldsymbol{A}\cdot\boldsymbol{P}=-\sum_{j,k}(\hat{e}_k^0\cdot\boldsymbol{P}_j)\frac{q_j}{m_j}\left(\frac{2\pi\hbar}{V\omega_k}\right)^{1/2}(\hat{a}_k\mathrm{e}^{\mathrm{i}\boldsymbol{k}_k\cdot\boldsymbol{r}}+\hat{a}_k^+\mathrm{e}^{-\mathrm{i}\boldsymbol{k}_k\cdot\boldsymbol{r}}) \tag{4.2.2}$$

式中，q_j、m_j 和 $\boldsymbol{P}_j$ 分别表示第 j 个带电粒子的电量、质量和动量. 将 $\exp(\pm\mathrm{i}\boldsymbol{k}\cdot\boldsymbol{r})$ 展开成级数形式

$$\exp(\pm\mathrm{i}\boldsymbol{k}\cdot\boldsymbol{r})=1+(\pm\mathrm{i}\boldsymbol{k}\cdot\boldsymbol{r})+\frac{1}{2}(\pm\mathrm{i}\boldsymbol{k}\cdot\boldsymbol{r})^2+\cdots \tag{4.2.3}$$

电偶极矩近似意味着只取级数的第一项，即

$$\hat{V}=-\sum_{j,k}(\hat{e}_k^0\cdot\boldsymbol{P}_j)\frac{q_j}{m_j}\left(\frac{2\pi\hbar}{V\omega_k}\right)^{1/2}(\hat{a}_k+\hat{a}_k^+) \tag{4.2.4}$$

如果采用电子的运动状态来描述原子的能级结构，则上式变为

$$\hat{V}=\sum_k(\hat{e}_k^0\cdot\boldsymbol{P})\frac{e}{m}\left(\frac{2\pi\hbar}{V\omega_k}\right)^{1/2}(\hat{a}_k+\hat{a}_k^+) \tag{4.2.5}$$

式中

$$\boldsymbol{P}=\sum_j\boldsymbol{P}_j \tag{4.2.6}$$

表示总的电子动量.

4.3　原子吸收和辐射单光子的跃迁速率

4.3.1　吸收单光子的跃迁速率

设原子初始态和末态分别为 $|\varepsilon_i\rangle$ 和 $|\varepsilon_f\rangle$，电磁场的本征态为 $|n_l\omega_l\rangle$，其中 n_l 和 ω_l 分别表示第 l 个光模的光子数和圆频率. 由原子和电磁场组成的系统的始、末本征态分别为

$$|I\rangle=|\varepsilon_i\rangle|n_l\omega_l\rangle=|\varepsilon_i,n_l\omega_l\rangle \tag{4.3.1}$$

和

$$|F\rangle=|\varepsilon_f\rangle|(n_l-1)\omega_l\rangle=|\varepsilon_f,(n_l-1)\omega_l\rangle \tag{4.3.2}$$

根据方程（4.1.23），在一级微扰近似下原子的跃迁速率为

$$W_{I\to F}^{(1)}=\frac{2\pi}{\hbar}\left|V_{FI}\right|^{2}\delta(E_F-E_I)=\frac{2\pi}{\hbar^2}\left|V_{FI}\right|^{2}\delta(\omega_F-\omega_I) \tag{4.3.3}$$

理论计算与实验测量之间的对应关系：实验测量的原子吸收光谱强度正比于理论计算的原子跃迁速率. 这为分析和模拟原子、分子光谱奠定了理论基础. 把$|I\rangle$和$|F\rangle$代入方程（4.2.5）中，并完成下列运算：

$$\begin{aligned}V_{FI}&=V_{IF}^{*}=<F\left|\hat{V}\right|I>\\&=-\sum_k\frac{e}{m}\left(\frac{2\pi\hbar}{V\omega_k}\right)^{1/2}(\hat{e}_k^0\cdot\langle\varepsilon_f\left|\boldsymbol{P}\right|\varepsilon_i\rangle)\langle(n_l-1)\omega_l\left|(\hat{a}_k+\hat{a}_k^{+})\right|n_l\omega_l\rangle\\&=-\sum_k\frac{e}{m}\left(\frac{2\pi\hbar n_l}{V\omega_k}\right)^{1/2}(\hat{e}_k^0\cdot\boldsymbol{P}_{fi})\delta_{kl}=-\frac{e}{m}\left(\frac{2\pi\hbar n_l}{V\omega_l}\right)^{1/2}(\hat{e}_l^0\cdot\boldsymbol{P}_{fi})\end{aligned} \tag{4.3.4}$$

给出

$$\left|V_{FI}\right|^2=\frac{e^2}{m^2}\frac{2\pi\hbar n_l}{V\omega_l}\left|\hat{e}_l^0\cdot\boldsymbol{P}_{fi}\right|^2 \tag{4.3.5}$$

式中

$$\boldsymbol{P}_{fi}=\langle\varepsilon_f\left|\boldsymbol{P}\right|\varepsilon_i\rangle \tag{4.3.6}$$

把$\left|V_{FI}\right|^2$代入方程（4.3.3）中，得

$$W_{I\to F}^{(1)}=\frac{4\pi^2e^2n_l}{\hbar m^2V\omega_l}\left|\hat{e}_l^0\cdot\boldsymbol{P}_{fi}\right|^2\delta(\omega_F-\omega_I) \tag{4.3.7}$$

式中，$\delta(\omega_F-\omega_I)$描述了共振条件$\omega_F=\omega_I$，即

$$\hbar\omega_F=\varepsilon_f+(n_l-1)\hbar\omega_l=\hbar\omega_I=\varepsilon_i+n_l\hbar\omega_l \tag{4.3.8}$$

$$\varepsilon_f=\varepsilon_i+\hbar\omega_l \tag{4.3.9}$$

因此$\delta(\omega_F-\omega_I)=\delta(\omega_{fi}-\omega_l)$，其中$\omega_{fi}=(\varepsilon_f-\varepsilon_i)/\hbar$. 最后得到

$$W_{I\to F}^{(1)}=\frac{4\pi^2e^2n_l}{\hbar m^2V\omega_l}\left|\hat{e}_l^0\cdot\boldsymbol{P}_{fi}\right|^2\delta(\omega_{fi}-\omega_l) \tag{4.3.10}$$

利用动量矩阵元$\boldsymbol{P}_{fi}$与电偶极矩阵元$\boldsymbol{\mu}_{fi}$之间的关系：

$$\boldsymbol{P}_{fi}=\frac{\mathrm{i}m\omega_{fi}}{e}\boldsymbol{\mu}_{fi}=\mathrm{i}m\omega_{fi}\boldsymbol{D}_{fi} \tag{4.3.11}$$

得到

$$W_{i\to f}^{(1)}=\frac{4\pi^2n_l\omega_l}{\hbar V}\left|\hat{e}_l^0\cdot\boldsymbol{\mu}_{fi}\right|^2\delta(\omega_{fi}-\omega_l) \tag{4.3.12}$$

$$W^{(1)}=\sum_{i,f}W_{i\to f}^{(1)}\boldsymbol{P}_i=\frac{4\pi^2n_l\omega_l}{\hbar V}\sum_{if}\boldsymbol{P}_i\left|\hat{e}_l^0\cdot\boldsymbol{\mu}_{fi}\right|^2\delta(\omega_{fi}-\omega_l) \tag{4.3.13}$$

设$K_{\mathrm{abs}}^{(1)}$表示吸收系数，定义为

$$K_{\mathrm{abs}}^{(1)}=\frac{4\pi^2\omega_l}{\hbar c}\sum_{i,f}\boldsymbol{P}_i\left|\hat{e}_l^0\cdot\boldsymbol{\mu}_{fi}\right|^2\delta(\omega_{fi}-\omega_l) \tag{4.3.14}$$

并设原子的定向是随机的，可以对$\left|\hat{e}_l^0 \cdot \boldsymbol{\mu}_{fi}\right|^2$取平均值，即

$$\left\langle \left|\hat{e}_l^0 \cdot \boldsymbol{\mu}_{fi}\right|^2 \right\rangle = \frac{1}{3}\left|\boldsymbol{\mu}_{fi}\right|^2 \tag{4.3.15}$$

把方程（4.3.15）代入方程（4.3.14）中，得到

$$K_{\text{abs}}^{(1)} = \frac{4\pi^2\omega_l}{3\hbar c}\sum_{i,f}\boldsymbol{P}_i\left|\boldsymbol{\mu}_{fi}\right|^2\delta(\omega_{fi}-\omega_l) \tag{4.3.16}$$

4.3.2　辐射单光子的跃迁速率

原子辐射单光子的处理方法与吸收单光子的处理方法相同. 系统的始、末本征态为

$$\left|I\right\rangle = \left|\varepsilon_i, n_l\omega_l\right\rangle, \qquad \left|F\right\rangle = \left|\varepsilon_f, (n_l+1)\omega_l\right\rangle \tag{4.3.17}$$

容易求得

$$W_{i\to f}^{(1)} = \frac{4\pi^2 e^2(n_l+1)}{\hbar m^2 V\omega_l}\left|\hat{e}_l^0 \cdot \boldsymbol{P}_{fi}\right|^2\delta(\omega_{if}-\omega_l) \tag{4.3.18}$$

上式包含两项：含有n_l的项表示受激辐射（光诱导辐射）；含有光子数为 1 的项表示自发辐射. 受激辐射跃迁概率与吸收单光子的跃迁概率完全相同. 下面讨论自发辐射问题.

由于自发辐射沿着空间各个方向以不同的偏振方向辐射光子，故需要对光模进行求和：

$$W_{i\to f}^{(1)s} = \sum_l \frac{4\pi^2 e^2}{\hbar m^2 V\omega_l}\left|\hat{e}_l^0 \cdot \boldsymbol{P}_{fi}\right|^2\delta(\omega_{if}-\omega_l) \tag{4.3.19}$$

或者

$$W_{i\to f}^{(1)s} = \sum_l \frac{4\pi^2\omega_l}{\hbar V}\left|\hat{e}_l^0 \cdot \boldsymbol{\mu}_{fi}\right|^2\delta(\omega_{if}-\omega_l) \tag{4.3.20}$$

对光模l求和可以用积分代替：

$$\sum_l \to \frac{V}{8\pi^3 c^3}\int_0^\infty \mathrm{d}\omega_l\omega_l^2\int_{\Omega_k}\mathrm{d}\Omega_{\boldsymbol{k}} \tag{4.3.21}$$

式中，$\Omega_{\boldsymbol{k}}$表示立体角；$\boldsymbol{k}$表示波矢量. 利用上式，方程（4.3.20）变为

$$W_{i\to f}^{(1)s} = \frac{2\omega_{if}^3}{3\hbar c^3}\left|\boldsymbol{\mu}_{fi}\right|^2 \tag{4.3.22}$$

为了观测辐射速率，我们需要对始、末本征态求和，即

$$W^{(1)s} = \sum_{i,f}\frac{2\omega_{if}^3}{3\hbar c^3}\boldsymbol{P}_i\left|\boldsymbol{\mu}_{fi}\right|^2 \tag{4.3.23}$$

把受激辐射和自发辐射合在一起，得到

$$\begin{aligned} W_{i\to f}^{(1)} &= \sum_l \frac{4\pi^2\omega_l}{\hbar V}(n_l+1)\left|\hat{e}_l^0 \cdot \boldsymbol{\mu}_{fi}\right|^2\delta(\omega_{if}-\omega_l) \\ &= \frac{4\pi^2\omega_l}{\hbar c}\left|\hat{e}_l^0 \cdot \boldsymbol{\mu}_{fi}\right|^2\left[I(\omega_l)+\frac{\omega_l^2}{2\pi^2 c^2}\right] \end{aligned} \tag{4.3.24}$$

其中利用了共振条件 $\omega_l = \omega_{if}$. 受激辐射光谱强度 $I(\omega_l)$ 可以表示为

$$I(\omega_l) = \frac{\omega_l^2}{8\pi^3 c^2}\int_{\Omega_k} n(\omega_l)\,\mathrm{d}\Omega_{\boldsymbol{k}} \tag{4.3.25}$$

以光子数为单位，总的受激辐射光谱强度为

$$I_{\mathrm{tot}} = \int_0^{\infty} \mathrm{d}\omega_l I(\omega_l) \tag{4.3.26}$$

应当注意，$I(\omega_l)$ 和 I_{tot} 只含受激辐射，不含自发辐射.

4.4　原子吸收多光子的跃迁速率

4.4.1　吸收双光子的跃迁速率

图 4.4.1 表示原子吸收双光子的能级跃迁图. 由原子和电磁场组成的系统的始、末本征态为

$$\left|I\right\rangle = \left|\varepsilon_i, n_l\omega_l, n_{l'}\omega_{l'}\right\rangle \tag{4.4.1}$$

$$\left|F\right\rangle = \left|\varepsilon_f, (n_l - 1)\omega_l, (n_{l'} - 1)\omega_{l'}\right\rangle \tag{4.4.2}$$

有两个可能的中间态：

$$\left|M\right\rangle = \left|\varepsilon_m, (n_l - 1)\omega_l, n_{l'}\omega_{l'}\right\rangle \tag{4.4.3}$$

及

$$\left|M'\right\rangle = \left|\varepsilon_m, n_l\omega_l, (n_{l'} - 1)\omega_{l'}\right\rangle \tag{4.4.4}$$

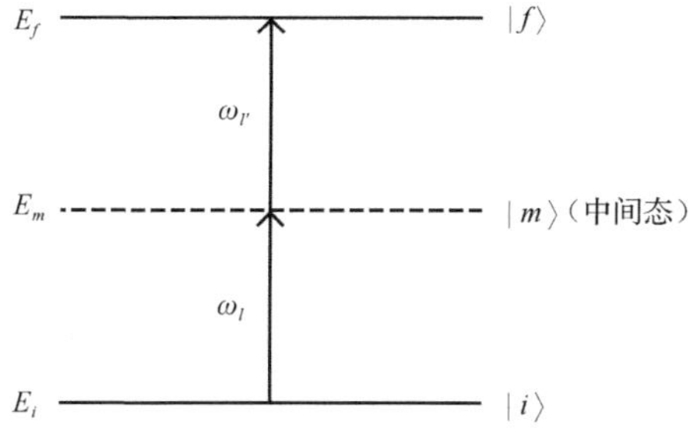

图 4.4.1　原子吸收双光子的能级跃迁图

采用二级微扰近似，把方程（4.4.1）～方程（4.4.4）代入方程（4.1.27）中，得到

$$\begin{aligned} W_{I\to F}^{(2)} &= \frac{2\pi}{\hbar}\left|\sum_M \frac{V_{FM}V_{MI}}{E_M - E_I}\right|^2 \delta(E_F - E_I) \\ &= \frac{2\pi}{\hbar^2}\left(\frac{2\pi e^2}{m^2 V}\right)^2 \frac{n_l n_{l'}}{\omega_l \omega_{l'}}\left|M_{fi}^{(2)}(\omega_l, \omega_{l'})\right|^2 \delta(\omega_{fi} - \omega_l - \omega_{l'}) \end{aligned} \tag{4.4.5}$$

或者

$$W_{i\to f}^{(2)}=\frac{2\pi}{\hbar^2}\left(\frac{2\pi e^2}{m^2V}\right)^2\sum_{l,l'}\frac{n_l n_{l'}}{\omega_l\omega_{l'}}\left|M_{fi}^{(2)}(\omega_l,\omega_{l'})\right|^2\delta(\omega_{fi}-\omega_l-\omega_{l'}) \tag{4.4.6}$$

式中

$$M_{fi}^{(2)}(\omega_l,\omega_{l'})=\sum_m\left[\frac{(\hat{e}_{l'}^0\cdot\boldsymbol{P}_{fm})(\hat{e}_l^0\cdot\boldsymbol{P}_{mi})}{\omega_{mi}-\omega_l}+\frac{(\hat{e}_l^0\cdot\boldsymbol{P}_{fm})(\hat{e}_{l'}^0\cdot\boldsymbol{P}_{mi})}{\omega_{mi}-\omega_{l'}}\right] \tag{4.4.7}$$

共振条件为

$$\omega_{fi}=\omega_l+\omega_{l'}=\omega_{fm}+\omega_{mi} \tag{4.4.8}$$

利用方程（4.3.11）和方程（4.4.8），经过运算，得到

$$M_{fi}^{(2)}(\omega_l,\omega_{l'})=-\omega_l\,\omega_{l'}\,m^2S_{fi}(\omega_l,\omega_{l'}) \tag{4.4.9}$$

式中

$$S_{fi}(\omega_l,\omega_{l'})=\sum_m\left[\frac{(\hat{e}_{l'}^0\cdot\boldsymbol{D}_{fm})(\hat{e}_l^0\cdot\boldsymbol{D}_{mi})}{\omega_{mi}-\omega_l}+\frac{(\hat{e}_l^0\cdot\boldsymbol{D}_{fm})(\hat{e}_{l'}^0\cdot\boldsymbol{D}_{mi})}{\omega_l-\omega_{fm}}\right] \tag{4.4.10}$$

把方程（4.4.9）代入方程（4.4.6）中，得出

$$W_{i\to f}^{(2)}=\frac{2}{\hbar^2}\left(\frac{2\pi e^2}{V}\right)^2\sum_{l,l'}n_l\,n_{l'}\,\omega_l\,\omega_{l'}\left|S_{fi}(\omega_l,\omega_{l'})\right|^2\delta(\omega_{fi}-\omega_l-\omega_{l'}) \tag{4.4.11}$$

改写成积分形式为

$$W_{i\to f}^{(2)}=\frac{2\pi}{\hbar^2}\left(\frac{2\pi e^2}{c}\right)^2\int_0^\infty \mathrm{d}\omega_l\,\omega_l\,\omega_{l'}I_1(\omega_l)I_2(\omega_{l'})\left|S_{fi}(\omega_l,\omega_{l'})\right|^2 \tag{4.4.12}$$

式中，$I_1(\omega_l)$ 和 $I_2(\omega_{l'})$ 由式（4.3.25）计算．$\omega_{l'}$ 满足共振条件

$$\omega_{l'}=\omega_{fi}-\omega_l \tag{4.4.13}$$

若原子吸收两个相同的光子（频率和偏振方向均相同），则方程（4.4.12）变为

$$W_{i\to f}^{(2)}=\frac{2\pi}{\hbar^2}\left(\frac{2\pi e^2}{c}\right)^2\int_0^\infty \mathrm{d}\omega_l\,\omega_l^2I^2(\omega_l)\left|S_{fi}(\omega_l,\omega_l)\right|^2 \tag{4.4.14}$$

大多数实验是针对这种情况设计的.

4.4.2　吸收三光子的跃迁速率

图 4.4.2 表示原子吸收三光子的能级跃迁图．系统的始、末本征态为

$$\left|I\right\rangle=\left|\varepsilon_i,n_l\,\omega_l,n_{l'}\,\omega_{l'},n_{l''}\,\omega_{l''}\right\rangle \tag{4.4.15}$$

$$\left|F\right\rangle=\left|\varepsilon_f,(n_l-1)\omega_l,(n_{l'}-1)\omega_{l'},(n_{l''}-1)\omega_{l''}\right\rangle \tag{4.4.16}$$

根据方程（4.1.31），得到

$$W_{I\to F}^{(3)}=\frac{2\pi}{\hbar}\left|\sum_M\sum_K\frac{V_{FM}V_{MK}V_{KI}}{\hbar^2\omega_{KI}\omega_{MI}}\right|^2\delta(E_F-E_I) \tag{4.4.17}$$

或者

$$W_{I\to F}^{(3)}=\frac{2\pi}{\hbar^3}\left(\frac{2e^2}{m^2V}\right)^3\frac{n_l n_{l'} n_{l''}}{\omega_l\omega_{l'}\omega_{l''}}\left|M_{fi}^{(3)}(\omega_l,\omega_{l'},\omega_{l''})\right|^2\delta(\omega_{fi}-\omega_l-\omega_{l'}-\omega_{l''}) \tag{4.4.18}$$

式中

$$\begin{aligned}M_{fi}^{(3)}(\omega_l,\omega_{l'},\omega_{l''})=\sum_{k,m}\Bigg[&\frac{(\hat{e}_{l''}^0\cdot\boldsymbol{D}_{fm})(\hat{e}_{l'}^0\cdot\boldsymbol{D}_{mk})(\hat{e}_l^0\cdot\boldsymbol{D}_{ki})}{(\omega_{ki}-\omega_l)(\omega_{mi}-\omega_l-\omega_{l'})}+\frac{(\hat{e}_{l'}^0\cdot\boldsymbol{D}_{fm})(\hat{e}_{l''}^0\cdot\boldsymbol{D}_{mk})(\hat{e}_l^0\cdot\boldsymbol{D}_{ki})}{(\omega_{ki}-\omega_l)(\omega_{mi}-\omega_l-\omega_{l''})}\\&+\frac{(\hat{e}_{l''}^0\cdot\boldsymbol{D}_{fm})(\hat{e}_l^0\cdot\boldsymbol{D}_{mk})(\hat{e}_{l'}^0\cdot\boldsymbol{D}_{ki})}{(\omega_{ki}-\omega_{l'})(\omega_{mi}-\omega_l-\omega_{l'})}+\frac{(\hat{e}_l^0\cdot\boldsymbol{D}_{fm})(\hat{e}_{l''}^0\cdot\boldsymbol{D}_{mk})(\hat{e}_{l'}^0\cdot\boldsymbol{D}_{ki})}{(\omega_{ki}-\omega_{l'})(\omega_{mi}-\omega_{l'}-\omega_{l''})}\\&+\frac{(\hat{e}_{l'}^0\cdot\boldsymbol{D}_{fm})(\hat{e}_l^0\cdot\boldsymbol{D}_{mk})(\hat{e}_{l''}^0\cdot\boldsymbol{D}_{ki})}{(\omega_{ki}-\omega_{l''})(\omega_{mi}-\omega_{l''}-\omega_l)}+\frac{(\hat{e}_l^0\cdot\boldsymbol{D}_{fm})(\hat{e}_{l'}^0\cdot\boldsymbol{D}_{mk})(\hat{e}_{l''}^0\cdot\boldsymbol{D}_{ki})}{(\omega_{ki}-\omega_{l''})(\omega_{mi}-\omega_{l'}-\omega_{l''})}\Bigg]\end{aligned} \tag{4.4.19}$$

对光模求和，得出

$$W_{i\to f}^{(3)}=\frac{2\pi}{\hbar^3}\left(\frac{2\pi e^2}{m^2V}\right)^3\sum_{l,l',l''}\left[\frac{n_l n_{l'} n_{l''}}{\omega_l\omega_{l'}\omega_{l''}}\left|M_{fi}^{(3)}(\omega_l,\omega_{l'},\omega_{l''})\right|^2\delta(\omega_{fi}-\omega_l-\omega_{l'}-\omega_{l''})\right] \tag{4.4.20}$$

把求和改成积分，得到

$$\begin{aligned}W_{i\to f}^{(3)}=&\frac{2\pi}{\hbar^3}\left(\frac{2\pi e^2}{mc}\right)^3\int_0^\infty\mathrm{d}\omega_l\int_0^\infty\mathrm{d}\omega_{l'}\int_0^\infty\mathrm{d}\omega_{l''}\frac{I_1(\omega_l)I_2(\omega_{l'})I_3(\omega_{l''})}{\omega_l\omega_{l'}\omega_{l''}}\\&\times\left|M_{fi}^{(3)}(\omega_l,\omega_{l'},\omega_{l''})\right|^2\delta(\omega_{fi}-\omega_l-\omega_{l'}-\omega_{l''})\end{aligned} \tag{4.4.21}$$

共振条件为

$$\omega_{fi}=\omega_l+\omega_{l'}+\omega_{l''}=\omega_{fm}+\omega_{mi} \tag{4.4.22}$$

若原子吸收三个相同的光子，则

$$W_{i\to f}^{(3)}=\frac{2\pi}{\hbar^3}\left(\frac{2\pi e^2}{mc}\right)^3\int_0^\infty\mathrm{d}\omega_l\frac{I^3(\omega_l)}{\omega_l^3}\left|M_{fi}^{(3)}(\omega_l,\omega_l,\omega_l)\right|^2\delta(\omega_{fi}-3\omega_l) \tag{4.4.23}$$

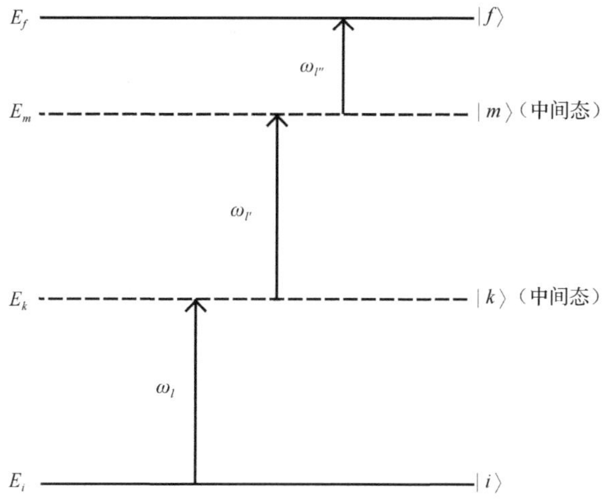

图 4.4.2　原子吸收三光子的能级跃迁图

4.5　原子的多光子电离

前面介绍的多光子吸收理论可以推广用于处理原子或分子的多光子电离问题. 主要改动之处在于原子或分子的末态$|f\rangle$不再是分立的能量本征态，而是一个能量连续的电离态. 下面以双光子电离为例来说明微扰理论的应用. 图 4.5.1 表示(1+1)共振增强双光子激发与电离的示意图. 图中阴影区域表示电离区域，E_I表示电离能量的阈值.

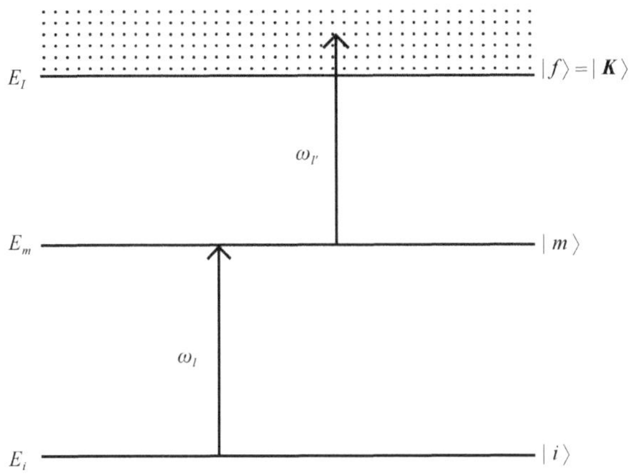

图 4.5.1　(1+1)共振增强双光子激发与电离图

把方程（4.4.12）改写为

$$W_{i\to f}^{(2)}=\frac{2\pi}{\hbar^2}\left(\frac{2\pi e^2}{c}\right)^2\int_0^\infty \mathrm{d}\omega_l\,\omega_l\,I_1(\omega_l)\int_0^\infty \mathrm{d}\omega_{l'}\,\omega_{l'}\,I_2(\omega_{l'})$$

$$\times\left|M_{fi}^{(2)}(\omega_l,\omega_{l'})\right|^2\delta(\omega_{fi}-\omega_l-\omega_{l'}) \tag{4.5.1}$$

原子末态$|f\rangle$是一个连续态. 设原子电离产生的光电子的波矢量为$\boldsymbol{K}$，末态$|f\rangle$由波矢量$\boldsymbol{K}$来标记，即$|f\rangle=|\boldsymbol{K}\rangle$. 光电子的能量$E_K$与波矢量$\boldsymbol{K}$之间的关系为

$$E_K=\boldsymbol{P}_K^2/(2m)=\boldsymbol{K}^2\hbar^2/(2m)=\hbar\omega_K \tag{4.5.2}$$

式中，$\boldsymbol{P}_K$表示光电子的动量. 末态密度$\rho(\omega_K)$为

$$\rho(\omega_K)=\frac{mK}{8\pi^3\hbar} \tag{4.5.3}$$

设原子从初始态$|i\rangle$到电离态的电离能为$\hbar\omega_{Ii}$，末态的能量为$\hbar\omega_f$，则

$$\omega_{fi}=\omega_{Ii}+\omega_K \tag{4.5.4}$$

由此得到共振条件为

$$\omega_{fm}=\omega_{Ii}+\omega_K-\omega_m=\omega_K+\omega_{Im} \tag{4.5.5}$$

$\hbar\omega_{Im}$表示从中间激发态$|m\rangle$到电离态的能量. 对方程（4.5.1）右边所有末态光电子

能量进行积分，得到双光子电离速率为

$$W_{i\to K}^{(2)}(\Omega_K)=\frac{2\pi}{\hbar^2}\left(\frac{2\pi e^2}{c}\right)^2\int_0^{\infty}\mathrm{d}\omega_l\,\omega_l I_1(\omega_l)$$
$$\times\int_0^{\infty}\mathrm{d}\omega_{l'}\,\omega_{l'}I_2(\omega_{l'})\rho(\omega_K)\left|M_{Ki}^{(2)}(\omega_l,\omega_{l'})\right|^2 \tag{4.5.6}$$

在文献[3]中，称 $W_{i\to K}^{(2)}(\Omega_K)$ 为光电子角分布概率函数.

参考文献

[1] Lin S H. Effect of temperature on radiationless transitions. The Journal of Chemical Physics, 1972, 56(6): 2648-2653.

[2] Lin S H. Radiationless transitions in isolated molecules. The Journal of Chemical Physics, 1973, 58(12): 5760-5768.

[3] Lin S H, Fujimura Y, Neusser H J, et al. Multiphoton spectroscopy of molecules. London: Academic Press, 1984.

第 5 章　含时量子波包理论及其计算方法

薛定谔于 1926 年提出了波包的概念[1]. 随后 Ehrenfest 指出，在经典极限条件下，量子力学的期望值遵循经典力学的规律[2]. 1975 年，Heller 首次使用半经典的高斯波包描述了粒子的运动[3]. 1983 年，Kosloff 等提出了傅里叶网格和分裂算符方法[4]，使波包从基本概念走向实际应用. 随后，研究者又发展了离散变量表象[5]、二阶差分[4]、切比雪夫多项式展开[6]等数值计算方法. 目前，含时量子波包计算方法已经成为研究光与物质相互作用的重要理论工具.

含时量子波包是数值求解薛定谔方程的一种有效计算方法. 该方法物理图像清晰，既具有经典物理的直观性，又具有量子力学的精确性. 含时量子波包方法已经在原子、分子布居转移及其量子调控[7,8]、分子电离与解离反应[9-12]、原子光缔合反应[13-15]、原子、分子光谱计算[16-18]、原子或分子碰撞反应[19-21]、分子定向与取向[22-27]等研究领域有着广泛的应用.

本章主要介绍含时量子波包的理论计算方法及其应用，内容包括：①波包的基本概念；②格点表象、有限基矢表象和快速傅里叶变换；③绝热表象与玻恩-奥本海默近似；④初始波包及其计算方法；⑤波包的时间演化；⑥含时量子波包方法的应用.

5.1　波包的基本概念

平面波可以表示为

$$\psi_k(x) = A\exp(\mathrm{i}kx) \tag{5.1.1}$$

式中，$k=2\pi/\lambda$ 表示波矢量 $\boldsymbol{k}$ 的模，λ 表示波长；平面波的波幅 A 为常数. 严格的平面波是不存在的. 我们在实际问题中遇到的都是波包，其强度（或波幅）仅在有限的空间区域不为零. 波包在空间的分布是局域的. 以高斯波包为例，其表达式为[28]

$$\varphi(x) = \exp(-\alpha^2 x^2 / 2) \tag{5.1.2}$$

高斯波包的强度为

$$|\varphi(x)|^2 = \exp(-\alpha^2 x^2) \tag{5.1.3}$$

高斯波包主要分布在$[-1/\alpha, 1/\alpha]$空间坐标区域，其宽度约为$\Delta x \approx 1/\alpha$.

根据傅里叶频谱理论，波包可以看作由许多不同波数（或波长）的平面波叠加而成. 利用傅里叶变换

$$\phi(k) = \frac{1}{\sqrt{2\pi}}\int_{-\infty}^{\infty} \varphi(x)\mathrm{e}^{-\mathrm{i}kx}\mathrm{d}x \tag{5.1.4}$$

得到动量（或波矢量）空间中高斯波包为

$$\phi(k)=\frac{1}{\sqrt{2\pi}}\int_{-\infty}^{\infty}\mathrm{e}^{-\alpha^2x^2/2-\mathrm{i}kx}\mathrm{d}x=\frac{1}{\alpha}\mathrm{e}^{-k^2/(2\alpha^2)} \tag{5.1.5}$$

在动量空间，$|\phi(k)|^2=\alpha^{-2}\exp(-k^2/\alpha^2)$ 表示波包分布的强度．它主要分布在 $[-\alpha, \alpha]$ 区域，其宽度约为 $\Delta k\approx\alpha$，且有 $\Delta x\Delta k\sim 1$.

设 $f(t)$ 表示时间域中一个任意函数，由傅里叶变换可以得到它在频率域中的函数为

$$g(\omega)=\frac{1}{\sqrt{2\pi}}\int_{-\infty}^{\infty}f(t)\mathrm{e}^{-\mathrm{i}\omega t}\mathrm{d}t \tag{5.1.6}$$

式中，ω 表示圆频率．设 $f(t)$ 和 $g(\omega)$ 在各自空间的宽度分别为 Δt 和 $\Delta\omega$，则有 $\Delta t\Delta\omega\sim 1$.

我们现在来讨论波包的运动及扩散．设时-空传播的波包表达式为[28]

$$\psi(x,t)=\frac{1}{\sqrt{2\pi}}\int_{-\infty}^{\infty}\phi(k)\mathrm{e}^{\mathrm{i}kx-\mathrm{i}\omega t}\mathrm{d}k \tag{5.1.7}$$

对于在真空中传播的电磁波，$\omega=ck=2\pi c/\lambda$；对于在介质中传播的电磁波，$\omega=ck/n=2\pi c/(\lambda n)$，其中 $n=n(\lambda)$ 表示色散介质的折射率；对于物质波（德布罗意波），$\omega=\hbar k^2/(2m)$，其中 m 表示粒子的质量.

对于在真空中传播的电磁波，其波包表达式为

$$\psi(x,t)=\frac{1}{\sqrt{2\pi}}\int_{-\infty}^{\infty}\phi(k)\mathrm{e}^{\mathrm{i}k(x-ct)}\mathrm{d}k \tag{5.1.8}$$

当 $t=0$ 时，波包中心位于 $x=0$ 处．在 t 时刻，波包中心移动到 $x_c=ct$ 位置．波包中心移动的速度为 c，等于相速度 u．波包在运动中，其形状保持不变.

对于在介质中传播的电磁波，其波包表达式为

$$\psi(x,t)=\frac{1}{\sqrt{2\pi}}\int_{-\infty}^{\infty}\phi(k)\mathrm{e}^{\mathrm{i}(kx-\omega t)}\mathrm{d}k \tag{5.1.9}$$

式中，$\omega=\omega(k)$．在 $x=0$ 处，令 $\partial\beta/\partial k=0$，给出波包中心的位置为 $x_c=t\mathrm{d}\omega(k)/\mathrm{d}k$．波包的运动速度（群速度）为

$$v_g=\frac{\mathrm{d}x_c}{\mathrm{d}t}=\frac{\mathrm{d}\omega}{\mathrm{d}k} \tag{5.1.10}$$

除了在真空中传播的电磁波以外，其他情况下波包的群速度不等于其相速度．对于物质波，其相速度和群速度分别为

$$u=\frac{\omega}{k}=\frac{\hbar k}{2m} \tag{5.1.11}$$

和

$$v_g=\frac{\mathrm{d}\omega}{\mathrm{d}k}=\frac{\hbar k}{m}=2u \tag{5.1.12}$$

我们下面讨论波包的形状随时间的变化以及扩散问题．考虑一个窄的波包 $\phi(k)$，分布在 $k=k_0$ 附近一个较小的范围内．把 $\omega=\omega(k)$ 在 $k=k_0$ 附近按泰勒级数展开为

$$\omega(k)=\omega(k_0)+\left(\frac{\mathrm{d}\omega}{\mathrm{d}k}\right)_{k_0}(k-k_0)+\frac{1}{2}\left(\frac{\mathrm{d}^2\omega}{\mathrm{d}k^2}\right)_{k_0}(k-k_0)^2+\cdots$$

$$\approx\omega_0(k_0)+v_g(k-k_0)+\frac{1}{2}\gamma(k-k_0)^2 \tag{5.1.13}$$

式中

$$\gamma=\left(\frac{\mathrm{d}^2\omega}{\mathrm{d}k^2}\right)_{k_0} \tag{5.1.14}$$

以高斯波包为例，利用方程（5.1.5）、方程（5.1.7）和方程（5.1.13），得到

$$\psi(x,t)=\frac{1}{\sqrt{2\pi}}\exp(-\mathrm{i}\omega_0 t)\int_{-\infty}^{\infty}\exp[\mathrm{i}k(x-v_g t)-k^2(\mathrm{i}\gamma t+1/\alpha^2)/2]\mathrm{d}k$$

$$\approx\frac{\alpha}{\sqrt{1+\mathrm{i}\gamma\alpha^2 t}}\exp\left[-\mathrm{i}\omega_0 t-\frac{(x-v_g t)^2\alpha^2}{2(1+\mathrm{i}\gamma\alpha^2 t)}\right] \tag{5.1.15}$$

高斯波包的强度分布为

$$|\psi(x,r)|^2=\frac{\alpha^2}{\sqrt{1+\gamma^2\alpha^4 t^2}}\exp\left[-\frac{\alpha^2(x-v_g t)^2}{1+\gamma^2\alpha^4 t^2}\right] \tag{5.1.16}$$

高斯波包的宽度为

$$\Delta x\approx\frac{1}{\alpha}\sqrt{1+\gamma^2\alpha^4 t^2}=\Delta x_0\sqrt{1+\frac{\gamma^2 t^2}{(\Delta x_0)^4}} \tag{5.1.17}$$

式中，$\Delta x_0=(\Delta x)_{t=0}=1/\alpha$ 表示 t=0 时刻波包的宽度. 从式（5.1.17）可以看出，波包随着传播时间的增加不断地扩散. 波包越窄（即 Δx_0 越小），扩散就越明显.

在原子、分子物理与光学研究领域，波包表示空间局域分布的波函数，由许多振-转态叠加而成. 数值求解量子力学薛定谔方程或者量子刘维尔方程时，需要选择格点表象，确定初始波包. 然后利用时间演化算符传播波包，给出任一时空点处系统的波函数，并计算感兴趣的物理量.

5.2 格点表象、有限基矢表象和快速傅里叶变换

5.2.1 格点表象和有限基矢表象

设坐标空间由 N 个离散的点构成，相邻两个格点的间隔为 Δx，格点位置算符 $\hat{x}$ 的本征值为

$$x_i=(i-1)\Delta x,\quad i=1,2,\cdots,N \tag{5.2.1}$$

本征态 $|x\rangle$ 满足正交归一化条件

$$\sum_{i=1}^{N}\Delta x\langle x_i|x_j\rangle=\delta_{ij} \tag{5.2.2}$$

格点的波函数为

$$\phi(x_i)=\langle x_i|\phi\rangle \tag{5.2.3}$$

在格点表象中，波函数满足的归一化条件 $\int_{-\infty}^{\infty}\phi^*(x)\phi(x)\mathrm{d}x=1$ 变为

$$\sum_{i=1}^{N}\phi^*(x_i)\phi(x_i)\Delta x=1 \tag{5.2.4}$$

设系统的哈密顿算符为

$$\hat{H}=\hat{H}_0+\hat{V} \tag{5.2.5}$$

式中，$\hat{H}_0$ 表示无外场作用时原子或分子哈密顿算符；$\hat{V}$ 表示外场与原子或分子之间的相互作用势．设 $\hat{H}_0$ 的本征态和本征值分别为 $|\phi_n\rangle$ 和 E_n，在有限基矢表象（finite basis representation, FBR）中，哈密顿算符 $\hat{H}$ 的本征态 $|\psi\rangle$ 由 $|\phi_n\rangle$ 展开为

$$|\psi\rangle=\sum_n c_n|\phi_n\rangle \tag{5.2.6}$$

且

$$\langle\phi_n|\hat{H}_0|\psi\rangle=E_nc_n \tag{5.2.7}$$

如果使用格点表象基矢 $|X_n\rangle$ 表示哈密顿算符 $\hat{H}$ 的本征态 $|\psi\rangle$，则有

$$|\psi\rangle=\sum_n k_n|X_n\rangle \tag{5.2.8}$$

$$\langle X_n|\hat{V}|\psi\rangle=V_nk_n \tag{5.2.9}$$

使用格点表象，方程（5.2.5）的哈密顿算符 $\hat{H}$ 为

$$\hat{H}=\sum_n|\phi_n\rangle E_n\langle\phi_n|+\sum_n|X_n\rangle V_n\langle X_n| \tag{5.2.10}$$

在格点表象和有限基矢表象中，哈密顿算符的矩阵元分别为

$$\langle\phi_n|\hat{H}|\psi\rangle=E_nc_n+\sum_m\langle\phi_n|X_m\rangle V_m\sum_j c_j\langle X_m|\phi_j\rangle \tag{5.2.11}$$

和

$$\langle X_n|\hat{H}|\psi\rangle=V_nk_n+\sum_m\langle X_n|\phi_m\rangle E_m\sum_j k_j\langle\phi_m|X_j\rangle \tag{5.2.12}$$

式中，格点表象和有限基矢表象之间的变换矩阵 $\langle\phi_n|X_m\rangle$ 及 $\langle X_m|\phi_j\rangle$ 可以使用离散变量表象方法计算．

5.2.2　快速傅里叶变换

在波包演化过程中，动能算符在动量表象中是对角化的，而势能算符在坐标表象中是对角化的．因此需要使用快速傅里叶变换（fast Fourier transform, FFT）技术把动能算符和势能算符分别变换到动量表象和坐标表象中完成乘积计算．

设 $\hat{F}(x,k)$ 表示傅里叶变换算符，$\varphi(k)$ 和 $\psi(x)$ 分别表示动量表象和坐标表象中原子或分子波函数，它们之间的变换关系为

$$\varphi(k)=\hat{F}(x,k)\psi(x)=\frac{1}{\sqrt{2\pi}}\int_{-\infty}^{\infty}\psi(x)\mathrm{e}^{-\mathrm{i}kx}\mathrm{d}x \tag{5.2.13}$$

其逆变换为

$$\psi(x)=\hat{F}^{-1}(k,x)\varphi(k)=\frac{1}{\sqrt{2\pi}}\int_{-\infty}^{\infty}\varphi(k)\mathrm{e}^{\mathrm{i}kx}\mathrm{d}k \tag{5.2.14}$$

波函数的导数为

$$\frac{\mathrm{d}\psi(x)}{\mathrm{d}x}=\frac{1}{\sqrt{2\pi}}\int_{-\infty}^{\infty}\mathrm{i}k\varphi(k)\mathrm{e}^{\mathrm{i}kx}\mathrm{d}k \tag{5.2.15}$$

$$\frac{\mathrm{d}^2\psi(x)}{\mathrm{d}x^2}=-\frac{1}{\sqrt{2\pi}}\int_{-\infty}^{\infty}k^2\varphi(k)\mathrm{e}^{\mathrm{i}kx}\mathrm{d}k \tag{5.2.16}$$

由方程（5.2.15）和方程（5.2.16）可以看出，在傅里叶变换中，坐标表象中波函数的导数可以由动量表象中波函数的积分求出.

5.3　绝热表象与玻恩-奥本海默近似

5.3.1　绝热表象中原子核波函数满足的本征值方程

设 $\boldsymbol{r}$ 和 $\boldsymbol{R}$ 分别表示分子系统中 n 个电子和 N 个原子核的位置矢量，即

$$\boldsymbol{r}=\{\boldsymbol{r}_i\}_n,\ \boldsymbol{R}=\{\boldsymbol{R}_k\}_N,\ i=1,2,\cdots,n;\quad k=1,2,\cdots,N \tag{5.3.1}$$

分子系统的哈密顿算符为

$$\hat{H}(\boldsymbol{r},\boldsymbol{R})=\hat{T}_N+\hat{H}_e(\boldsymbol{r})+\hat{V}_{eN}(\boldsymbol{r},\boldsymbol{R}) \tag{5.3.2}$$

式中，$\hat{T}_N$ 为原子核动能算符；$\hat{H}_e(\boldsymbol{r})$ 为电子哈密顿算符；$\hat{V}_{eN}(\boldsymbol{r},\boldsymbol{R})$ 为所有电子-核及核-核相互作用势. 电子哈密顿算符为

$$\hat{H}_e(\boldsymbol{r})=\hat{T}_e+\hat{V}_{ee}(\boldsymbol{r}) \tag{5.3.3}$$

式中，$\hat{T}_e$ 表示电子动能算符；$\hat{V}_{ee}(\boldsymbol{r})$ 表示电子-电子相互作用势. 在方程（5.3.2）和方程（5.3.3）中，原子核动能算符 $\hat{T}_N$、电子动能算符 $\hat{T}_e$、电子-电子相互作用势 $\hat{V}_{ee}(\boldsymbol{r})$、电子-核及核-核相互作用势 $\hat{V}_{eN}(\boldsymbol{r},\boldsymbol{R})$ 分别为

$$\hat{T}_N=-\sum_{k=1}^{N}\frac{\hbar^2}{2M_k}\nabla_k^2 \tag{5.3.4}$$

$$\hat{T}_e=-\sum_{i=1}^{n}\frac{\hbar^2}{2m_e}\nabla_i^2 \tag{5.3.5}$$

$$\hat{V}_{ee}(\boldsymbol{r})=\frac{1}{2}\sum_{i\neq j}^{n}\frac{1}{r_{ij}} \tag{5.3.6}$$

$$\hat{V}_{eN}(\boldsymbol{r},\boldsymbol{R})=-\sum_{k=1}^{N}\sum_{i=1}^{n}\frac{Z_k}{|\boldsymbol{R}_k-\boldsymbol{r}_i|}+\frac{1}{2}\sum_{k\neq q}^{N}\frac{Z_kZ_q}{R_{kq}} \tag{5.3.7}$$

式中，M_k 和 Z_k 分别表示第 k 个原子核的质量和电荷数；m_e 表示电子质量；r_{ij} 表示第 i 个与第 j 个电子之间的距离；R_{kq} 表示第 k 个与第 q 个原子核之间的距离.

如果原子核被固定在空间某一位置 $\boldsymbol{R}$ 处，则电子满足下列本征值方程：

$$[\hat{H}_e(\boldsymbol{r})+\hat{V}_{eN}(\boldsymbol{r},\boldsymbol{R})]\phi_l(\boldsymbol{r},\boldsymbol{R})=\varepsilon_l(\boldsymbol{R})\phi_l(\boldsymbol{r},\boldsymbol{R}) \tag{5.3.8}$$

式中，$\phi_l(\boldsymbol{r},\boldsymbol{R})$ 和 $\varepsilon_l(\boldsymbol{R})$ 分别表示电子绝热本征函数和能量本征值. 将分子波函数 $\Psi(\boldsymbol{r},\boldsymbol{R})$ 按电子波函数 $\phi_l(\boldsymbol{r},\boldsymbol{R})$ 展开为

$$\Psi(\boldsymbol{r},\boldsymbol{R})=\sum_l \chi_l(\boldsymbol{R})\phi_l(\boldsymbol{r},\boldsymbol{R}) \tag{5.3.9}$$

式中，$\chi_l(\boldsymbol{R})$ 表示在绝热表象中原子核波函数. 把分子波函数代入薛定谔方程

$$\hat{H}(\boldsymbol{r},\boldsymbol{R})\Psi(\boldsymbol{r},\boldsymbol{R})=E\Psi(\boldsymbol{r},\boldsymbol{R}) \tag{5.3.10}$$

中，将方程两边左乘以 $\phi_m^*(\boldsymbol{r},\boldsymbol{R})$，并对电子坐标 $\boldsymbol{r}$ 积分，得到核波函数满足的方程为

$$[\hat{T}_N+\varepsilon_m(\boldsymbol{R})]\chi_m(\boldsymbol{R})+\sum_l \hat{\Lambda}_{ml}(\boldsymbol{R})\chi_l(\boldsymbol{R})=E\chi_m(\boldsymbol{R}) \tag{5.3.11}$$

式中，$\hat{\Lambda}_{ml}(\boldsymbol{R})$ 表示非绝热耦合算符，它与核动能算符及电子波函数有关，可以表示为

$$\hat{\Lambda}_{ml}(\boldsymbol{R})=-\hbar^2\sum_{k=1}^{N}\frac{1}{M_k}\left(A_{ml}^{(k)}\frac{\partial}{\partial \boldsymbol{R}_k}+\frac{1}{2}B_{ml}^{(k)}\right) \tag{5.3.12}$$

式中

$$A_{ml}^{(k)}=\int \mathrm{d}r\phi_m^*(\boldsymbol{r},\boldsymbol{R})\frac{\partial}{\partial \boldsymbol{R}_k}\phi_l(\boldsymbol{r},\boldsymbol{R})\frac{\partial}{\partial \boldsymbol{R}_k} \tag{5.3.13}$$

$$B_{ml}^{(k)}=\int \mathrm{d}r\phi_m^*(\boldsymbol{r},\boldsymbol{R})\frac{\partial^2}{\partial \boldsymbol{R}_k^2}\phi_l(\boldsymbol{r},\boldsymbol{R}) \tag{5.3.14}$$

把方程（5.3.11）写成矩阵形式

$$(\boldsymbol{T}+\boldsymbol{V})\boldsymbol{X}(\boldsymbol{R})=\boldsymbol{E}\boldsymbol{X}(\boldsymbol{R}) \tag{5.3.15}$$

式中，对角矩阵元

$$\boldsymbol{V}_{mm}(\boldsymbol{R})=\varepsilon_m(\boldsymbol{R}) \tag{5.3.16}$$

表示绝热势. 动能算符的非对角矩阵元为

$$\boldsymbol{T}_{ml}(\boldsymbol{R})=\hat{\boldsymbol{T}}_N(\boldsymbol{R})\delta_{ml}+\hat{\Lambda}_{ml}(\boldsymbol{R}) \tag{5.3.17}$$

在绝热表象中，原子核势能算符是对角化的. 由于存在非绝热耦合 $\hat{\Lambda}_{ml}(\boldsymbol{R})$，动能算符是非对角化的.

5.3.2　玻恩-奥本海默近似

在绝热表象中，核波函数由方程（5.3.11）或方程（5.3.15）计算. 不同绝热态之间的非绝热耦合由方程（5.3.11）和方程（5.3.17）给出. 由于存在非绝热耦合，因此精确求解方程（5.3.11）是一项艰难的任务. 通常采用绝热近似和玻恩-奥本海默（Born-Oppenheimer）近似求解方程（5.3.11）.

由于原子核质量远大于电子质量，故原子核运动比电子运动慢得多. 原子核动能远

小于电子动能．这样，可以忽略方程（5.3.11）中非对角项 $\hat{\Lambda}_{ml}(m \neq l)$ 的耦合．我们把忽略非绝热耦合的近似称为绝热近似．在绝热近似下，分子的波函数为

$$\Psi(\boldsymbol{r},\boldsymbol{R}) = \chi_l(\boldsymbol{R})\phi_l(\boldsymbol{r},\boldsymbol{R}) \tag{5.3.18}$$

式中，核波函数满足本征值方程

$$[\hat{T}_N + \varepsilon_l(\boldsymbol{R}) + \hat{\Lambda}_{ll}(\boldsymbol{R})]\chi_l(\boldsymbol{R}) = E\chi_l(\boldsymbol{R}) \tag{5.3.19}$$

绝热近似的有效性条件：核动能比绝热电子态之间的能量间隙小得多．

若进一步忽略方程（5.3.19）中非绝热耦合算符 $\hat{\Lambda}_{ll}(\boldsymbol{R})$，并由 $V_l(\boldsymbol{R})$ 替代 $\varepsilon_l(\boldsymbol{R})$，则得到玻恩-奥本海默近似下核波函数满足的本征值方程

$$[\hat{T}_N + V_l(\boldsymbol{R})]\chi_l(\boldsymbol{R}) = E\chi_l(\boldsymbol{R}) \tag{5.3.20}$$

在玻恩-奥本海默近似下，我们可以把电子运动与核运动分开处理．先求解给定核构型下电子能量 $V_l(\boldsymbol{R})$，然后再用它求解核运动满足的本征值方程．

5.3.3　在外场中核波函数满足的微分方程

在激光场中，分子系统的哈密顿算符为

$$\hat{H}(\boldsymbol{r},\boldsymbol{R},t) = \hat{T}_N + \hat{T}_e + \hat{V}_{ee}(\boldsymbol{r}) + \hat{V}_{eN}(\boldsymbol{r},\boldsymbol{R}) - \boldsymbol{\mu}(\boldsymbol{R})\cdot\boldsymbol{E}(\boldsymbol{R},t) \tag{5.3.21}$$

式中，$\boldsymbol{E}(\boldsymbol{R},t)$ 表示电场强度；$\boldsymbol{\mu}(\boldsymbol{R})$ 表示分子的电偶极矩．其余算符的定义与方程(5.3.2)相同．把分子波函数 $\Phi(\boldsymbol{r},\boldsymbol{R},t)$ 按电子波函数 $\phi_l(\boldsymbol{r},\boldsymbol{R})$ 展开为

$$\Phi(\boldsymbol{r},\boldsymbol{R},t) = \sum_l \chi_l(\boldsymbol{R},t)\phi_l(\boldsymbol{r},\boldsymbol{R}) \tag{5.3.22}$$

式中，$\chi_l(\boldsymbol{R},t)$ 表示核波函数．电子波函数 $\phi_l(\boldsymbol{r},\boldsymbol{R})$ 满足本征值方程

$$[\hat{T}_e + \hat{V}_{ee}(\boldsymbol{r}) + \hat{V}_{eN}(\boldsymbol{r},\boldsymbol{R})]\phi_l(\boldsymbol{r},\boldsymbol{R}) = U_l(\boldsymbol{R})\phi_l(\boldsymbol{r},\boldsymbol{R}) \tag{5.3.23}$$

把分子波函数 $\Phi(\boldsymbol{r},\boldsymbol{R},t)$ 代入薛定谔方程

$$\mathrm{i}\hbar\frac{\partial}{\partial t}\Phi(\boldsymbol{r},\boldsymbol{R},t) = \hat{H}(\boldsymbol{r},\boldsymbol{R},t)\Phi(\boldsymbol{r},\boldsymbol{R},t) \tag{5.3.24}$$

中，两边左乘以 $\phi_m^*(\boldsymbol{r},\boldsymbol{R})$，并对电子坐标 $\boldsymbol{r}$ 积分，得到玻恩-奥本海默近似下核波函数满足的微分方程为

$$\mathrm{i}\hbar\frac{\partial}{\partial t}\chi_m(\boldsymbol{R},t) = [\hat{T}_N + U_m(\boldsymbol{R})]\chi_m(\boldsymbol{R},t) - \sum_l V_{ml}(\boldsymbol{R},t)\chi_l(\boldsymbol{R},t) \tag{5.3.25}$$

式中

$$V_{ml}(\boldsymbol{R},t) = \langle\phi_m(\boldsymbol{r},\boldsymbol{R})|\boldsymbol{\mu}(\boldsymbol{R})\cdot\boldsymbol{E}(\boldsymbol{R},t)|\phi_l(\boldsymbol{r},\boldsymbol{R})\rangle \tag{5.3.26}$$

在没有外激光场情况下，方程（5.3.25）右边最后一项等于零，该方程约化为简单的形式．约化的方程描述了核波函数在分子势能面上随时间和核间距的演化过程．在有外激光场情况下，方程（5.3.25）不仅描述了核波函数随时间和核间距的演化过程，还描述了不同电子态之间的耦合效应．

5.4　初始波包及其计算方法

为了求解方程（5.3.11）和方程（5.3.25），需要计算初始波包（或初始波函数）．求解初始波包有许多种方法，其中最常用的方法是傅里叶网格哈密顿（Fourier grid Hamiltonian, FGH）方法和离散变量表象方法．对于原子碰撞反应和热原子光缔合反应，通常使用高斯波包为初始波包．

5.4.1　傅里叶网格哈密顿方法

傅里叶网格哈密顿是坐标空间中特殊的格点表象方法[29]．该方法最初被用于计算一维双原子、分子的振动本征态及其相关的物理量．

在玻恩-奥本海默近似下，双原子、分子的哈密顿算符为

$$\hat{H}=\hat{T}+\hat{V}(r)=\frac{\hat{p}^2}{2m}+\hat{V}(r) \tag{5.4.1}$$

式中，r 表示核间距；m 为分子的约化质量．在坐标表象中，坐标算符 $\hat{r}$ 满足本征值方程

$$\hat{r}|r\rangle=r|r\rangle \tag{5.4.2}$$

坐标算符的本征态 $|r\rangle$ 满足正交性条件

$$\langle r|r'\rangle=\delta(r-r') \tag{5.4.3}$$

且

$$\hat{I}_r=\int_{-\infty}^{\infty}|r\rangle\langle r|\mathrm{d}r \tag{5.4.4}$$

在坐标表象中，势能算符是对角化的，即

$$\langle r|\hat{V}(r)|r'\rangle=V(r)\delta(r-r') \tag{5.4.5}$$

在动量表象中，设动量算符 $\hat{p}$ 的本征态为 $|k\rangle$，动量算符 $\hat{p}$ 满足本征值方程

$$\hat{p}|k\rangle=\hbar k|k\rangle \tag{5.4.6}$$

正交性条件为

$$\langle k|k'\rangle=\delta(k-k') \tag{5.4.7}$$

且

$$\hat{I}_k=\int_{-\infty}^{\infty}|k\rangle\langle k|\mathrm{d}k \tag{5.4.8}$$

动能算符 $\hat{T}$ 在动量表象中是对角化的，即

$$\langle k|\hat{T}|k'\rangle=T_k\delta(k-k')=\frac{\hbar^2k^2}{2m}\delta(k-k') \tag{5.4.9}$$

坐标表象与动量表象之间的变换矩阵元为

$$\langle k|r\rangle=\frac{1}{\sqrt{2\pi}}\mathrm{e}^{-\mathrm{i}kr} \tag{5.4.10}$$

在坐标表象中，哈密顿算符的矩阵元为

$$\begin{aligned}\langle r|\hat{H}|r'\rangle&=\langle r|\hat{T}|r'\rangle+V(r)\delta(r-r')\\&=\langle r|\hat{T}\int_{-\infty}^{\infty}|k\rangle\langle k|\mathrm{d}k|r'\rangle+V(r)\delta(r-r')\\&=\int_{-\infty}^{\infty}\langle r|k\rangle\hat{T}_k\langle k|r'\rangle\mathrm{d}k+V(r)\delta(r-r')\\&=\frac{1}{2\pi}\int_{-\infty}^{\infty}\mathrm{e}^{\mathrm{i}k(r-r')}\hat{T}_k\mathrm{d}k+V(r)\delta(r-r')\end{aligned} \tag{5.4.11}$$

方程（5.4.11）是傅里叶网格哈密顿的核心方程．在数值计算中，需要把连续变化的坐标 r 进行离散化处理，即

$$r_\alpha=\alpha\Delta r,\quad \alpha=1,2,\cdots,N \tag{5.4.12}$$

式中，Δr 表示相邻两个格点之间的间隔．波函数满足的归一化条件 $\int_{-\infty}^{\infty}\phi^*(r)\phi(r)\mathrm{d}r=1$ 变为

$$\sum_{i=1}^{N}\phi^*(r_i)\phi(r_i)\Delta r=\Delta r\sum_{i=1}^{N}\left|\phi(r_i)\right|^2=1 \tag{5.4.13}$$

坐标表象中网格的数目及间隔决定了动量表象中格点的分布．坐标表象中格点覆盖的总长度为 $N\Delta r$，对应动量表象中最大波长 $\lambda_{\max}$（或者最小频率 $\nu_{\min}$）．在动量表象中格点的间隔为

$$\Delta k=\frac{2\pi}{\lambda_{\max}}=\frac{2\pi}{N\Delta r} \tag{5.4.14}$$

选取动量表象中格点的中间点为 k=0，其余格点在 k=0 两侧对称分布．通常选取空间格点数目 N 为奇数，即

$$N=2n+1 \tag{5.4.15}$$

应当注意，若选取空间格点 N 为偶数，则需要重新推导下面的公式.

哈密顿算符在离散坐标表象中的矩阵元为

$$\begin{aligned}H_{\alpha\beta}=\langle r_\alpha|\hat{H}|r_\beta\rangle&=\frac{1}{2\pi}\sum_{l=-n}^{n}\exp[\mathrm{i}l\Delta k(r_\alpha-r_\beta)]\left[\frac{\hbar^2}{2m}(l\Delta k)^2\right]\Delta k+\frac{V(r_\alpha)}{\Delta r}\delta_{\alpha\beta}\\&=\frac{1}{2\pi}\frac{2\pi}{N\Delta r}\sum_{l=-n}^{n}T_l\exp\left[\frac{\mathrm{i}2\pi l(\alpha-\beta)\Delta r}{N\Delta r}\right]+\frac{V(r_\alpha)}{\Delta r}\delta_{\alpha\beta}\\&=\frac{1}{N\Delta r}\sum_{l=-n}^{n}T_l\exp[\mathrm{i}2\pi l(\alpha-\beta)/N]+\frac{V(r_\alpha)}{\Delta r}\delta_{\alpha\beta}\end{aligned} \tag{5.4.16}$$

式中

$$T_l=\frac{\hbar^2}{2m}(l\Delta k)^2=\frac{2}{m}\left(\frac{\hbar\pi l}{N\Delta r}\right)^2 \tag{5.4.17}$$

把 l 取正数项和负数项合并，得到

$$H_{\alpha\beta}=\frac{1}{\Delta r}\left\{\sum_{l=1}^{n}\frac{2}{N}T_l\cos[2\pi l(\alpha-\beta)/N]+V(r_\alpha)\delta_{\alpha\beta}\right\} \tag{5.4.18}$$

能量期望值为

$$E=\frac{\langle\psi|\hat{H}|\psi\rangle}{\langle\psi|\psi\rangle}=\frac{\sum_{\alpha,\beta}\psi_\alpha^*\Delta r H_{\alpha\beta}\Delta r\psi_\beta}{\Delta r\sum_\alpha|\psi_\alpha|^2} \tag{5.4.19}$$

定义 $H_{\alpha\beta}^{(0)}$ 为

$$H_{\alpha\beta}^{(0)}=\frac{2}{N}\sum_{l=1}^{n}T_l\cos[2\pi l(\alpha-\beta)/N]+V(r_\alpha)\delta_{\alpha\beta} \tag{5.4.20}$$

把能量期望值用 $H_{\alpha\beta}^{(0)}$ 表示为

$$E=\frac{\langle\psi|\hat{H}|\psi\rangle}{\langle\psi|\psi\rangle}=\frac{\sum_{\alpha,\beta}\psi_\alpha^*H_{\alpha\beta}^{(0)}\psi_\beta}{\sum_\alpha|\psi_\alpha|^2} \tag{5.4.21}$$

由方程（5.4.18）～方程（5.4.21）可以得到标准的久期方程

$$\sum_\beta[H_{\alpha\beta}^{(0)}-E_\lambda\delta_{\alpha\beta}]\psi_\beta^{(\lambda)}=0 \tag{5.4.22}$$

数值求解方程（5.4.22），可以获得束缚态能量本征值 E_λ 和波函数 $\psi_\beta^{(\lambda)}$，从而得到系统的初始波包（初始波函数）.

5.4.2　离散变量表象方法

离散变量表象（discrete variable representation, DVR）是基于格点表象发展的数值计算方法[5, 30, 31]. 该方法要求选择合适的正交基矢 $\{\phi_n\}$，用于对角化动能算符. 把波函数 $\psi(x,t)$ 按基矢函数 $\phi_n(x)$ 展开为

$$\psi(x,t)=\sum_{n=0}^{N}a_n(t)\phi_n(x) \tag{5.4.23}$$

基矢函数 $\phi_n(x)$ 可以表示为

$$\phi(x)=\sum_{n=0}^{N}W_n(x)P_n(x) \tag{5.4.24}$$

式中，$W_n(x)$ 表示权重因子；$P_n(x)$ 为 n 阶正交多项式. 在方程（5.4.23）中展开系数为

$$a_n(t)=\sum_{j=1}^{N}\psi(x_j,t)\phi_n(x_j) \tag{5.4.25}$$

把展开系数代入方程（5.4.23）中，得到

$$\psi(x,t)=\sum_{n=0}^{N}\sum_{j=1}^{N}\psi(x_j,t)\phi_n(x_j)\phi_n(x) \tag{5.4.26}$$

在离散变量表象中，势能算符可以表示为对角矩阵. 动能算符包含二阶导数 $\partial^2/\partial x^2$，计算稍微复杂一些. 由方程（5.4.26）得到

$$\frac{\partial^2\psi(x,t)}{\partial x^2}=\sum_{n=0}^{N}\sum_{j=1}^{N}\psi(x_j,t)\phi_n(x_j)\frac{\partial^2\phi_n(x)}{\partial x^2} \tag{5.4.27}$$

设基矢函数 $\phi_n(x)$ 满足定态薛定谔方程

$$-\frac{\hbar^2}{2m}\frac{\partial^2\phi_n(x)}{\partial x^2}=K_n\phi_n(x) \tag{5.4.28}$$

把方程（5.4.28）代入方程（5.4.27）中，得到

$$\frac{\partial^2\psi(x,t)}{\partial x^2}=-\frac{m}{\hbar^2}\sum_{n=0}^{N}\sum_{j=1}^{N}K_n\psi(x_j,t)\phi_n(x_j)\phi_n(x) \tag{5.4.29}$$

值得注意的是，使用离散变量表象方法的计算量为 N^2，而使用傅里叶网格哈密顿方法的计算量为 $N\ln N$.

5.4.3　碰撞反应与光缔合反应的初始波包

对于碰撞反应 $\mathrm{A}+\mathrm{B}\to\mathrm{AB}$ 或者光缔合反应 $\mathrm{A}+\mathrm{B}+h\upsilon\to\mathrm{AB}$，由于初始态为原子散射态，且与碰撞能有关，故不能直接使用前面介绍的方法计算初始波包．对于高能碰撞反应，通常选取高斯函数作为初始波包，或者选取径向高斯函数与球谐函数（或勒让德函数）的乘积作为初始波包.

高斯波包描述了两个碰撞原子的初始状态．对于 $\mathrm{A}+\mathrm{B}\to\mathrm{AB}$ 或 $\mathrm{A}+\mathrm{B}+h\upsilon\to\mathrm{AB}$，可以选取高斯波包为初始波包（初始波函数），即

$$\psi(R)=\frac{1}{N}\exp\left[\mathrm{i}kR-\frac{(R-R_0)^2}{4\sigma^2}\right] \tag{5.4.30}$$

式中，R 表示两个原子的核间距；R_0 和 σ 分别表示波包的中心位置和宽度；k 为波矢量的模．归一化系数 N 为

$$N=(2\pi\sigma)^{1/4} \tag{5.4.31}$$

两个原子之间的碰撞能为

$$E=\frac{\hbar^2}{2m}\left(k^2+\frac{1}{\sigma^2}\right) \tag{5.4.32}$$

式中，m 表示两个原子的约化质量.

在动量表象中，高斯波包的表达式为

$$\varphi(k)=\left(\frac{2\sigma^2}{\pi}\right)^{1/4}\exp[-\sigma^2(k-k_0)^2-\mathrm{i}(k-k_0)R_0] \tag{5.4.33}$$

高斯波包可以表示为平面波的叠加：

$$\psi(R)=\frac{1}{\sqrt{2\pi}}\int_{-\infty}^{\infty}\varphi(k)\exp(\mathrm{i}kR)\,\mathrm{d}k \tag{5.4.34}$$

在式（5.4.30）中，已经忽略了两原子体系的转动．若包含转动，则高斯波包由高斯函数与球谐函数的乘积构成：

$$\psi(R)=\frac{1}{N}Y_{lm_l}(\theta,\phi)\exp\left[\mathrm{i}kR-\frac{(R-R_0)^2}{4\sigma^2}\right] \tag{5.4.35}$$

对于三原子碰撞反应，初始波包的表达式比较复杂．例如，对于 A+BC 碰撞反应，初始波包可以构造为[32,33]

$$\psi_{\alpha v_0 j_0 l_0}^{(JM\zeta)}(t=0)=G(R_\alpha)\varphi_{v_0 j_0}(r_\alpha)\Theta(JMj_0l_0\zeta) \tag{5.4.36}$$

式中，$G(R_\alpha)$ 表示高斯函数［与式（5.4.30）类似］；$\varphi_{v_0 j_0}(r_\alpha)$ 表示分子的振-转态本征函数；$\Theta(JMj_0l_0\zeta)$ 表示三原子体系总角动量在空间固定坐标系中的本征函数；$\zeta=(-1)^{j_0+l_0}$ 表示宇称.

应当注意，对于冷（1 mK≤T≤1 K）和超冷（T < 1 mK）原子碰撞反应或者光缔合反应，上面介绍的选取高斯波包作为初始波包的方法失效，应该使用映射傅里叶网格（mapped Fourier grid）方法计算初始波包[34-37].

5.5　波包的时间演化

设系统的初始波包（初始波函数）为 $\psi(0)$，使用时间演化算符 $\hat{U}(t)$ 可以求出体系任意时刻的波函数．薛定谔方程的形式解为

$$\psi(t)=\hat{U}(t)\psi(0)=\hat{P}(t)\exp\left[-\frac{\mathrm{i}}{\hbar}\int_0^t \hat{H}(t')\,\mathrm{d}t'\right]\psi(0) \tag{5.5.1}$$

式中，$\hat{P}(t)$ 表示时序算符；$\hat{H}(t')$ 表示体系的哈密顿算符．若哈密顿算符不显含时间，则可以略去时序算符．时间演化算符 $\hat{U}(t)$ 的表达式为

$$\hat{U}(t)=\exp[-\mathrm{i}\hat{H}(t)t/\hbar] \tag{5.5.2}$$

时间演化算符 $\hat{U}(t)$ 为幺正算符，即

$$\hat{U}(t)\hat{U}^+(t)=\hat{U}^+(t)\hat{U}(t)=\hat{I} \tag{5.5.3}$$

式中，$\hat{I}$ 为单位算符.

在数值计算中，时间 t 被分割为 N 个步长为 Δt 的微小时间段．在每个微小时间段 Δt 内，认为哈密顿算符不发生明显变化．这样，时间演化算符 $\hat{U}(t)$ 可以表示为

$$\hat{U}(t)=\prod_{n=0}^{N-1}\hat{U}\left[(n+1)\Delta t, n\Delta t\right] \tag{5.5.4}$$

式中，$\Delta t=t/N$.

求解方程（5.5.1）面临三个方面的困难：①哈密顿算符出现在幂指数上；②如何构建时序算符问题；③哈密顿算符包含动能算符和势能算符，而在一般情况下动能算符与势能算符是不对易的.

人们已经发展了多种方法处理波函数随时间的演化问题．常用的计算方法有二阶差分（second-order differencing）方法、分裂算符（split operator）方法和切比雪夫（Chebyshev）多项式方法等．前两种方法为短时演化方法，后一种为全域演化方法.

5.5.1　二阶差分方法

将时间演化算符及其厄米共轭写作

$$\hat{U}(\Delta t)=\exp[-\mathrm{i}\hat{H}(t)\Delta t/\hbar] \tag{5.5.5}$$

$$\hat{U}^{+}(\Delta t)=\exp[\mathrm{i}\hat{H}(t)\Delta t/\hbar] \tag{5.5.6}$$

波函数随时间的演化为

$$\psi(t+\Delta t)=\hat{U}(\Delta t)\psi(t) \tag{5.5.7}$$

$$\psi(t-\Delta t)=\hat{U}^{+}(\Delta t)\psi(t) \tag{5.5.8}$$

由方程（5.5.7）和方程（5.5.8）得

$$\psi(t+\Delta t)-\psi(t-\Delta t)=[\hat{U}(\Delta t)-\hat{U}^{+}(\Delta t)]\psi(t) \tag{5.5.9}$$

将方程（5.5.9）中时间演化算符及其厄米共轭按泰勒级数展开，且只保留到二阶项，得到

$$\begin{aligned}\psi(t+\Delta t)&\approx\psi(t-\Delta t)-\mathrm{i}\,2\Delta tH(t)\psi(t)/\hbar\\&=\hat{U}^{+}(\Delta t)\psi(t)-\mathrm{i}\,2\Delta tH(t)\psi(t)/\hbar=\hat{Q}\psi(t)\end{aligned} \tag{5.5.10}$$

式中

$$\hat{Q}=\hat{U}^{+}(\Delta t)-\mathrm{i}\,2\Delta tH(t)/\hbar \tag{5.5.11}$$

我们可以根据$\hat{Q}\hat{Q}^{+}=\hat{Q}^{+}\hat{Q}=1$来判断二阶差分近似方法的有效性条件．使用方程（5.5.6）和方程（5.5.11）得

$$\begin{aligned}\hat{Q}\hat{Q}^{+}&=\left|\hat{U}^{+}(\Delta t)-\mathrm{i}\,2\Delta tH(t)/\hbar\right|^{2}\\&=1-\frac{4\Delta tH(t)}{\hbar}\sin\left(\frac{\Delta tH(t)}{\hbar}\right)+\left(\frac{2\Delta tH(t)}{\hbar}\right)^{2}\end{aligned} \tag{5.5.12}$$

将正弦函数展开成级数，并取前两项，给出近似结果为

$$\hat{Q}\hat{Q}^{+}\approx1+\frac{4\left[\Delta tH(t)\right]^{4}}{6\hbar^{4}} \tag{5.5.13}$$

只有当Δt取足够小时，才能满足$\hat{Q}\hat{Q}^{+}=1$的条件要求．在实际计算中，要求Δt满足[4]

$$\Delta t<\Delta t_{\max}=\frac{\hbar}{E_{\max}-E_{\min}} \tag{5.5.14}$$

式中，$E_{\max}$和$E_{\min}$分别表示哈密顿算符的最大和最小能量本征值．

5.5.2　二阶分裂算符方法

由于动能算符和势能算符不对易，使用时间演化算符进行演化计算时将会引起误差．分裂算符方法将动能算符和势能算符的演化作用分开处理，使计算误差减小到三阶小量$O(\Delta t^{3})$．二阶分裂算符可以表示为

$$
\begin{aligned}
\hat{U}(\Delta t) &= \exp[-\mathrm{i}\hat{H}(t)\Delta t/\hbar] \\
&= \exp(-\mathrm{i}\hat{T}\Delta t/2\hbar)\exp(-\mathrm{i}\hat{V}\Delta t/\hbar)\exp(-\mathrm{i}\hat{T}\Delta t/2\hbar) + O(\Delta t^3)
\end{aligned} \tag{5.5.15}
$$

其中动能算符被分为两部分. 波函数随时间的演化为

$$
\begin{aligned}
\psi(t+\Delta t) &= \hat{U}(\Delta t)\psi(t) \\
&\approx \exp(-\mathrm{i}\hat{T}\Delta t/2\hbar)\exp(-\mathrm{i}\hat{V}\Delta t/\hbar)\exp(-\mathrm{i}\hat{T}\Delta t/2\hbar)\psi(t)
\end{aligned} \tag{5.5.16}
$$

在式(5.5.15)中时间演化算符被分为“动能-势能-动能算符”三部分的乘积形式. 动能算符在动量表象中是对角化的，而势能算符在坐标表象中是对角化的. 因此，在计算中，首先把波函数通过快速傅里叶变换转换为动量表象中的波函数，并与动能演化算符相乘得到动量表象中新的波函数. 然后把得到的动量表象中波函数通过快速傅里叶变换转换为坐标表象中的波函数，并将势能演化算符与坐标表象中的波函数相乘，得到坐标表象中新的演化波函数. 最后再把坐标表象中演化波函数通过快速傅里叶变换转换到动量表象中的波函数，并与动能演化算符相乘，完成一次动能算符→势能算符→动能算符作用下的时间演化计算.

在方程（5.5.15）和方程（5.5.16）中，时间演化算符近似地满足幺正条件

$$
\hat{U}(\Delta t)\hat{U}^{+}(\Delta t) \approx 1 \tag{5.5.17}
$$

在演化过程中波函数的模是守恒的. 要求传播的时间步长满足下列条件：

$$
\Delta t < \frac{\pi\hbar}{3(E_{\max} - E_{\min})} \tag{5.5.18}
$$

分裂算符方法使用简单，按方程（5.5.16）给出的顺序将演化算符作用在波函数上即可. 分裂算符方法产生的误差 $O(\Delta t^3)$ 与时间步长有关，在数值计算条件允许的情况下，尽可能减小时间步长.

5.5.3　切比雪夫多项式方法

把时间演化算符展开成某种多项式是一种计算波包演化的有效方法. 切比雪夫多项式方法是最常用的多项式展开方法[6]. 原始的切比雪夫多项式定义为

$$
T_n(x) = \cos(n\theta),\quad x \in [-1, 1] \tag{5.5.19}
$$

式中，$x = \cos\theta$. $T_n(x)$ 是下列微分方程的解：

$$
\left[(1-x^2)\frac{\mathrm{d}^2}{\mathrm{d}x^2} - x\frac{\mathrm{d}}{\mathrm{d}x} + n^2\right]T_n(x) = 0 \tag{5.5.20}
$$

$T_n(x)$ 有 n 个零点，其位置由下式给出：

$$
x = \cos\left[\frac{\pi(k-1/2)}{n}\right],\quad k = 1, 2, \cdots, n \tag{5.5.21}
$$

切比雪夫多项式 $T_n(x)$ 的取值范围为[−1, 1].

切比雪夫多项式满足正交性条件

$$\int_{-1}^{1}\frac{T_i(x)T_j(x)}{(1-x^2)^{1/2}}\mathrm{d}x=\begin{cases}0, & i\neq j\\ \pi/2, & i=j\neq 0\\ \pi, & i=j=0\end{cases} \tag{5.5.22}$$

切比雪夫多项式满足递推关系

$$T_{n+1}(x)=2xT_n(x)-T_{n-1}(x) \tag{5.5.23}$$

且有 $T_0(x)=1$，$T_1(x)=x$ 和 $T_2(x)=2x^2-1$.

把一个标量函数 $\exp(\alpha x)$ 用切比雪夫多项式展开为

$$\exp(\alpha x)=\sum_{n=0}^{\infty}(2-\delta_{n0})J_n(\alpha)T_n(x) \tag{5.5.24}$$

式中，$\alpha=\Delta Et/(2\hbar)$；$J_n(\alpha)$ 表示 n 阶第一类贝塞尔（Bessel）函数.

由于时间演化算符的表达式为复变函数，因此需要使用复数形式的切比雪夫多项式来展开时间演化算符. 复切比雪夫多项式的定义域为[−i, i]. 要求把哈密顿算符重整化为[6]

$$\hat{H}_{\text{norm}}=2\frac{\hat{H}-(\Delta E/2+V_{\min})\hat{I}}{\Delta E} \tag{5.5.25}$$

式中，$\hat{I}$ 表示单位算符（或单位矩阵）；$\Delta E=E_{\max}-E_{\min}$，这里 $E_{\max}$ 和 $E_{\min}$ 分别表示哈密顿算符的最大和最小能量本征值. 在计算中，可以近似地取为 $E_{\max}=T_{\max}+V_{\max}$ 及 $E_{\min}=V_{\min}$.

波函数随时间的演化可以表示为

$$\psi(t)\approx\exp[-\mathrm{i}(\Delta E/2+V_{\min})t/\hbar]\sum_{n=0}^{N}a(\alpha)\Phi_n(-\mathrm{i}\hat{H}_{\text{norm}})\psi(0) \tag{5.5.26}$$

式中，展开系数为

$$a(\alpha)=\int_{-\mathrm{i}}^{\mathrm{i}}\frac{\mathrm{e}^{\mathrm{i}\alpha x}T_n(x)\mathrm{d}x}{(1-x^2)^{1/2}}=2J_n(\alpha) \tag{5.5.27}$$

在式（5.5.26）中，算符 $\Phi_n(-\mathrm{i}\hat{H}_{\text{norm}})$ 对初始态 $\psi(0)$ 的作用可以使用切比雪夫多项式的递推关系计算：

$$T_n(-\mathrm{i}\hat{H}_{\text{norm}})=\Phi_n(-\mathrm{i}\hat{H}_{\text{norm}})\psi(0) \tag{5.5.28}$$

$$T_{n+1}(-\mathrm{i}\hat{H}_{\text{norm}})=-\mathrm{i}2\hat{H}_{\text{norm}}T_n(-\mathrm{i}\hat{H}_{\text{norm}})-T_{n-1}(-\mathrm{i}\hat{H}_{\text{norm}}) \tag{5.5.29}$$

$$T_0(-\mathrm{i}\hat{H}_{\text{norm}})=1 \tag{5.5.30}$$

切比雪夫多项式传播方法对哈密顿算符的形式没有特殊要求. 与分裂算符方法相比，积分的时间步长可以选取较长一些.

5.6 含时量子波包方法的应用

含时量子波包描述了原子或分子系统波函数随着时间和空间的演化过程. 在光与物质相互作用的理论研究中有着广泛的应用.

1. 计算原子、分子光谱

使用含时量子波包方法能够精确地计算原子、分子光谱，包括吸收光谱、荧光光谱、激光诱导荧光光谱和拉曼光谱等[16-18].

图 5.6.1(a)和(b)分别表示 OBrO 分子从基电子态 $X(^2B_1)$跃迁到激发电子态 $C(^2A_2)$（J=0）吸收光谱的理论计算结果[18]和实验观测结果[38]. 可以看出，采用含时量子波包方法计算的 OBrO 分子吸收光谱与实验结果吻合得非常好.

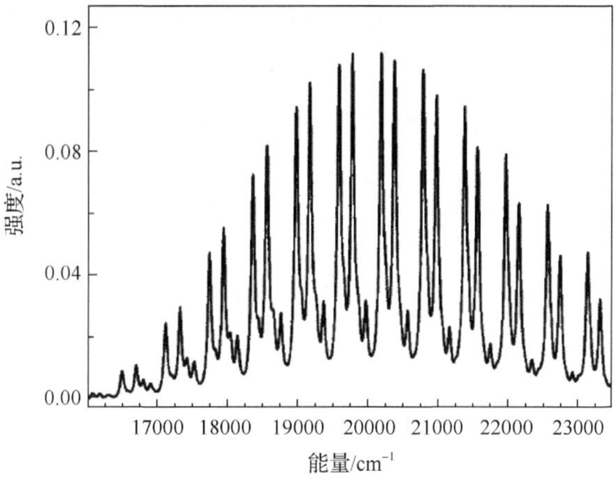

（a）理论计算的吸收光谱[18]

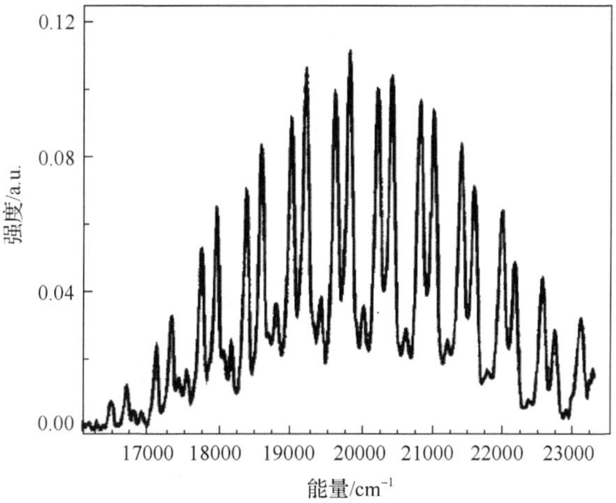

（b）实验观测的吸收光谱[38]

图 5.6.1　OBrO 分子从基电子态 $X(^2B_1)$跃迁到激发电子态 $C(^2A_2)$（J=0）的吸收光谱（系统的温度为 260 K）

2. 计算原子、分子的多光子电离概率和光电子能谱

使用含时量子波包方法可以研究原子、分子的多光子电离（包括阈上电离）过程[9,10]，计算电离概率、电离信号强度、光电子能谱和离子能谱等，探讨原子、分子的多光子电离机理及其量子调控.

我们以极性 NaK 分子的$(m+n)$REATI 为例来说明光电子能谱的计算[10]，其中 m 和 n 分别表示用于激发和电离分子的光子数，REATI 为 resonance-enhanced above-threshold ionization 的缩写（表示共振增强阈上电离）. 在 m 个光子的作用下，NaK 分子由基电子态$\left|X\right\rangle$跃迁到激发电子态$\left|A\right\rangle$. 激发电子态$\left|A\right\rangle$的布居 $P_A(t)$为

$$P_A(t)=\int \mathrm{d}\theta \sin\theta \int \mathrm{d}R\left|\chi_A(R,\theta,t)\right|^2 \tag{5.6.1}$$

式中，$\chi_A(R,\theta,t)$表示激发态分子的核波函数，由含时量子波包方法计算. 利用 n 个光子把激发态分子电离，产生光电子和离子. 光电子能谱的表达式为

$$P_I(E_k)=\lim_{t\to\infty}\int \mathrm{d}\theta \sin\theta \int \mathrm{d}R\left|\chi_I(R,\theta,E_k,t)\right|^2 \tag{5.6.2}$$

式中，$\chi_I(R,\theta,E_k,t)$表示激发态核波函数；E_k表示光电子的动能.

图 5.6.2（a）表示极性 NaK 分子激发电子态布居随着时间的变化曲线[10]. 计算使用的飞秒脉冲激光的峰强度为 $I=3I_0$，其中 $I_0=1.0\times10^{13}$ W/cm^2. 飞秒脉冲的时间宽度为 30 fs，波长为 750 nm. 图 5.6.2（b）表示 NaK 分子$(m+n)$-REATI 产生的光电子能谱[10]. 可以观测到(2+1)-REATI、(2+2)-REATI、(2+3)-REATI 和(2+4)-REATI 光电子能谱的谱峰. 这些光电子能谱的谱峰均发生了 Autler-Townes 分裂现象.

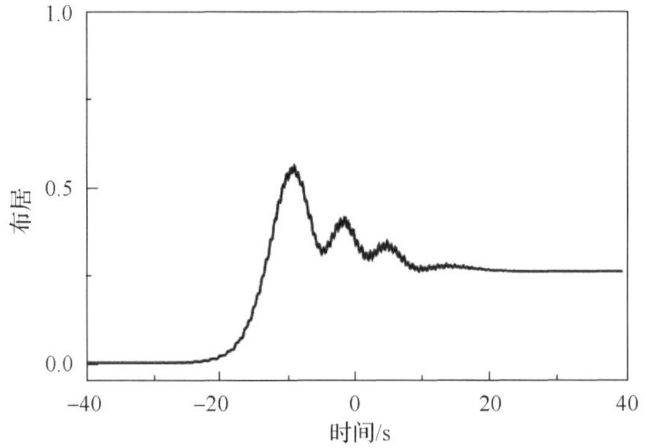

（a）激发态布居随着时间的变化曲线

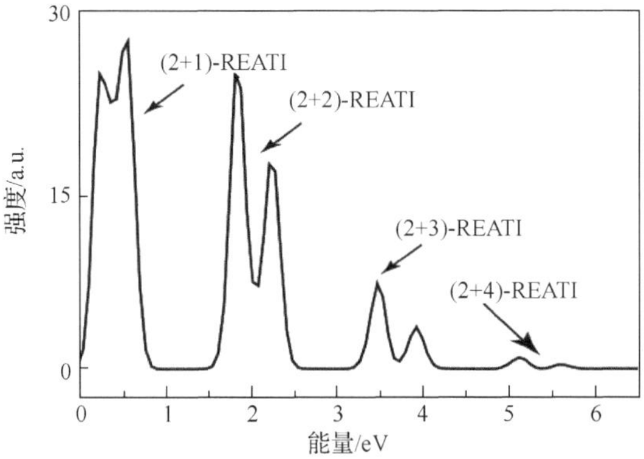

（b）光电子能谱

图 5.6.2　极性 NaK 分子激发态布居与$(m+n)$-REATI 光电子能谱[10]

3. 计算分子的多光子解离概率和解离产物分支比

含时量子波包方法可以用于研究分子的多光子解离过程[11,12]，计算解离概率、解离产物角分布，控制解离产物分支比.

以 NaI 分子的光解离为例，在两束脉冲激光作用下，NaI 分子经由两个解离通道发生光解离反应[12]，即

$$\mathrm{NaI} \rightarrow \begin{cases} \mathrm{Na}^+ + \mathrm{I}^-, & \text{通道 1} \\ \mathrm{Na} + \mathrm{I}, & \text{通道 2} \end{cases} \tag{5.6.3}$$

设 NaI 分子通过通道 1 和通道 2 的解离概率分别为 P_1 和 P_2，解离产物的分支比为

$$\Gamma = \frac{P_2}{P_1 + P_2} \tag{5.6.4}$$

图 5.6.3 表示利用 Stark 脉冲激光和泵浦脉冲激光控制 NaI 分子解离产物分支比随着两束脉冲激光之间延迟时间 Δt 的变化曲线[12]. 当 $80\ \mathrm{fs} < \Delta t < 150\ \mathrm{fs}$ 时，通道 2 的解离产物多于通道 1 的解离产物；当 $\Delta t \leqslant 80\ \mathrm{fs}$ 或者 $\Delta t \geqslant 150\ \mathrm{fs}$ 时，通道 1 的解离产物明显多于通道 2 的解离产物.

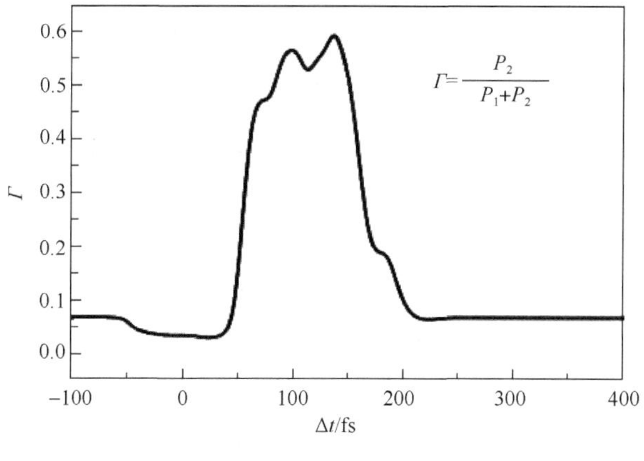

图 5.6.3　NaI 分子光解离产物分支比随着两束脉冲激光延迟时间 Δt 的变化曲线[12]

4. 研究原子的光缔合反应和碰撞反应

含时量子波包方法可以用于研究原子光缔合反应，包括热原子光缔合、冷原子光缔合和超冷原子光缔合反应等[13-15].

图 5.6.4 表示利用两束激光控制 Na 与 H 原子光缔合反应的泵浦-下拉（pump-dump）方案[13]. 首先利用 pump 脉冲激光诱导碰撞原子 Na 与 H 形成激发态 NaH 分子，处于激发电子态 $\mathrm{A}^1\Sigma^+$的振-转态 $|v'=10, j'=1\rangle$. 然后使用 dump 脉冲激光把激发态 NaH 分子转变为基电子态 $\mathrm{X}^1\Sigma^+$基振-转态 $|v=0, j=0\rangle$ 的稳定 NaH 分子. 在激发电子态 $\mathrm{A}^1\Sigma^+$的振-转态 $|v', j'\rangle$ 上光缔合分子的布居为

$$P'_{v',j'}(t) = \left|\langle v', j' | \psi_2(R,\theta,t)\rangle\right|^2 \tag{5.6.5}$$

式中，$\psi_2(R,\theta,t)$ 表示激发电子态 $\mathrm{A}^1\Sigma^+$的波函数，由含时量子波包方法计算. 在基电子

态 $X^1\Sigma^+$的振-转态$|v,j\rangle$上光缔合分子的布居为

$$P_{v,j}(t)=\left|\langle v,j|\psi_1(R,\theta,t)\rangle\right|^2 \tag{5.6.6}$$

式中，$\psi_1(R,\theta,t)$表示基电子态 $X^1\Sigma^+$的波函数. 基电子态和激发电子态的分子总布居分别为$P(t)=\sum_{v,j}P_{v,j}(t)$和$P'(t)=\sum_{v',j'}P_{v',j'}(t)$.

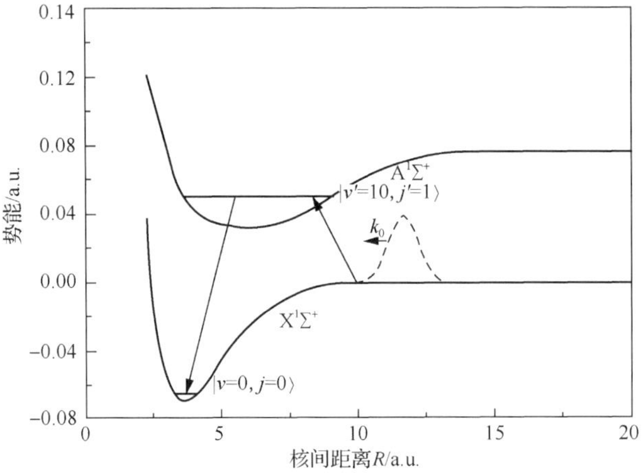

图 5.6.4　利用两束激光控制 Na 与 H 原子光缔合反应的 pump-dump 方案[13]

图 5.6.5（a）表示 pump 和 dump 脉冲的电场随时间的变化曲线. 优化的 pump 脉冲的脉宽为τ_1 =0.31 ps，中心时间为t_{p1} =0.39 ps，电场峰振幅为ε_1 =2.9 MV/cm，失谐为$\varDelta_{L1}$= 5 cm^{-1}；优化的 dump 脉冲的脉宽为τ_2 =1.14 ps，中心时间为t_{p2} =1.95 ps，电场峰振幅为ε_2 =1.0 MV/cm，失谐为$\varDelta_{L2}$ =−1 cm^{-1}. 图 5.6.5（b）表示基电子态总布居$P(t)$和激发电子态总布居$P'(t)$随时间的变化曲线. 图 5.6.5（c）表示基电子态和激发电子态的相关振-转态布居随时间的变化曲线. 当 pump 和 dump 脉冲的作用结束后，超过 60%的光缔合分子处于基电子态 $X^1\Sigma^+$的基振-转态$|v=0,j=0\rangle$上.

含时量子波包方法也被用于研究原子或分子碰撞反应[19-21]，包括原子与原子碰撞反应、原子与分子碰撞反应、小分子与小分子碰撞反应等. 使用含时量子波包方法能够精确地计算微分和积分反应截面、反应速率和反应概率等参量.

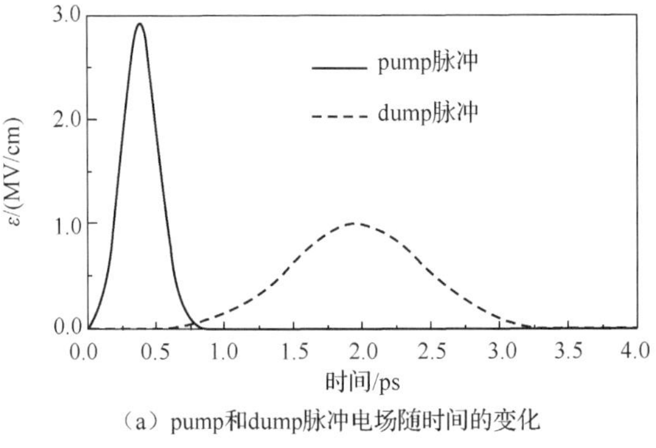

（a）pump和dump脉冲电场随时间的变化

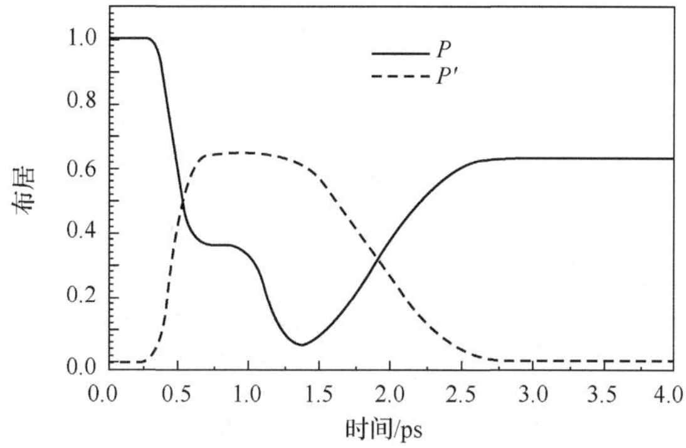

（b）基电子态总布居$P(t)$和激发电子态总布居$P'(t)$随时间的变化曲线

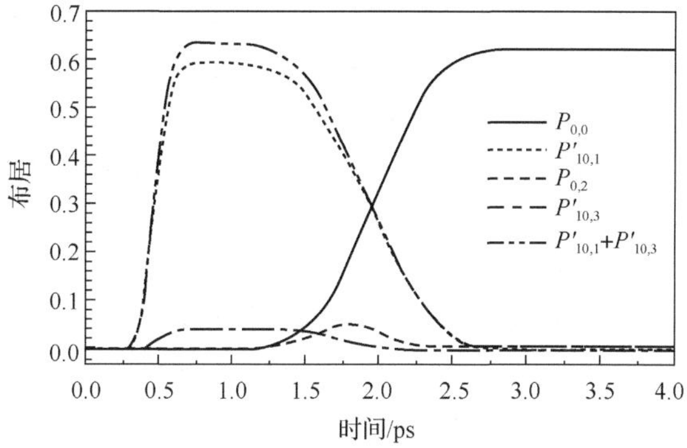

（c）基电子态和激发电子态的振-转态布居

图 5.6.5　利用 pump 和 dump 脉冲控制 Na 与 H 原子光缔合反应[13]

5. 研究分子的定向与取向、光电子角分布与解离产物角分布

使用含时量子波包方法，我们可以从理论上研究利用飞秒脉冲激光控制分子的定向与取向、光电子角分布、离子角分布、光解离产物角分布等[22-27]. 详细的理论描述见第 7 章.

参 考 文 献

[1] Schrödinger E. Der stetige übergang von der mikro-zur makromechanik. Naturwissenschaften, 1926, 14(3): 664-666.

[2] Ehrenfest P. Bemerkung über die angenäherte gültigkeit der klassischen mechanik innerhalb der quantenmechanik. Zeitschrift für Physik, 1927, 45(3): 455-457.

[3] Heller E J. Time-dependent approach to semiclassical dynamics. Journal of Physical Chemistry, 1975, 62(4): 1544-1555.

[4] Kosloff D, Kosloff R. A Fourier method solution for the time dependent Schrödinger equation as a tool in molecular dynamics. Journal of Computational Physics, 1983, 52(1): 35-53.

[5] Light J C, Hamilton I P, Lill J V. Generalized discrete variable approximation in quantum mechanics. The Journal of Chemical Physics, 1985, 82(3): 1400-1409.

[6] Tal-Ezer H, Kosloff R. An accurate and efficient scheme for propagating the time dependent Schrödinger equation. The Journal of Chemical Physics, 1984, 81(5): 3967-3971.

[7] Yan T M , Han Y C, Yuan K J, et al. Steering population transfer via continuum structure of the Li_2 molecule with ultrashort laser pulses. Chemical Physics, 2008, 348(1): 39-44.

[8] Shu C C, Yuan K J, Han Y C, et al. Steering population transfer of a five-level polar NaK molecule by Stark shifts. Chemical Physics, 2008, 344(2): 121-127.

[9] Wang S M, Yuan K J, Niu Y Y, et al. Phase control of the photofragment branching ratio of the HI molecule in two intense few-cycle laser pulses. Physical Review A, 2006, 74(4): 043406.

[10] Shu C C, Yuan K J, Hu W H, et al. Resonance-enhanced above-threshold ionization of polar molecules induced by ultrashort laser pulses. Journal of Physics B, 2008, 41(6): 065602.

[11] Han Y C, Yuan K J, Hu W H, et al. Steering dissociation of Br_2 molecules with two femtosecond pulses via wave packet interference. The Journal of Chemical Physics, 2008, 128(13): 134303.

[12] Han Y C, Yuan K J, Hu W H, et al. Control of photodissociation and photoionization of the NaI molecule by dynamic Stark effect. The Journal of Chemical Physics, 2009, 130(4): 044308.

[13] Li J L, Huang Y, Xie T, et al. Formation of NaH molecules in the lowest rovibrational level of the ground electronic state via short-range photoassociation. Communications in Computational Physics, 2015, 17(1): 79-92.

[14] Zhang W, Huang Y, Xie T, et al. Efficient photoassociation with a slowly-turned-on and rapidly-turned-off laser field. Physical Review A, 2010, 82(6): 063411.

[15] Zhang W, Zhao Z Y, Xie T, et al. Photoassociation dynamics driven by a modulated two-color laser field. Physical Review A, 2011, 84(5): 053418.

[16] Yin H M, Sun J L, Li Y M, et al. Photodissociation dynamics of the S_2 state of CH_3ONO: state distributions and alignment effects of the NO photofragment. The Journal of Chemical Physics, 2003, 118(18): 8248-8255.

[17] Yuan K J, Sun Z G, Cong S L, et al. Molecular photoelectron spectrum in ultrashort laser fields: Autler-Townes splitting under rotational and aligned effects. Physical Review A, 2006, 74(4): 043421.

[18] Yuan K J, Sun Z G, Cong S L, et al. Three-dimensional time-dependent wave-packet calculations of OBrO absorption spectra. The Journal of Chemical Physics, 2005, 123(6): 064316.

[19] Wang T, Chen J, Yang T, et al. Dynamical resonances accessible only by reagent vibrational excitation in the F + HD→HF + D reaction. Science, 2013, 342(6165): 1499-1502.

[20] Yang T, Chen J, Huang L, et al. Extremely short-lived reaction resonances in Cl + HD (v=1) → DCl + H due to chemical bond softening. Science, 2015, 347(6217): 60-63.

[21] Yuan D, Guan Y, Chen W, et al. Observation of the geometric phase effect in the H + HD→ H_2^- + D reaction. Science, 2018, 362(6420): 1289.

[22] Shu C C, Yuan K J, Hu W H, et al. Controlling the orientation of polar molecules in a rovibrationally selective manner with an infrared laser pulse and a delayed half-cycle pulse. Physical Review A, 2008, 78(5): 055401.

[23] Hu W H, Shu C C, Han Y C, et al. Efficient enhancement of field-free molecular orientation by combining terahertz few-cycle pulses and rovibrational pre-excitation. Chemical Physics Letters, 2009, 480(4-6): 193-197.

[24] Shu C C, Yuan K J, Hu W H, et al. Determination of the phase of terahertz few-cycle laser pulses. Optics Letters, 2009, 34(20): 3190-3192.

[25] Shu C C, Yuan K J, Hu W H, et al. Field-free molecular orientation with terahertz few-cycle pulses. The Journal of Chemical Physics, 2010, 132(24): 244311.

[26] Hu W H, Shu C C, Han Y C, et al. Enhancement of molecular field-free orientation by utilizing rovibrational excitation. Chemical Physics Letters, 2009, 474(1-3): 222-226.

[27] Shu C C, Yuan K J, Hu W H, et al. Carrier-envelope phase-dependent field-free molecular orientation. Physical Review A, 2009, 80(1): 011401.

[28] 曾谨言. 量子力学(卷 I). 3 版. 北京：科学出版社，2000.

[29] Marstion C C, Balint-Kurti G G. The Fourier grid Hamiltonian method for bound state eigenvalues and eigenfunctions. The Journal of Chemical Physics, 1989, 91(6): 3571-3576.

[30] Lill J V, Parker G A, Light J C. Discrete variable representations and sudden models in quantum scattering theory. Chemical Physics Letters, 1982, 89(6): 483-489.

[31] Lill J V, Parker G A, Light J C. The discrete variable-finite basis approach to quantum scattering. The Journal of Chemical Physics, 1986, 85(2): 900-910.

[32] Neuhauser D, Baer M, Judson R S, et al. A time-dependent wave packet approach to atom-diatom reactive collision probabilities: theory and application to the $H+H_2$ (J=0) system. The Journal of Chemical Physics, 1990, 93(1): 312-322.

[33] Judson R S, Kouri D J, Neuhauser D, et al. Time-dependent wave-packet method for the complete determination of S-matrix elements for reactive molecular collisions in three dimensions. Physical Review A, 1990, 42(1): 351-366.

[34] Zhang W, Wang G R, Cong S L. Efficient photoassociation with a train of asymmetric laser pulses. Physical Review A, 2011, 83(4): 045401.

[35] Huang Y, Zhang W, Wang G R, et al. Formation of $^{85}Rb_2$ ultracold molecules via photoassociation by two-color laser fields modulating the Gaussian amplitude. Physical Review A, 2012, 86(4): 043420.

[36] Wang M, Li J L, Hu X J, et al. Photoassociation driven by a short laser pulse at millikelvin temperature. Physical Review A, 2017, 96(4): 043417.

[37] Wang M, Lyu B K, Li J L, et al. Rovibrational cooling of photoassociated $^{85}Rb_2$ molecules at millikelvin temperature. Physical Review A, 2019, 99(5): 053428.

[38] Miller C E, Nickolaisen S L, Francisco J S, et al. The OBrO $C(^2A_2)\leftarrow X(^2B_1)$ absorption spectrum. The Journal of Chemical Physics, 1997, 107(7): 2300-2307.

第 6 章　角动量耦合与统计张量理论

光与原子、分子相互作用包含标量性质和矢量性质两个方面．前几章介绍了光与原子、分子相互作用的标量性质．为了研究光与原子、分子相互作用的矢量性质，本章介绍与矢量性质密切相关的理论，包括角动量算符及其基本性质[1-6]、角动量耦合理论[2-5]、转动变换与 D 函数[1]、球张量和不可约张量算符[7-11]、密度矩阵与态多极矩[9-14]、分子基态和激发态多极矩[6-8]等.

6.1　角动量算符及其基本性质

6.1.1　轨道角动量算符

设原子或分子的动量算符为 $\hat{P}=-\mathrm{i}\hbar\nabla$，轨道角动量算符定义为

$$\hat{\boldsymbol{l}}=\hat{\boldsymbol{r}}\times\hat{\boldsymbol{P}}=\boldsymbol{i}\hat{l}_X+\boldsymbol{j}\hat{l}_Y+\boldsymbol{k}\hat{l}_Z \tag{6.1.1}$$

式中，轨道角动量算符的三个分量为

$$\begin{cases}\hat{l}_X=Y\hat{P}_Z-Z\hat{P}_Y=-\mathrm{i}\hbar\left(Y\dfrac{\partial}{\partial Z}-Z\dfrac{\partial}{\partial Y}\right)\\ \hat{l}_Y=Z\hat{P}_X-X\hat{P}_Z=-\mathrm{i}\hbar\left(Z\dfrac{\partial}{\partial X}-X\dfrac{\partial}{\partial Z}\right)\\ \hat{l}_Z=X\hat{P}_Y-Y\hat{P}_X=-\mathrm{i}\hbar\left(X\dfrac{\partial}{\partial Y}-Y\dfrac{\partial}{\partial X}\right)\end{cases} \tag{6.1.2}$$

图 6.1.1 表示轨道角动量 $\boldsymbol{l}$ 在空间固定坐标系中的极角 θ 与方位角 ϕ,角动量 $\boldsymbol{l}$ 的方向由坐标原点 O 指向 P 点．利用坐标变换 $X=r\sin\theta\cos\phi$ 、$Y=r\sin\theta\sin\phi$ 和 $Z=r\cos\theta$，把式（6.1.2）改写为

$$\begin{cases}\hat{l}_X=\mathrm{i}\hbar\left(\sin\phi\dfrac{\partial}{\partial\theta}-\cot\theta\cos\phi\dfrac{\partial}{\partial\phi}\right)\\ \hat{l}_Y=\mathrm{i}\hbar\left(-\cos\phi\dfrac{\partial}{\partial\theta}+\cot\theta\sin\phi\dfrac{\partial}{\partial\phi}\right)\\ \hat{l}_Z=-\mathrm{i}\hbar\dfrac{\partial}{\partial\phi}\end{cases} \tag{6.1.3}$$

轨道角动量平方算符为

$$\hat{\boldsymbol{l}}^2=-\hbar^2\left[\frac{1}{\sin\theta}\frac{\partial}{\partial\theta}\left(\sin\theta\frac{\partial}{\partial\theta}\right)+\frac{1}{\sin^2\theta}\frac{\partial^2}{\partial\phi^2}\right] \tag{6.1.4}$$

角动量算符为厄米算符，$\hat{\boldsymbol{l}}^{+}=\hat{\boldsymbol{l}}$. 轨道角动量算符满足下列关系：

$$\hat{\boldsymbol{l}}\times\hat{\boldsymbol{l}}=\mathrm{i}\hbar\hat{\boldsymbol{l}} \tag{6.1.5}$$

$$[\hat{l}_X,\hat{l}_X]=[\hat{l}_Y,\hat{l}_Y]=[\hat{l}_Z,\hat{l}_Z]=0 \tag{6.1.6}$$

$$[\hat{l}_X,\hat{l}_Y]=\mathrm{i}\hbar\hat{l}_Z,\quad [\hat{l}_Y,\hat{l}_Z]=\mathrm{i}\hbar\hat{l}_X,\quad [\hat{l}_Z,\hat{l}_X]=\mathrm{i}\hbar\hat{l}_Y \tag{6.1.7}$$

$$[\hat{\boldsymbol{l}}^2,\hat{l}_\alpha]=0,\ \ \alpha=X,Y,Z \tag{6.1.8}$$

$$[\hat{l}_+,\hat{l}_-]=2\hbar\hat{l}_Z,\quad [\hat{l}_Z,\hat{l}_\pm]=\pm\hbar\hat{l}_\pm,\quad [\hat{\boldsymbol{l}}^2,\hat{l}_\pm]=0 \tag{6.1.9}$$

式中，角动量升降算符定义为

$$\hat{l}_\pm=\hat{l}_X\pm\mathrm{i}\hat{l}_Y \tag{6.1.10}$$

设$(\hat{\boldsymbol{l}}^2,\hat{l}_Z)$的共同本征态为$|lm\rangle$，则

$$\hat{\boldsymbol{l}}^2|lm\rangle=l(l+1)\hbar^2|lm\rangle \tag{6.1.11}$$

$$\hat{l}_Z|lm\rangle=m\hbar|lm\rangle \tag{6.1.12}$$

轨道角动量量子数$l=0,1,2,\cdots$. 对于给定的 l，磁量子数 m 有$(2l+1)$个取值：$m=0,\pm1,\pm2,\cdots,\pm l$.

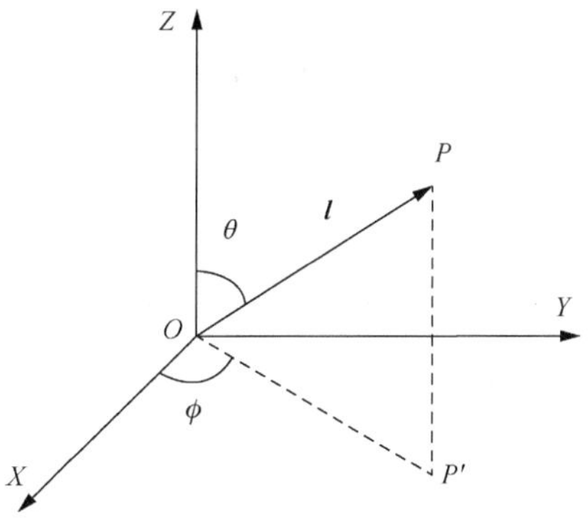

图 6.1.1　轨道角动量 $\boldsymbol{l}$ 在空间固定坐标系中的极角 θ 与方位角 ϕ

设球坐标表象基矢为$|\boldsymbol{r}^0\rangle$，在该表象中轨道角动量算符$(\hat{\boldsymbol{l}}^2,\hat{l}_Z)$的共同本征函数为球谐函数，即

$$Y_{lm}(\theta,\phi)=\langle\boldsymbol{r}^0|lm\rangle \tag{6.1.13}$$

$$\hat{\boldsymbol{l}}^2Y_{lm}(\theta,\phi)=l(l+1)\hbar^2Y_{lm}(\theta,\phi) \tag{6.1.14}$$

$$\hat{l}_ZY_{lm}(\theta,\phi)=m\hbar Y_{lm}(\theta,\phi) \tag{6.1.15}$$

球谐函数的表达式为

$$Y_{lm}(\theta,\phi)=(-1)^m\left[\frac{(2l+1)(l-m)!}{4\pi(l+m)!}\right]^{1/2}P_l^{(m)}(\cos\theta)\mathrm{e}^{\mathrm{i}m\phi} \tag{6.1.16}$$

式中，$P_l^{(m)}(\cos\theta)$为缔合勒让德多项式. 球谐函数具有下列性质：

$$Y_{lm}^*(\theta,\phi)=(-1)^mY_{l(-m)}(\theta,\phi) \tag{6.1.17}$$

$$\langle lm|l'm'\rangle=\int_0^{2\pi}\mathrm{d}\phi\int_0^{\pi}Y_{lm}^*(\theta,\phi)Y_{l'm'}(\theta,\phi)\sin\theta\,\mathrm{d}\theta=\delta_{ll'}\delta_{mm'} \tag{6.1.18}$$

$$Y_{l0}(\theta,\phi)=\left(\frac{2l+1}{4\pi}\right)^{1/2}P_l(\cos\theta),\quad m=0,\quad Y_{l0}\text{ 与 }\phi\text{ 角无关} \tag{6.1.19}$$

$$Y_{lm}(0,\phi)=\left(\frac{2l+1}{4\pi}\right)^{1/2}\delta_{m0},\quad \theta=0,\quad Y_{lm}\text{ 与 }\phi\text{ 角无关} \tag{6.1.20}$$

6.1.2　电子自旋角动量算符

电子自旋角动量算符定义为

$$\hat{\boldsymbol{S}}=s\hbar\hat{\boldsymbol{\sigma}}=\frac{1}{2}\hbar\hat{\boldsymbol{\sigma}} \tag{6.1.21}$$

式中，s=1/2 为电子自旋角动量量子数（简称为自旋量子数）；$\hat{\boldsymbol{\sigma}}$ 为泡利矩阵. 自旋角动量 $\hat{\boldsymbol{S}}$ 沿任意方向的投影为 $\hbar/2$.

在泡利表象中，三个泡利矩阵为

$$\hat{\sigma}_X=\begin{pmatrix}0&1\\1&0\end{pmatrix},\quad \hat{\sigma}_Y=\begin{pmatrix}0&-\mathrm{i}\\\mathrm{i}&0\end{pmatrix},\quad \hat{\sigma}_Z=\begin{pmatrix}1&0\\0&-1\end{pmatrix} \tag{6.1.22}$$

泡利矩阵满足下列关系式：

$$\hat{\boldsymbol{\sigma}}\times\hat{\boldsymbol{\sigma}}=2\mathrm{i}\hat{\boldsymbol{\sigma}} \tag{6.1.23}$$

$$[\hat{\sigma}_X,\hat{\sigma}_Y]=2\mathrm{i}\hat{\sigma}_Z,\quad [\hat{\sigma}_Y,\hat{\sigma}_Z]=2\mathrm{i}\hat{\sigma}_X,\quad [\hat{\sigma}_Z,\hat{\sigma}_X]=2\mathrm{i}\hat{\sigma}_Y \tag{6.1.24}$$

$$\hat{\sigma}_X^2=\hat{\sigma}_Y^2=\hat{\sigma}_Z^2=\hat{\boldsymbol{I}},\quad \hat{\boldsymbol{I}}\text{ 为单位矩阵} \tag{6.1.25}$$

$$\hat{\sigma}_X\hat{\sigma}_Y=\mathrm{i}\hat{\sigma}_Z,\quad \hat{\sigma}_Y\hat{\sigma}_Z=\mathrm{i}\hat{\sigma}_X,\quad \hat{\sigma}_Z\hat{\sigma}_X=\mathrm{i}\hat{\sigma}_Y \tag{6.1.26}$$

$$[\hat{\sigma}_X,\hat{\sigma}_Y]_+=\hat{\sigma}_X\hat{\sigma}_Y+\hat{\sigma}_Y\hat{\sigma}_X=0,\quad [\hat{\sigma}_Y,\hat{\sigma}_Z]_+=[\hat{\sigma}_Z,\hat{\sigma}_X]_+=0 \tag{6.1.27}$$

设 $|Sm_S\rangle$ 表示 $(\hat{\boldsymbol{S}}^2,\hat{S}_Z)$ 的共同本征态，则有

$$\hat{\boldsymbol{S}}^2|Sm_S\rangle=S(S+1)\hbar^2|Sm_S\rangle=\frac{3}{4}\hbar^2|Sm_S\rangle \tag{6.1.28}$$

$$\hat{S}_Z|Sm_S\rangle=m_S\hbar|Sm_S\rangle,\quad m_S=\pm1/2 \tag{6.1.29}$$

在泡利表象中，自旋波函数具有二分量矩阵形式：

$$\chi_{1/2}=\begin{pmatrix}1\\0\end{pmatrix},\quad \chi_{-1/2}=\begin{pmatrix}0\\1\end{pmatrix} \tag{6.1.30}$$

6.1.3　角动量算符的一般性质

下面讨论角动量算符（包括轨道、自旋和耦合角动量）的一般性质. 角动量算符的一般定义式为

$$\hat{\boldsymbol{J}}\times\hat{\boldsymbol{J}}=\mathrm{i}\hbar\hat{\boldsymbol{J}} \tag{6.1.31}$$

角动量算符满足下列对易关系：

$$[\hat{J}_X,\hat{J}_X]=[\hat{J}_Y,\hat{J}_Y]=[\hat{J}_Z,\hat{J}_Z]=0 \tag{6.1.32}$$

$$[\hat{J}_X,\hat{J}_Y]=\mathrm{i}\hbar\hat{J}_Z,\quad [\hat{J}_Y,\hat{J}_Z]=\mathrm{i}\hbar\hat{J}_X,\quad [\hat{J}_Z,\hat{J}_X]=\mathrm{i}\hbar\hat{J}_Y \tag{6.1.33}$$

$$[\hat{\boldsymbol{J}}^2,\hat{J}_\alpha]=0,\quad \alpha=X,Y,Z \tag{6.1.34}$$

$$[\hat{J}_Z,\hat{J}_\pm]=\pm\hbar\hat{J}_\pm \tag{6.1.35}$$

式中，角动量升、降算符定义为

$$\hat{J}_\pm=\hat{J}_X\pm\mathrm{i}\hat{J}_Y \tag{6.1.36}$$

设$|JM\rangle$为$(\hat{\boldsymbol{J}}^2,\hat{J}_Z)$的共同本征态，则有

$$\hat{\boldsymbol{J}}^2|JM\rangle=J(J+1)\hbar^2|JM\rangle \tag{6.1.37}$$

$$\hat{J}_Z|JM\rangle=M\hbar|JM\rangle \tag{6.1.38}$$

对于玻色子，$J=0,1,2,\cdots$；对于费米子，$J=1/2,3/2,5/2,\cdots$. 对于给定的角动量量子数 J，磁量子数 M 有$(2J+1)$个取值：$M=0,\pm1,\pm2,\cdots,\pm J$.

在角动量表象中，角动量算符的矩阵元为

$$\langle JM|J'M'\rangle=\delta_{JJ'}\delta_{MM'} \tag{6.1.39}$$

$$\langle JM|\hat{\boldsymbol{J}}^2|J'M'\rangle=J(J+1)\hbar^2\delta_{JJ'}\delta_{MM'} \tag{6.1.40}$$

$$\langle JM|\hat{J}_Z|J'M'\rangle=M\hbar\delta_{JJ'}\delta_{MM'} \tag{6.1.41}$$

$$\langle JM|\hat{J}_\pm|J'M'\rangle=\hbar\sqrt{J(J+1)-M(M\pm1)}\,\delta_{JJ'}\delta_{M,M'\pm1} \tag{6.1.42}$$

6.2　角动量耦合理论

6.2.1　两个角动量耦合与 3-*j* 符号

1. 耦合与未耦合表象

设两个角动量$\hat{\boldsymbol{J}}_1$和$\hat{\boldsymbol{J}}_2$分属于同一粒子的两个不同自由度（如轨道和自旋角动量）或者分属于两个不同粒子，它们满足下列对易关系：

$$[\hat{\boldsymbol{J}}_1,\hat{\boldsymbol{J}}_2]=0,\quad [\hat{J}_{1\alpha},\hat{J}_{2\beta}]=0,\quad \alpha,\beta=X,Y,Z \tag{6.2.1}$$

设$(\hat{\boldsymbol{J}}_1^2,\hat{J}_{1Z})$和$(\hat{\boldsymbol{J}}_2^2,\hat{J}_{2Z})$的本征态分别为$|J_1M_1\rangle$和$|J_2M_2\rangle$，则$(\hat{\boldsymbol{J}}_1^2,\hat{J}_{1Z},\hat{\boldsymbol{J}}_2^2,\hat{J}_{2Z})$的共同本征态为$|J_1M_1\rangle|J_2M_2\rangle=|J_1M_1J_2M_2\rangle$. 以$|J_1M_1J_2M_2\rangle$作为基矢的表象称为未耦合表象，共有$(2J_1+1)(2J_2+1)$个基矢.

两个角动量的矢量和$\hat{\boldsymbol{J}}=\hat{\boldsymbol{J}}_1+\hat{\boldsymbol{J}}_2$满足角动量的定义式$\hat{\boldsymbol{J}}\times\hat{\boldsymbol{J}}=\mathrm{i}\hbar\hat{\boldsymbol{J}}$，且

$$[\hat{\boldsymbol{J}}^2,\hat{\boldsymbol{J}}_1^2]=[\hat{\boldsymbol{J}}^2,\hat{\boldsymbol{J}}_2^2]=[\hat{\boldsymbol{J}}^2,\hat{J}_\alpha]=0,\quad \alpha=X,Y,Z \tag{6.2.2}$$

把$(\hat{\boldsymbol{J}}_1^2,\hat{\boldsymbol{J}}_2^2,\hat{\boldsymbol{J}}^2,\hat{J}_Z)$作为一组力学量的完备集，其共同本征态为$|J_1J_2JM\rangle=|JM\rangle$，以此为基矢的表象称为耦合表象.

2. C-G 系数

将$\left|J_1J_2JM\right\rangle$按$\left|J_1M_1J_2M_2\right\rangle$展开为

$$\left|JM\right\rangle=\left|J_1J_2JM\right\rangle=\sum_{M_1,M_2}\left\langle J_1M_1J_2M_2\left|JM\right.\right\rangle\left|J_1M_1J_2M_2\right\rangle \tag{6.2.3}$$

式中，展开系数$\left\langle J_1M_1J_2M_2\left|JM\right.\right\rangle=\left\langle J_1M_1J_2M_2\left|J_1J_2JM\right.\right\rangle$称为 C-G 系数（Clebsch-Gordan 系数），又称为矢耦系数.

为了便于讨论 C-G 系数的性质，把 C-G 系数记作$\left\langle j_1m_1j_2m_2\left|j_3m_3\right.\right\rangle$. 各个量子数之间满足下列关系：

$$m_3=m_1+m_2 \tag{6.2.4}$$

$$j_3=\left|j_1-j_2\right|,\ \left|j_1-j_2\right|+1,\ \cdots,\ j_1+j_2-1,\ j_1+j_2 \tag{6.2.5}$$

3. C-G 系数的基本性质

（1）实数性.

$$\left\langle j_1m_1j_2m_2\left|j_3m_3\right.\right\rangle^*=\left\langle j_1m_1j_2m_2\left|j_3m_3\right.\right\rangle \tag{6.2.6}$$

（2）对称性.

$$\left\langle j_1m_1j_2m_2\left|j_3m_3\right.\right\rangle=(-1)^{j_1+j_2-j_3}\left\langle j_1-m_1j_2-m_2\left|j_3-m_3\right.\right\rangle \tag{6.2.7a}$$

$$=(-1)^{j_1+j_2-j_3}\left\langle j_2m_2j_1m_1\left|j_3m_3\right.\right\rangle \tag{6.2.7b}$$

$$=(-1)^{j_1-m_1}\left(\frac{2j_3+1}{2j_2+1}\right)^{1/2}\left\langle j_1m_1j_3-m_3\left|j_2-m_2\right.\right\rangle \tag{6.2.7c}$$

$$=(-1)^{j_1-m_1}\left(\frac{2j_3+1}{2j_2+1}\right)^{1/2}\left\langle j_3m_3j_1-m_1\left|j_2m_2\right.\right\rangle \tag{6.2.7d}$$

$$=(-1)^{j_2+m_2}\left(\frac{2j_3+1}{2j_1+1}\right)^{1/2}\left\langle j_3-m_3j_2m_2\left|j_1-m_1\right.\right\rangle \tag{6.2.7e}$$

$$=(-1)^{j_2+m_2}\left(\frac{2j_3+1}{2j_1+1}\right)^{1/2}\left\langle j_2-m_2j_3m_3\left|j_1m_1\right.\right\rangle \tag{6.2.7f}$$

（3）正交性.

$$\sum_{m_1}\left\langle j_1m_1j_2\,m_3-m_1\left|j_3'm_3\right.\right\rangle\left\langle j_1m_1j_2\,m_3-m_1\left|j_3m_3\right.\right\rangle=\delta_{j_3'j_3} \tag{6.2.8}$$

$$\sum_{m_1,m_2}\left\langle j_1m_1j_2\,m_2\left|j_3m_3\right.\right\rangle\left\langle j_1m_1j_2\,m_2\left|j_3'm_3'\right.\right\rangle=\delta_{j_3j_3'}\delta_{m_3m_3'} \tag{6.2.9}$$

$$\sum_{j_3}\left\langle j_1m_1j_2\,m_3-m_1\left|j_3m_3\right.\right\rangle\left\langle j_1m_1'j_2\,m_3'-m_1'\left|j_3m_3'\right.\right\rangle=\delta_{m_1m_1'}\delta_{m_3m_3'} \tag{6.2.10}$$

$$\sum_{j_3,m_3}\left\langle j_1m_1j_2\,m_2\left|j_3m_3\right.\right\rangle\left\langle j_1m_1'j_2\,m_2'\left|j_3m_3\right.\right\rangle=\delta_{m_1m_1'}\delta_{m_2m_2'} \tag{6.2.11}$$

4. 使用 3-j 符号表示 C-G 系数

许多文献使用 3-j 符号表示 C-G 系数，使用起来比较方便. 3-j 符号定义为

$$\begin{pmatrix} j_1 & j_2 & j_3 \\ m_1 & m_2 & m_3 \end{pmatrix} = (-1)^{j_1-j_2-m_3}(2j_3+1)^{-1/2}\langle j_1m_1j_2m_2|j_3-m_3\rangle \tag{6.2.12a}$$

或者

$$\langle j_1m_1j_2m_2|j_3m_3\rangle = (-1)^{j_2-j_1+m_3}(2j_3+1)^{1/2}\begin{pmatrix} j_1 & j_2 & j_3 \\ m_1 & m_2 & -m_3 \end{pmatrix} \tag{6.2.12b}$$

（1）3-j 符号不为零的条件.

$\begin{pmatrix} j_1 & j_2 & j_3 \\ m_1 & m_2 & m_3 \end{pmatrix} \neq 0$ 要求：①$m_1+m_2+m_3=0$；②三个角动量量子数之和 $j_1+j_2+j_3$ 必须为整数；③由于三个角动量的矢量和 $\hat{j}_1+\hat{j}_2+\hat{j}_3=0$，故 j_1、j_2 和 j_3 必须满足三角形条件（两边之和大于或者等于第三边），即

$$j_1+j_2 \geqslant j_3,\quad j_1+j_3 \geqslant j_2,\quad j_2+j_3 \geqslant j_1 \tag{6.2.13}$$

（2）3-j 符号的对称性.

① 所有磁量子数改变符号，将出现因子 $(-1)^S=(-1)^{j_1+j_2+j_3}$，即

$$\begin{pmatrix} j_1 & j_2 & j_3 \\ m_1 & m_2 & m_3 \end{pmatrix} = (-1)^S\begin{pmatrix} j_1 & j_2 & j_3 \\ -m_1 & -m_2 & -m_3 \end{pmatrix} \tag{6.2.14}$$

② 交换两列一次，将出现因子 $(-1)^S=(-1)^{j_1+j_2+j_3}$，即

$$\begin{pmatrix} j_1 & j_2 & j_3 \\ m_1 & m_2 & m_3 \end{pmatrix} = (-1)^S\begin{pmatrix} j_2 & j_1 & j_3 \\ m_2 & m_1 & m_3 \end{pmatrix} = (-1)^S\begin{pmatrix} j_1 & j_3 & j_2 \\ m_1 & m_3 & m_2 \end{pmatrix} = (-1)^S\begin{pmatrix} j_3 & j_2 & j_1 \\ m_3 & m_2 & m_1 \end{pmatrix} \tag{6.2.15}$$

③ 两列对换偶数次，3-j 符号不变，即

$$\begin{pmatrix} j_1 & j_2 & j_3 \\ m_1 & m_2 & m_3 \end{pmatrix} = \begin{pmatrix} j_2 & j_3 & j_1 \\ m_2 & m_3 & m_1 \end{pmatrix} = \begin{pmatrix} j_3 & j_1 & j_2 \\ m_3 & m_1 & m_2 \end{pmatrix} \tag{6.2.16}$$

（3）3-j 符号的正交性.

$$\sum_{m_1,m_2}\begin{pmatrix} j_1 & j_2 & j_3 \\ m_1 & m_2 & m_3 \end{pmatrix}\begin{pmatrix} j_1 & j_2 & j_3' \\ m_1 & m_2 & m_3' \end{pmatrix} = \frac{1}{2j_3+1}\delta_{j_3j_3'}\delta_{m_3m_3'} \tag{6.2.17}$$

$$\sum_{j_3,m_3}(2j_3+1)\begin{pmatrix} j_1 & j_2 & j_3 \\ m_1 & m_2 & m_3 \end{pmatrix}\begin{pmatrix} j_1 & j_2 & j_3 \\ m_1' & m_2' & m_3 \end{pmatrix} = \delta_{m_1m_1'}\delta_{m_2m_2'} \tag{6.2.18}$$

5. 计算 3-j 符号的拉卡公式

1942 年，拉卡（Racah）推导了计算 3-j 符号的代数表达式[15]：

$$\begin{aligned}\begin{pmatrix} j_1 & j_2 & j_3 \\ m_1 & m_2 & m_3 \end{pmatrix} &= (-1)^{j_1-j_2-m_3}[(j_1+j_2-j_3)!(j_1-j_2+j_3)!(-j_1+j_2+j_3)!]^{1/2} \\ &\times\left[\frac{(j_1+m_1)!(j_1-m_1)!(j_2+m_2)!(j_2-m_2)!(j_3+m_3)!(j_3-m_3)!}{(j_1+j_2+j_3+1)!}\right]^{1/2} \\ &\times\sum_k\frac{(-1)^k}{k!(j_1+j_2-j_3-k)!(j_1-m_1-k)!(j_2+m_2-k)!(j_3-j_2+m_1+k)!(j_3-j_1-m_2+k)!}\end{aligned} \tag{6.2.19}$$

在拉卡公式中，k 取整数，且要求所有阶乘为非负整数. 上式容易编写成计算机数值计算程序.

6. 3-j 符号的递推关系

（1）以 1/2 为步长递减（$S=j_1+j_2+j_3$）.

$$\begin{aligned}&[(S+1)(S-2j_1)]^{1/2}\begin{pmatrix}j_1 & j_2 & j_3\\ m_1 & m_2 & m_3\end{pmatrix}\\&=[(j_2+m_2)(j_3-m_3)]^{1/2}\begin{pmatrix}j_1 & j_2-\frac{1}{2} & j_3-\frac{1}{2}\\ m_1 & m_2-\frac{1}{2} & m_3+\frac{1}{2}\end{pmatrix}\\&\quad-[(j_2-m_2)(j_3+m_3)]^{1/2}\begin{pmatrix}j_1 & j_2-\frac{1}{2} & j_3-\frac{1}{2}\\ m_1 & m_2+\frac{1}{2} & m_3-\frac{1}{2}\end{pmatrix}\end{aligned}\tag{6.2.20}$$

（2）以 1 为步长递减（$S=j_1+j_2+j_3$）.

$$\begin{aligned}&[(S+1)(S-2j_1)(S-2j_2)(S-2j_3+1)]^{1/2}\begin{pmatrix}j_1 & j_2 & j_3\\ m_1 & m_2 & m_3\end{pmatrix}\\&=[(j_2-m_2)(j_2+m_2+1)(j_3+m_3)(j_3+m_3-1)]^{1/2}\begin{pmatrix}j_1 & j_2 & j_3-1\\ m_1 & m_2+1 & m_3-1\end{pmatrix}\\&\quad-2m_2[(j_3+m_3)(j_3-m_3)]^{1/2}\begin{pmatrix}j_1 & j_2 & j_3-1\\ m_1 & m_2 & m_3\end{pmatrix}\\&\quad-[(j_2+m_2)(j_2-m_2+1)(j_3-m_3)(j_3-m_3-1)]^{1/2}\begin{pmatrix}j_1 & j_2 & j_3-1\\ m_1 & m_2-1 & m_3+1\end{pmatrix}\end{aligned}\tag{6.2.21}$$

7. 几种特殊的 3-j 符号

$$\begin{pmatrix}0 & 0 & 0\\ 0 & 0 & 0\end{pmatrix}=1\tag{6.2.22}$$

$$\begin{pmatrix}j & j' & 0\\ m & -m & 0\end{pmatrix}=\frac{(-1)^{j-m}}{(2j+1)^{1/2}}\delta_{jj'}\tag{6.2.23}$$

当 $S=j_1+j_2+j_3=1,3,5,\cdots$（奇整数）时，有

$$\begin{pmatrix}j_1 & j_2 & j_3\\ 0 & 0 & 0\end{pmatrix}=0\tag{6.2.24}$$

而当 $S=j_1+j_2+j_3$ 取偶数时，有

$$\begin{aligned}\begin{pmatrix}j_1 & j_2 & j_3\\ 0 & 0 & 0\end{pmatrix}&=(-1)^{S/2}\left[\frac{(S-2j_1)!(S-2j_2)!(S-2j_3)!}{(S+1)!}\right]^{1/2}\\&\quad\times\frac{(S/2)!}{(S/2-j_1)!(S/2-j_2)!(S/2-j_3)!}\end{aligned}\tag{6.2.25}$$

当 $S = j_1 + j_2 + j_3 = 1,3,5,\cdots$（奇整数）时，有

$$\begin{pmatrix} j_1 & j_2 & j_3 \\ 0 & 1 & -1 \end{pmatrix} = \frac{1}{2}\left[\frac{(S+2)(S-2j_1+1)(S-2j_2+1)(S-2j_3+2)}{j_2(j_2+1)j_3(j_3+1)}\right]^{1/2}\begin{pmatrix} j_1 & j_2 & j_3+1 \\ 0 & 0 & 0 \end{pmatrix} \quad (6.2.26)$$

而当 S 为偶数时，方程（6.2.26）不成立.

当 $S = j_1 + j_2 + j_3 = 1,3,5,\cdots$（奇整数）时，有

$$\begin{pmatrix} j_1 & j_2 & j_3 \\ 0 & -\frac{1}{2} & \frac{1}{2} \end{pmatrix} = \frac{1}{2}\left[\frac{(S+2)(S-2j_1+1)}{\left(j_2+\frac{1}{2}\right)\left(j_3+\frac{1}{2}\right)}\right]^{1/2}\begin{pmatrix} j_1 & j_2+\frac{1}{2} & j_3+\frac{1}{2} \\ 0 & 0 & 0 \end{pmatrix} \quad (6.2.27)$$

而当 S 为偶数时，方程（6.2.27）不成立.

附录 A 列出了常用的 3-j 符号的代数表达式.

6.2.2　三个角动量耦合与 6-j 符号

1. 耦合方式和重耦合系数

三个角动量有三种等价的耦合方式.

第一种耦合方式为 $\hat{\boldsymbol{j}}_1 + \hat{\boldsymbol{j}}_2 = \hat{\boldsymbol{j}}_{12} \Rightarrow \hat{\boldsymbol{j}}_{12} + \hat{\boldsymbol{j}}_3 = \hat{\boldsymbol{j}}$.

（1）$\hat{\boldsymbol{j}}_1$ 与 $\hat{\boldsymbol{j}}_2$ 耦合.

$$\left|j_{12}m_{12}\right\rangle = \sum_{m_1,m_2}\left\langle j_1m_1j_2m_2 \middle| j_{12}m_{12}\right\rangle \left|j_1m_1\right\rangle \left|j_2m_2\right\rangle \quad (6.2.28)$$

（2）$\hat{\boldsymbol{j}}_{12}$ 与 $\hat{\boldsymbol{j}}_3$ 耦合.

$$\left|(j_{12},j_3)jm\right\rangle = \sum_{m_{12},m_3}\left\langle j_{12}m_{12}j_3m_3 \middle| jm\right\rangle \left|j_{12}m_{12}\right\rangle \left|j_3m_3\right\rangle \quad (6.2.29)$$

把式（6.2.28）代入式（6.2.29）中，得出

$$\left|(j_{12},j_3)jm\right\rangle = \sum_{m_1,m_2}\sum_{m_{12},m_3}\left\langle j_1m_1j_2m_2 \middle| j_{12}m_{12}\right\rangle\left\langle j_{12}m_{12}j_3m_3 \middle| jm\right\rangle \left|j_1m_1\right\rangle \left|j_2m_2\right\rangle \left|j_3m_3\right\rangle \quad (6.2.30)$$

式中，$\left|j_1m_1\right\rangle\left|j_2m_2\right\rangle\left|j_3m_3\right\rangle = \left|j_1m_1j_2m_2j_3m_3\right\rangle$ 是未耦合表象的本征基矢.

第二种耦合方式为 $\hat{\boldsymbol{j}}_2 + \hat{\boldsymbol{j}}_3 = \hat{\boldsymbol{j}}_{23} \Rightarrow \hat{\boldsymbol{j}}_1 + \hat{\boldsymbol{j}}_{23} = \hat{\boldsymbol{j}}$.

（1）$\hat{\boldsymbol{j}}_2$ 与 $\hat{\boldsymbol{j}}_3$ 耦合.

$$\left|j_{23}m_{23}\right\rangle = \sum_{m_2,m_3}\left\langle j_2m_2j_3m_3 \middle| j_{23}m_{23}\right\rangle \left|j_2m_2\right\rangle \left|j_3m_3\right\rangle \quad (6.2.31)$$

（2）$\hat{\boldsymbol{j}}_{23}$ 与 $\hat{\boldsymbol{j}}_1$ 耦合.

$$\left|(j_1,j_{23})jm\right\rangle = \sum_{m_1,m_{23}}\left\langle j_1m_1j_{23}m_{23} \middle| jm\right\rangle \left|j_1m_1\right\rangle \left|j_{23}m_{23}\right\rangle \quad (6.2.32)$$

把式（6.2.31）代入式（6.2.32）中，得出

$$\left|(j_1,j_{23})jm\right\rangle = \sum_{m_1,m_2}\sum_{m_3,m_{23}}\left\langle j_2m_2j_3m_3 \middle| j_{23}m_{23}\right\rangle\left\langle j_1m_1j_{23}m_{23} \middle| jm\right\rangle \left|j_1m_1\right\rangle \left|j_2m_2\right\rangle \left|j_3m_3\right\rangle \quad (6.2.33)$$

第三种耦合方式为 $\hat{\boldsymbol{j}}_1 + \hat{\boldsymbol{j}}_3 = \hat{\boldsymbol{j}}_{13} \Rightarrow \hat{\boldsymbol{j}}_{13} + \hat{\boldsymbol{j}}_2 = \hat{\boldsymbol{j}}$，耦合表达式与式（6.2.28）～式（6.2.33）

相似．三种耦合的最终结果在物理上是等价的，但由于耦合方式不同，彼此之间通过一个耦合系数联系在一起．以前两种耦合方式为例，两者之间的变换关系为

$$\left|(j_1, j_{23})jm\right\rangle = \sum_{j_{12}} \left\langle j_{12} j_3 j \middle| j_1 j_{23} j \right\rangle \left|(j_{12}, j_3)jm\right\rangle \tag{6.2.34}$$

式中，$\left\langle j_{12} j_3 j \middle| j_1 j_{23} j \right\rangle$ 称为重耦合系数．它描述了两种不同耦合方式之间的变换关系．

2. 6-j 符号的表达式

通常用 6-j 符号把重耦合系数 $\left\langle j_{12} j_3 j \middle| j_1 j_{23} j \right\rangle$ 表示为

$$\left\langle j_{12} j_3 j \middle| j_1 j_{23} j \right\rangle = (-1)^{j_1+j_2+j_3+j}[(2j_{12}+1)(2j_{23}+1)]^{1/2} \begin{Bmatrix} j_1 & j_2 & j_{12} \\ j_3 & j & j_{23} \end{Bmatrix} \tag{6.2.35}$$

其逆变换为

$$\begin{Bmatrix} j_1 & j_2 & j_{12} \\ j_3 & j & j_{23} \end{Bmatrix} = (-1)^{-(j_1+j_2+j_3+j)} \frac{\left\langle j_{12} j_3 j \middle| j_1 j_{23} j \right\rangle}{[(2j_{12}+1)(2j_{23}+1)]^{1/2}} \tag{6.2.36}$$

拉卡推导了 6-j 符号的代数表达式[4,5, 15]：

$$\begin{aligned} \begin{Bmatrix} j_1 & j_2 & j_3 \\ j_4 & j_5 & j_6 \end{Bmatrix} = {} & (-1)^{j_1+j_2+j_4+j_5} \Delta(j_1 j_2 j_3)\Delta(j_4 j_5 j_3)\Delta(j_4 j_2 j_6)\Delta(j_1 j_5 j_6) \\ & \times \sum_k (-1)^k (j_1+j_2+j_4+j_5+1-k)![k!(j_1+j_2-j_3-k)! \\ & \times (j_4+j_5-j_3-k)!(j_1+j_5-j_6-k)!(j_4+j_2-j_6-k)! \\ & \times (-j_1-j_4+j_3+j_6+k)!(-j_2-j_5+j_3+j_6+k)!]^{-1} \end{aligned} \tag{6.2.37}$$

式中

$$\Delta(abc) = \left[\frac{(a+b-c)!(a-b+c)!(-a+b+c)!}{(a+b+c+1)!}\right]^{1/2} \tag{6.2.38}$$

在方程（6.2.37）中，对 k 求和是对那些使各个阶乘为非负数的整数 k 进行的．上式容易编写成计算机数值计算程序．

3. 6-j 符号的基本性质

（1）对称性．

交换任意两列，6-j 符号不变：

$$\begin{Bmatrix} j_1 & j_2 & j_3 \\ j_4 & j_5 & j_6 \end{Bmatrix} = \begin{Bmatrix} j_2 & j_1 & j_3 \\ j_5 & j_4 & j_6 \end{Bmatrix} = \begin{Bmatrix} j_1 & j_3 & j_2 \\ j_4 & j_6 & j_5 \end{Bmatrix} \tag{6.2.39}$$

交换任意两列的上下两行元素，6-j 符号不变：

$$\begin{Bmatrix} j_1 & j_2 & j_3 \\ j_4 & j_5 & j_6 \end{Bmatrix} = \begin{Bmatrix} j_4 & j_5 & j_3 \\ j_1 & j_2 & j_6 \end{Bmatrix} = \begin{Bmatrix} j_1 & j_5 & j_6 \\ j_4 & j_2 & j_3 \end{Bmatrix} \tag{6.2.40}$$

（2）正交归一性．

$$\sum_{j_3} (2j_3+1)(2j_6+1) \begin{Bmatrix} j_1 & j_2 & j_3 \\ j_4 & j_5 & j_6 \end{Bmatrix} \begin{Bmatrix} j_1 & j_2 & j_3 \\ j_4 & j_5 & j_6' \end{Bmatrix} = \delta_{j_6 j_6'} \tag{6.2.41}$$

$$\sum_k (-1)^{k+2j} \frac{2k+1}{2j+1} \begin{Bmatrix} j & j & k \\ j & j & l \end{Bmatrix} = \delta_{l0} \tag{6.2.42}$$

（3）6-j 符号中有一个元素为零的情况.

$$\begin{Bmatrix} j_1 & j_2 & 0 \\ j_4 & j_5 & j_6 \end{Bmatrix} = (-1)^{j_1+j_4+j_6} \frac{\delta_{j_1 j_2}\delta_{j_4 j_5}}{[(2j_1+1)(2j_4+1)]^{1/2}} \tag{6.2.43}$$

（4）6-j 符号不为零的条件.

6-j 符号满足四个三角形条件：$\Delta(j_1 j_2 j_3)$、$\Delta(j_1 j_5 j_6)$、$\Delta(j_4 j_2 j_6)$ 和 $\Delta(j_4 j_5 j_3)$. 每个三角形条件的含义为任意两边之和大于或者等于第三边，且每个三角形的三边之和必须是整数. 以 $\Delta(j_1 j_2 j_3)$ 为例：要求 $j_1 + j_2 \geqslant j_3$、$j_1 + j_3 \geqslant j_2$、$j_2 + j_3 \geqslant j_1$ 且 $j_1 + j_2 + j_3 =$ 整数.

（5）6-j 符号可以约化为四个 3-j 符号乘积的求和形式.

$$\begin{Bmatrix} j_1 & j_2 & j_3 \\ j_4 & j_5 & j_6 \end{Bmatrix} = \sum_{\text{所有}m} (-1)^Q \begin{pmatrix} j_1 & j_2 & j_3 \\ -m_1 & -m_2 & -m_3 \end{pmatrix} \begin{pmatrix} j_1 & j_5 & j_6 \\ m_1 & -m_5 & m_6 \end{pmatrix} \times \begin{pmatrix} j_4 & j_2 & j_6 \\ m_4 & m_2 & -m_6 \end{pmatrix} \begin{pmatrix} j_4 & j_5 & j_3 \\ -m_4 & m_5 & m_3 \end{pmatrix} \tag{6.2.44}$$

式中，$Q = \sum_{i=1}^{6} (j_i - m_i)$. 四个 3-$j$ 符号正好对应前面四个三角形符号.

6.2.3　四个角动量耦合与 9-j 符号

1. 四个角动量耦合

四个角动量 $\hat{\boldsymbol{j}}_1$、$\hat{\boldsymbol{j}}_2$、$\hat{\boldsymbol{j}}_3$ 和 $\hat{\boldsymbol{j}}_4$ 耦合成总角动量 $\hat{\boldsymbol{j}}$ 有多种耦合方式. 各种耦合方式之间通过耦合系数联系在一起. 下面以两种耦合方式为例加以讨论.

第一种耦合方式：$\hat{\boldsymbol{j}}_1$ 与 $\hat{\boldsymbol{j}}_2$ 耦合成 $\hat{\boldsymbol{j}}_{12}$，$\hat{\boldsymbol{j}}_3$ 和 $\hat{\boldsymbol{j}}_4$ 耦合成 $\hat{\boldsymbol{j}}_{34}$，然后 $\hat{\boldsymbol{j}}_{12}$ 与 $\hat{\boldsymbol{j}}_{34}$ 耦合成 $\hat{\boldsymbol{j}}$，最后的耦合态记作 $|(j_{12}j_{34})jm\rangle$. 第二种耦合方式：$\hat{\boldsymbol{j}}_1$ 与 $\hat{\boldsymbol{j}}_3$ 耦合成 $\hat{\boldsymbol{j}}_{13}$，$\hat{\boldsymbol{j}}_2$ 与 $\hat{\boldsymbol{j}}_4$ 耦合成 $\hat{\boldsymbol{j}}_{24}$，然后 $\hat{\boldsymbol{j}}_{13}$ 与 $\hat{\boldsymbol{j}}_{24}$ 耦合成 $\hat{\boldsymbol{j}}$，最后的耦合态记作 $|(j_{13}j_{24})jm\rangle$. 两种耦合态之间通过下列变换联系在一起：

$$|(j_{13}j_{24})jm\rangle = \sum_{j_{12},j_{34}} \langle j_{12}j_{34}j | j_{13}j_{24}j\rangle |(j_{12}j_{34})jm\rangle \tag{6.2.45}$$

式中，重-重耦合系数又可以表示为

$$\langle j_{12}j_{34}j | j_{13}j_{24}j\rangle = \langle (j_1j_2)j_{12}(j_3j_4)j_{34}j | (j_1j_3)j_{13}(j_2j_4)j_{24}j\rangle \tag{6.2.46}$$

在原子物理中，经常遇到 L-S 耦合和 J-J 耦合. 设体系由两个电子组成，第一个电子的轨道和自旋角动量分别为 $\hat{\boldsymbol{L}}_1$ 和 $\hat{\boldsymbol{S}}_1$（相当于前面的 $\hat{\boldsymbol{j}}_1$ 与 $\hat{\boldsymbol{j}}_2$），第二个电子的轨道和自旋角动量分别为 $\hat{\boldsymbol{L}}_2$ 和 $\hat{\boldsymbol{S}}_2$（相当于前面的 $\hat{\boldsymbol{j}}_3$ 和 $\hat{\boldsymbol{j}}_4$）. 按照第一种方式耦合就是 J-J 耦合，即 $\hat{\boldsymbol{J}}_1 = \hat{\boldsymbol{L}}_1 + \hat{\boldsymbol{S}}_1$，$\hat{\boldsymbol{J}}_2 = \hat{\boldsymbol{L}}_2 + \hat{\boldsymbol{S}}_2$，$\hat{\boldsymbol{J}} = \hat{\boldsymbol{J}}_1 + \hat{\boldsymbol{J}}_2$；按照第二种方式耦合就是 L-S 耦合，即 $\hat{\boldsymbol{L}} = \hat{\boldsymbol{L}}_1 + \hat{\boldsymbol{L}}_2$，$\hat{\boldsymbol{S}} = \hat{\boldsymbol{S}}_1 + \hat{\boldsymbol{S}}_2$，$\hat{\boldsymbol{J}} = \hat{\boldsymbol{L}} + \hat{\boldsymbol{S}}$.

2. 9-j 符号的表达式

重-重耦合系数可以用 9-j 符号表示为[3-5]

$$\begin{aligned}\langle j_{12}j_{34}j|j_{13}j_{24}j\rangle &= \langle (j_1j_2)j_{12}(j_3j_4)j_{34}j|(j_1j_3)j_{13}(j_2j_4)j_{24}j\rangle \\ &= [(2j_{12}+1)(2j_{13}+1)(2j_{24}+1)(2j_{34}+1)]^{1/2}\begin{Bmatrix} j_1 & j_2 & j_{12} \\ j_3 & j_4 & j_{34} \\ j_{13} & j_{24} & j \end{Bmatrix}\end{aligned} \tag{6.2.47}$$

9-j 符号的代数表达式为[3]

$$\begin{aligned}\begin{Bmatrix} a & b & c \\ d & e & f \\ h & i & j \end{Bmatrix} &= (-1)^{c+f-j}\frac{\Delta(dah)\Delta(bei)\Delta(jhi)}{\Delta(def)\Delta(bac)\Delta(jcf)} \\ &\times \sum_{x,y,z}\left[\frac{(-1)^{x+y+z}(2f-x)!(2a-z)!(d+e-f+x)!(c+j-f+x)!(e+i-b+y)!}{x!y!z!(2i+1+y)!(a+d+h+1-z)!(e+f-d-x)!(c+f-j-x)!(b+e-i-y)!}\right. \\ &\times \frac{(h+i-j+y)!(b+c-a+z)!}{(h+j-i-y)!(a+d-h-z)!(a+c-b-z)!(a+d+h+1-z)!} \\ &\left.\times \frac{(a+d+j-i-y-z)!}{(d+i-b-f+x+y)!(b+f-a-j+x+z)!}\right]\end{aligned} \tag{6.2.48}$$

式中，三角形符号定义为

$$\Delta(ABC) = \left[\frac{(A-B+C)!(A+B-C)!(A+B+C+1)!}{(B+C-A)!}\right]^{1/2} \tag{6.2.49}$$

在方程（6.2.48）中，要求对那些使各个阶乘为非负整数值的 x、y 和 z 进行求和. 使用方程（6.2.48），可将 9-j 符号编写成计算机数值计算程序.

3. 9-j 符号的基本性质

（1）对称性.

交换 9-j 符号任意两行或者两列，将出现因子$(-1)^S$，$S = j_1 + j_2 + \cdots + j_9$，即

$$\begin{Bmatrix} j_1 & j_2 & j_3 \\ j_4 & j_5 & j_6 \\ j_7 & j_8 & j_9 \end{Bmatrix} = (-1)^S\begin{Bmatrix} j_4 & j_5 & j_6 \\ j_1 & j_2 & j_3 \\ j_7 & j_8 & j_9 \end{Bmatrix} = (-1)^S\begin{Bmatrix} j_2 & j_1 & j_3 \\ j_5 & j_4 & j_6 \\ j_8 & j_7 & j_9 \end{Bmatrix} \tag{6.2.50}$$

以两个对角线为轴进行反演对换，9-j 符号不变，即

$$\begin{Bmatrix} j_1 & j_2 & j_3 \\ j_4 & j_5 & j_6 \\ j_7 & j_8 & j_9 \end{Bmatrix} = \begin{Bmatrix} j_9 & j_6 & j_3 \\ j_8 & j_5 & j_2 \\ j_7 & j_4 & j_1 \end{Bmatrix} = \begin{Bmatrix} j_1 & j_4 & j_7 \\ j_2 & j_5 & j_8 \\ j_3 & j_6 & j_9 \end{Bmatrix} \tag{6.2.51}$$

（2）正交性.

$$\sum_{j_3,j_6}(2j_3+1)(2j_6+1)(2j_7+1)(2j_8+1)\begin{Bmatrix} j_1 & j_2 & j_3 \\ j_4 & j_5 & j_6 \\ j_7 & j_8 & j_9 \end{Bmatrix}\begin{Bmatrix} j_1 & j_2 & j_3 \\ j_4 & j_5 & j_6 \\ j_7' & j_8' & j_9 \end{Bmatrix}=\delta_{j_7j_7'}\delta_{j_8j_8'} \tag{6.2.52}$$

（3）9-j 符号中一个元素为零的特殊情况.

$$\begin{Bmatrix} j_1 & j_2 & j_3 \\ j_4 & j_5 & j_6 \\ j_7 & j_8 & 0 \end{Bmatrix}=\frac{(-1)^{j_2+j_3+j_4+j_7}}{\left[(2j_3+1)(2j_7+1)\right]^{1/2}}\begin{Bmatrix} j_1 & j_2 & j_3 \\ j_5 & j_4 & j_7 \end{Bmatrix}\delta_{j_3j_6}\delta_{j_7j_8} \tag{6.2.53}$$

当零元素出现在其他位置时，可以通过对称性变换变到上式的位置处.

（4）9-j 符号可以约化为六个 3-j 符号乘积的求和形式或者三个 6-j 符号乘积的求和形式.

$$\begin{Bmatrix} j_1 & j_2 & j_3 \\ j_4 & j_5 & j_6 \\ j_7 & j_8 & j_9 \end{Bmatrix}=\sum_{\text{所有}m}\begin{pmatrix} j_1 & j_2 & j_3 \\ m_1 & m_2 & m_3 \end{pmatrix}\begin{pmatrix} j_4 & j_5 & j_6 \\ m_4 & m_5 & m_6 \end{pmatrix}\begin{pmatrix} j_7 & j_8 & j_9 \\ m_7 & m_8 & m_9 \end{pmatrix}$$
$$\times\begin{pmatrix} j_1 & j_4 & j_7 \\ m_1 & m_4 & m_7 \end{pmatrix}\begin{pmatrix} j_2 & j_5 & j_8 \\ m_2 & m_5 & m_8 \end{pmatrix}\begin{pmatrix} j_3 & j_6 & j_9 \\ m_3 & m_6 & m_9 \end{pmatrix} \tag{6.2.54}$$

$$\begin{Bmatrix} j_1 & j_2 & j_3 \\ j_4 & j_5 & j_6 \\ j_7 & j_8 & j_9 \end{Bmatrix}=\sum_k(-1)^{2k}(2k+1)\begin{Bmatrix} j_1 & j_4 & j_7 \\ j_8 & j_9 & k \end{Bmatrix}\begin{Bmatrix} j_2 & j_5 & j_8 \\ j_4 & k & j_6 \end{Bmatrix}\begin{Bmatrix} j_3 & j_6 & j_9 \\ k & j_1 & j_2 \end{Bmatrix} \tag{6.2.55}$$

4. 计算 9-j 符号的方法

当 9-j 符号中所有 j 给定时，使用代数表达式（6.2.48）计算 9-j 符号非常方便，特别是它能被编写成数值计算程序. 另外，也可以使用式（6.2.55）把 9-j 符号约化为 6-j 符号，然后利用附录 B 给出的 6-j 符号表达式计算 9-j 符号.

6.2.4　3-j 符号、6-j 符号和 9-j 符号之间的关系

当研究光与原子、分子相互作用的矢量效应时，将用到 3-j 符号、6-j 符号和 9-j 符号之间的关系式. 下面介绍一些重要的关系式.

（1）6-j 符号可以表示为四个 3-j 符号乘积的求和形式.

方程（6.2.44）描述了 6-j 符号与 3-j 符号之间的一般关系. 在实际应用时，方程（6.2.44）有不同的表达形式. 例如，利用 3-j 符号 $m_1+m_2+m_3=0$ 与 $j_1+j_2+j_3=$整数的非零条件和对称性质，可以把方程（6.2.44）改写为

$$\begin{Bmatrix} j_1 & j_2 & j_3 \\ j_4 & j_5 & j_6 \end{Bmatrix}=\sum_{\text{所有}m}(-1)^{j_4-m_4+j_5-m_5+j_6-m_6}\begin{pmatrix} j_1 & j_2 & j_3 \\ m_1 & m_2 & m_3 \end{pmatrix}\begin{pmatrix} j_1 & j_5 & j_6 \\ m_1 & -m_5 & m_6 \end{pmatrix}$$
$$\times\begin{pmatrix} j_4 & j_2 & j_6 \\ m_4 & m_2 & -m_6 \end{pmatrix}\begin{pmatrix} j_4 & j_5 & j_3 \\ -m_4 & m_5 & m_3 \end{pmatrix} \tag{6.2.56}$$

对于给定的量子数 $j_k(k=1,2,\cdots,6)$，对 m_k 求和取遍从 $-j_k$ 到 $+j_k$ 的所有值. 因此把式（6.2.56）右边任何一个 m_k 换成 $-m_k$，求和结果不变.

由于方程（6.2.56）中每个 3-j 符号的磁量子数之和必须为零，故六个求和磁量子数只有两个是独立的. 在方程（6.2.56）中，m_k 有 $(2j_k+1)$ 个取值，每减少一个求和磁量子数（最多可减少四个求和磁量子数），在方程右边应乘以因子 $(2j_k+1)$. 例如，去掉求和磁量子数 m_3，方程（6.2.56）变为

$$\begin{Bmatrix} j_1 & j_2 & j_3 \\ j_4 & j_5 & j_6 \end{Bmatrix} = \sum_{m_1,m_2,m_4,m_5,m_6} (-1)^{j_4-m_4+j_5-m_5+j_6-m_6}(2j_3+1)\begin{pmatrix} j_1 & j_2 & j_3 \\ m_1 & m_2 & m_3 \end{pmatrix}\begin{pmatrix} j_1 & j_5 & j_6 \\ m_1 & -m_5 & m_6 \end{pmatrix} \times\begin{pmatrix} j_4 & j_2 & j_6 \\ m_4 & m_2 & -m_6 \end{pmatrix}\begin{pmatrix} j_4 & j_5 & j_3 \\ -m_4 & m_5 & m_3 \end{pmatrix} \tag{6.2.57}$$

（2）6-j 符号与 3-j 符号的乘积可以表示为三个 3-j 符号乘积的求和形式.

$$\begin{Bmatrix} j_1 & j_2 & j_3 \\ j_4 & j_5 & j_6 \end{Bmatrix}\begin{pmatrix} j_1 & j_2 & j_3 \\ m_1 & m_2 & m_3 \end{pmatrix} = \sum_{m_4,m_5,m_6} (-1)^{j_1+j_2+j_3+j_4+j_5+j_6-m_4-m_5-m_6}\begin{pmatrix} j_5 & j_1 & j_6 \\ m_5 & m_1 & -m_6 \end{pmatrix} \times\begin{pmatrix} j_6 & j_2 & j_4 \\ m_6 & m_2 & -m_4 \end{pmatrix}\begin{pmatrix} j_4 & j_3 & j_5 \\ m_4 & m_3 & -m_5 \end{pmatrix} \tag{6.2.58}$$

（3）6-j 符号与两个 3-j 符号乘积的求和形式可约化为两个 3-j 符号之积.

$$\sum_{j_6(m_6)} (-1)^{j_1+j_2-j_3+j_4+j_5+j_6-m_1-m_4}(2j_6+1)\begin{Bmatrix} j_1 & j_2 & j_3 \\ j_4 & j_5 & j_6 \end{Bmatrix}\begin{pmatrix} j_5 & j_1 & j_6 \\ m_5 & m_1 & m_6 \end{pmatrix}\begin{pmatrix} j_2 & j_4 & j_6 \\ m_2 & m_4 & -m_6 \end{pmatrix} = \sum_{(m_3)}\begin{pmatrix} j_1 & j_2 & j_3 \\ m_1 & m_2 & -m_3 \end{pmatrix}\begin{pmatrix} j_4 & j_5 & j_3 \\ m_4 & m_5 & m_3 \end{pmatrix} \tag{6.2.59}$$

式中，对 m_6 和 m_3 求和可以略去. 这是因为对于给定的 m_1、m_2、m_4 和 m_5，对 m_6 和 m_3 求和都只有一项.

（4）6-j 符号与三个 3-j 符号乘积的求和形式约化为一个 3-j 符号.

$$\sum_{j_5,j_6} (-1)^{j_1+j_2-j_3+j_4+j_5+j_6-m_1-m_4}(2j_5+1)(2j_6+1)\begin{Bmatrix} j_1 & j_2 & j_3 \\ j_4 & j_5 & j_6 \end{Bmatrix}\begin{pmatrix} j_5 & j_1 & j_6 \\ m_5 & m_1 & m_6 \end{pmatrix} \times\begin{pmatrix} j_2 & j_4 & j_6 \\ m_2 & m_4 & -m_6 \end{pmatrix}\begin{pmatrix} j_4 & j_5 & j_3 \\ m_4 & m_5 & m_3 \end{pmatrix} = \begin{pmatrix} j_1 & j_2 & j_3 \\ m_1 & m_2 & -m_3 \end{pmatrix} \tag{6.2.60}$$

（5）9-j 符号与 6-j 符号乘积的求和形式约化为两个 6-j 符号之积.

$$\sum_{j_3}(2j_3+1)\begin{Bmatrix} j_1 & j_2 & j_3 \\ j_4 & j_5 & j_6 \\ j_7 & j_8 & j_9 \end{Bmatrix}\begin{Bmatrix} j_1 & j_2 & j_3 \\ j_6 & j_9 & k \end{Bmatrix} = (-1)^{2k}\begin{Bmatrix} j_4 & j_5 & j_6 \\ j_2 & k & j_8 \end{Bmatrix}\begin{Bmatrix} j_7 & j_8 & j_9 \\ k & j_1 & j_4 \end{Bmatrix} \tag{6.2.61}$$

另外，9-j 符号可以表示为三个 6-j 符号乘积的求和形式，见方程（6.2.55）.

（6）3-j 符号、6-j 符号和 9-j 符号之间的关系式.

$$\sum_{m_1,m_2,m_3,m_4} (-1)^{j_1-m_1+j_2-m_2+j_3-m_3+j_4-m_4}\begin{pmatrix} j_1 & j_5 & j_2 \\ m_1 & m_5 & -m_2 \end{pmatrix}\begin{pmatrix} j_2 & j_6 & j_3 \\ m_2 & m_6 & -m_3 \end{pmatrix}\begin{pmatrix} j_3 & j_7 & j_4 \\ m_3 & m_7 & -m_4 \end{pmatrix}\begin{pmatrix} j_4 & j_8 & j_1 \\ m_4 & m_8 & -m_1 \end{pmatrix}$$

$$= \sum_{J,M} (-1)^{2J-M+j_2-j_4}(2J+1) \begin{Bmatrix} j_4 & j_2 & J \\ j_6 & j_7 & j_3 \end{Bmatrix} \begin{Bmatrix} j_4 & j_2 & J \\ j_5 & j_8 & j_1 \end{Bmatrix} \begin{pmatrix} j_5 & j_8 & J \\ m_5 & m_8 & M \end{pmatrix} \begin{pmatrix} J & j_7 & j_6 \\ -M & m_7 & m_6 \end{pmatrix}$$

$$= \sum_{J,M} (-1)^{2J-M+j_2-j_4+j_7+j_8}(2J+1) \begin{Bmatrix} j_1 & j_2 & j_5 \\ j_8 & j_6 & J \\ j_4 & j_3 & j_7 \end{Bmatrix} \begin{pmatrix} j_5 & j_7 & J \\ m_5 & m_7 & M \end{pmatrix} \begin{pmatrix} J & j_8 & j_6 \\ -M & m_8 & m_6 \end{pmatrix} \tag{6.2.62}$$

6.3　转动变换与 D 函数

转动变换包括算符之间变换、波函数之间变换和坐标系之间变换等.

6.3.1　转动算符与 $\boldsymbol{D}$ 函数的性质

1. 定轴与定点转动算符

考虑绕 Z 轴无穷小角度 ε 的转动变换 $\hat{R}_Z(\varepsilon)$，将 $\hat{R}_Z(\varepsilon)$ 作用到波函数上，并做级数展开，得到

$$\begin{aligned}\hat{R}_Z(\varepsilon)\psi(\phi) &= \psi(\phi-\varepsilon) = \psi(\phi) - \varepsilon\frac{\partial}{\partial\phi}\psi(\phi) + \cdots \\ &= \left(1 - \frac{\mathrm{i}}{\hbar}\varepsilon\hat{l}_Z + \cdots\right)\psi(\phi) = \exp\left(-\frac{\mathrm{i}}{\hbar}\varepsilon\hat{l}_Z\right)\psi(\phi)\end{aligned} \tag{6.3.1}$$

式中，$\hat{l}_Z = -\mathrm{i}\hbar\dfrac{\partial}{\partial\phi}$ 表示围绕 Z 轴转动的角动量算符. 转动算符的表达式为

$$\hat{R}_Z(\varepsilon) = \exp\left(-\frac{\mathrm{i}}{\hbar}\varepsilon\hat{l}_Z\right) \tag{6.3.2}$$

若绕 Z 轴转动有限角度 α，则

$$\hat{R}_Z(\alpha) = \exp\left(-\frac{\mathrm{i}}{\hbar}\alpha\hat{l}_Z\right) \tag{6.3.3}$$

考虑定轴（设方向为 $\boldsymbol{n}$）转动，设转动的角度为 α，定轴转动算符为

$$\hat{R}_n(\alpha) = \exp\left(-\frac{\mathrm{i}}{\hbar}\alpha\hat{l}_n\right) \tag{6.3.4}$$

式中，$\hat{l}_n = \hat{\boldsymbol{n}}\cdot\hat{\boldsymbol{l}}$.

对于定点转动，通常用欧拉角(ϕ, θ, χ)描述空间固定坐标系(X, Y, Z)相对于分子固定坐标系(x, y, z)的转动. 图 6.3.1 表示两个坐标系之间的欧拉角. 设转动算符为 $\hat{R}(\phi,\theta,\chi)$，整个转动操作分为三步：第一步，绕 Z 轴逆时针转动 ϕ 角，使 Y 轴转至节线 N，转动算符为 $\hat{R}_Z(\phi) = \exp(-\mathrm{i}\phi\hat{l}_Z/\hbar)$；第二步，绕节线 N 逆时针转动 θ 角，使 Z 轴变为 z 轴，转动算符为 $\hat{R}_N(\theta) = \exp(-\mathrm{i}\theta\hat{l}_N/\hbar)$；第三步，绕 z 轴逆时针转动 χ 角，转动算符为 $\hat{R}_z(\chi) = \exp(-\mathrm{i}\chi\hat{l}_z/\hbar)$. 总的转动算符 $\hat{R}(\phi,\theta,\chi)$ 为

$$\begin{aligned}\hat{R}(\phi,\theta,\chi) &= \hat{R}_z(\chi)\hat{R}_N(\theta)\hat{R}_Z(\phi) \\ &= \exp(-i\chi\hat{J}_z/\hbar)\exp(-i\theta\hat{J}_N/\hbar)\exp(-i\phi\hat{J}_Z/\hbar)\end{aligned} \tag{6.3.5}$$

式中，角动量算符涉及两个坐标系和一条节线，使用起来很不方便. 通常使用空间固定坐标系(X, Y, Z)中的角动量分量 $\hat{J}_Y$ 和 $\hat{J}_Z$ 来表示转动算符：

$$\hat{R}(\phi,\theta,\chi) = \exp(-\mathrm{i}\phi\hat{J}_Z/\hbar)\exp(-\mathrm{i}\theta\hat{J}_Y/\hbar)\exp(-\mathrm{i}\chi\hat{J}_Z/\hbar) \tag{6.3.6}$$

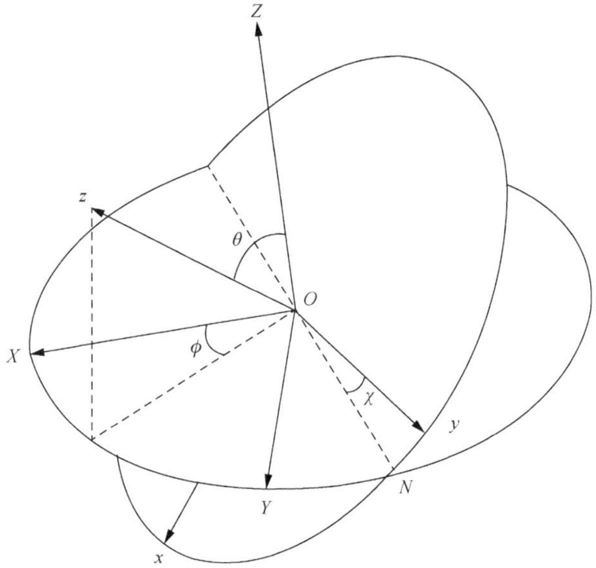

图 6.3.1　空间固定坐标系(X, Y, Z)和分子固定坐标系(x, y, z)之间的欧拉角(ϕ, θ, χ)

2. 转动矩阵元与 D 函数

设转动前分子角动量本征态为$|JM\rangle$，任意转动都不能改变角动量量子数 J，只能改变磁量子数 M. 这是由于 $\hat{R}(\phi,\theta,\chi)$ 与 $\hat{\boldsymbol{J}}^2$ 对易，但在一般情况下它与 $\hat{J}_Z$ 不对易的缘故. 因此，$\hat{R}(\phi,\theta,\chi)|JM\rangle$ 仍然是 $\hat{\boldsymbol{J}}^2$ 的本征态，但不是 $\hat{J}_Z$ 的本征态（应该是各种 $\hat{J}_Z$ 本征态的叠加）.

利用投影算符

$$\sum_M |JM\rangle\langle JM| = 1 \tag{6.3.7}$$

得到转动变换关系为

$$\hat{R}(\phi,\theta,\chi)|JM\rangle = \sum_{M'} |JM'\rangle\langle JM'|\hat{R}(\phi,\theta,\chi)|JM\rangle = \sum_{M'} D^{(J)}_{M'M}(\phi,\theta,\chi)|JM'\rangle \tag{6.3.8}$$

式中，转动矩阵元

$$D^{(J)}_{M'M}(\phi,\theta,\chi) = \langle JM'|\hat{R}(\phi,\theta,\chi)|JM\rangle \tag{6.3.9}$$

称为 D 函数（又称为 Wigner 函数）.

把方程（6.3.6）代入式（6.3.9）中，得到

$$D^{(J)}_{M'M}(\phi,\theta,\chi)=\mathrm{e}^{-\mathrm{i}\varphi M'}d^{(J)}_{M'M}(\theta)\,\mathrm{e}^{-\mathrm{i}\chi M} \tag{6.3.10}$$

式中

$$d^{(J)}_{M'M}(\theta)=\left\langle JM'\right|\mathrm{e}^{-\mathrm{i}\theta\hat{J}_Y/\hbar}\left|JM\right\rangle \tag{6.3.11}$$

$d^{(J)}_{M'M}(\theta)$ 的计算公式为[1]

$$\begin{aligned}d^{(J)}_{M'M}(\theta)=&\left[(J+M)!(J-M)!(J+M')!(J-M')!\right]^{1/2}\\&\times\sum_{\lambda}\Big\{(-1)^{\lambda}\left[(J+M-\lambda)!(J-M'-\lambda)!(M'-M+\lambda)!\lambda!\right]^{-1}\\&\times\left[\cos(\theta/2)\right]^{2J+M-M'-2\lambda}\left[-\sin(\theta/2)\right]^{M'-M+2\lambda}\Big\}\end{aligned} \tag{6.3.12}$$

3. $d^{(J)}_{M'M}(\theta)$ 和 D 函数的性质

由方程（6.3.12）得出 $d^{(J)}_{M'M}(\theta)$ 函数具有下列性质：

$$d^{(J)}_{M'M}(\theta)=d^{(J)}_{-M-M'}(\theta) \tag{6.3.13}$$

$$d^{(J)}_{M'M}(-\theta)=(-1)^{M'-M}d^{(J)}_{M'M}(\theta)=d^{(J)}_{MM'}(\theta) \tag{6.3.14}$$

$$d^{(J)}_{M'M}(0)=\delta_{M'M},\ d^{(J)}_{M'M}(2\pi)=(-1)^{2J}\delta_{M'M} \tag{6.3.15}$$

$$d^{(J)}_{M'M}(\pm\pi)=(-1)^{J\pm M'}\delta_{M'-M} \tag{6.3.16}$$

$$d^{(J)}_{M'M}(\pi\pm\theta)=(-1)^{J+M'}d^{(J)}_{-M'M}(\pm\theta) \tag{6.3.17}$$

根据方程（6.3.10）和 $d^{(J)}_{M'M}(\theta)$ 的性质，得到

$$D^{(J)*}_{M'M}(\phi,\theta,\chi)=(-1)^{M'-M}D^{(J)}_{-M'-M}(\phi,\theta,\chi) \tag{6.3.18}$$

$$D^{(J)}_{M'M}(-\chi,-\phi,-\theta)=D^{(J)*}_{MM'}(\phi,\theta,\chi) \tag{6.3.19}$$

利用转动算符的幺正性 $\hat{R}^{+}\hat{R}=\hat{R}^{-1}\hat{R}=\hat{1}$，得到 $\left\langle JM'\right|\hat{R}^{+}\hat{R}\left|JM''\right\rangle=\delta_{M'M''}$．插入完备性条件 $\sum\limits_{M}\left|JM\right\rangle\left\langle JM\right|=1$，得出

$$\sum_{M}\left\langle JM'\right|\hat{R}^{+}\left|JM\right\rangle\left\langle JM\right|\hat{R}\left|JM''\right\rangle=\delta_{M'M''} \tag{6.3.20}$$

再利用

$$\left\langle JM'\right|\hat{R}^{+}\left|JM\right\rangle=\left\langle JM\right|\hat{R}\left|JM'\right\rangle^{*} \tag{6.3.21}$$

$$D^{(J)}_{MM''}(\phi,\theta,\chi)=\left\langle JM\right|\hat{R}(\phi,\theta,\chi)\left|JM''\right\rangle \tag{6.3.22}$$

得到 D 函数满足的正交关系式为

$$\sum_{M}D^{(J)*}_{MM'}(\phi,\theta,\chi)D^{(J)}_{MM''}(\phi,\theta,\chi)=\delta_{M'M''} \tag{6.3.23}$$

或者

$$\sum_{M}D^{(J)*}_{M'M}(\phi,\theta,\chi)D^{(J)}_{M''M}(\phi,\theta,\chi)=\delta_{M'M''} \tag{6.3.24}$$

可以证明 D 函数满足下列耦合关系：

$$D_{KM}^{(J)}(\Omega)=\sum_{K_1,M_1}\langle J_1K_1J_2K_2|JK\rangle\langle J_1M_1J_2M_2|JM\rangle D_{K_1M_1}^{(J_1)}(\Omega)D_{K_2M_2}^{(J_2)}(\Omega) \tag{6.3.25}$$

$$D_{K_1M_1}^{(J_1)}(\Omega)D_{K_2M_2}^{(J_2)}(\Omega)=\sum_{J}\langle J_1K_1J_2K_2|JK\rangle\langle J_1M_1J_2M_2|JM\rangle D_{KM}^{(J)}(\Omega) \tag{6.3.26}$$

式中，$\Omega=(\phi,\theta,\chi)$ 表示欧拉角. 在方程（6.3.25）中，由于 $K_2=K-K_1$ 及 $M_2=M-M_1$，故对 K_2 和 M_2 的求和指标已经略去. 同理，方程（6.3.26）已经略去对 K 和 M 的求和.

若用 3-j 符号表示 D 函数的耦合关系，则给出

$$D_{KM}^{(J)*}(\Omega)=\sum_{K_1,M_1}(2J+1)\begin{pmatrix}J_1 & J_2 & J\\ K_1 & K_2 & K\end{pmatrix}\begin{pmatrix}J_1 & J_2 & J\\ M_1 & M_2 & M\end{pmatrix}D_{K_1M_1}^{(J_1)}(\Omega)D_{K_2M_2}^{(J_2)}(\Omega) \tag{6.3.27}$$

$$D_{K_1M_1}^{(J_1)}(\Omega)D_{K_2M_2}^{(J_2)}(\Omega)=\sum_{J}(2J+1)\begin{pmatrix}J_1 & J_2 & J\\ K_1 & K_2 & K\end{pmatrix}\begin{pmatrix}J_1 & J_2 & J\\ M_1 & M_2 & M\end{pmatrix}D_{KM}^{(J)*}(\Omega) \tag{6.3.28}$$

对欧拉角进行积分，给出两个及三个 D 函数乘积的积分表达式为

$$\int D_{K_1M_1}^{(J_1)*}(\Omega)D_{K_2M_2}^{(J_2)}(\Omega)\mathrm{d}\Omega=\frac{8\pi^2}{2J_1+1}\delta_{J_1J_2}\delta_{K_1K_2}\delta_{M_1M_2} \tag{6.3.29}$$

$$\begin{aligned}\int D_{K_3M_3}^{(J_3)*}(\Omega)D_{K_1M_1}^{(J_1)}(\Omega)D_{K_2M_2}^{(J_2)}(\Omega)\mathrm{d}\Omega=&\frac{8\pi^2}{2J_3+1}\langle J_1K_1J_2K_2|J_3K_3\rangle\\ &\times\langle J_1M_1J_2M_2|J_3M_3\rangle\delta_{K_3,K_1+K_2}\delta_{M_3,M_1+M_2}\end{aligned} \tag{6.3.30}$$

式中，$\mathrm{d}\Omega=\sin\theta\mathrm{d}\theta\mathrm{d}\phi\mathrm{d}\chi$，积分区域为 $\int\cdots\mathrm{d}\Omega=\int_0^{2\pi}\mathrm{d}\chi\int_0^{2\pi}\mathrm{d}\phi\int_0^{\pi}\cdots\sin\theta\mathrm{d}\theta$. 方程（6.3.30）可以改用 3-$j$ 符号表示为

$$\int D_{K_3M_3}^{(J_3)*}(\Omega)D_{K_1M_1}^{(J_1)}(\Omega)D_{K_2M_2}^{(J_2)}(\Omega)\mathrm{d}\Omega=8\pi^2\begin{pmatrix}J_1 & J_2 & J_3\\ K_1 & K_2 & K_3\end{pmatrix}\begin{pmatrix}J_1 & J_2 & J_3\\ M_1 & M_2 & M_3\end{pmatrix} \tag{6.3.31}$$

4. D 函数与球谐函数之间的关系

当 D 函数中某个磁量子数为 0 时，它约化为球谐函数：

$$D_{M0}^{(J)}(\phi,\theta,0)=\left(\frac{4\pi}{2J+1}\right)^{1/2}Y_{JM}^*(\theta,\phi) \tag{6.3.32}$$

或者

$$Y_{JM}(\theta,\phi)=\left(\frac{2J+1}{4\pi}\right)^{1/2}D_{M0}^{(J)*}(\phi,\theta,0) \tag{6.3.33}$$

6.3.2　对称陀螺分子的波函数

D 函数不仅是算符之间、波函数之间和坐标系之间的转动变换函数，也是对称陀螺分子的转动本征波函数.

对称陀螺分子在空间固定坐标系(X, Y, Z)中的本征态仍然用$|JM\rangle$表示，其中 M 是角动量 $\hat{\boldsymbol{J}}$ 在 Z 轴方向的投影磁量子数. 在分子固定坐标系(x, y, z)中，通常选 z 轴为对称陀螺的一个主对称轴，角动量 $\hat{\boldsymbol{J}}$ 在 z 轴方向的投影磁量子数用 K 表示. 这样，对称陀螺分

子波函数与三个量子数 J、M 和 K 有关. 转动算符 $\hat{R}(\phi,\theta,\chi)$ 与 $\hat{\boldsymbol{J}}^2$ 对易，D 函数是 $\hat{\boldsymbol{J}}^2$ 和 $\hat{R}(\phi,\theta,\chi)$ 的共同本征态. 同时，D 函数又是空间固定坐标系与分子固定坐标系之间的变换函数，既包含磁量子数 M，又包含磁量子数 K. 设对称陀螺分子的本征态为 $\left|JKM\right\rangle$，在坐标表象 $\left|\boldsymbol{r}^0\right\rangle$ 中的转动本征波函数为

$$\left\langle \boldsymbol{r}^0 \middle| JKM \right\rangle = \varPsi_{JKM}(\phi,\theta,\chi) = \left(\frac{2J+1}{8\pi^2}\right)^{1/2} D_{MK}^{(J)*}(\phi,\theta,\chi) \tag{6.3.34}$$

或者

$$\varPsi_{JKM}(\phi,\theta,\chi) = (-1)^{M-K}\left(\frac{2J+1}{8\pi^2}\right)^{1/2} D_{-M-K}^{(J)}(\phi,\theta,\chi) \tag{6.3.35}$$

角动量算符 $\hat{\boldsymbol{J}}^2$ 、$\hat{J}_Z$ 和 $\hat{J}_z$ 作用在角动量本征态 $\left|JKM\right\rangle$ 上，满足下列本征值方程：

$$\hat{\boldsymbol{J}}^2\left|JKM\right\rangle = J(J+1)\hbar^2\left|JKM\right\rangle \tag{6.3.36}$$

$$\hat{J}_Z\left|JKM\right\rangle = M\hbar\left|JKM\right\rangle \tag{6.3.37}$$

$$\hat{J}_z\left|JKM\right\rangle = K\hbar\left|JKM\right\rangle \tag{6.3.38}$$

角动量算符的矩阵元为

$$\left\langle JKM\right|\hat{\boldsymbol{J}}^2\left|JKM\right\rangle = J(J+1)\hbar^2 \tag{6.3.39}$$

$$\left\langle JKM\right|\hat{J}_Z\left|JKM\right\rangle = M\hbar \tag{6.3.40}$$

$$\left\langle JKM\right|\hat{J}_X\left|JKM\pm1\right\rangle = \frac{\hbar}{2}\sqrt{J(J+1)-M(M\pm1)} \tag{6.3.41}$$

$$\left\langle JKM\right|\hat{J}_Y\left|JKM\pm1\right\rangle = \frac{\mp\mathrm{i}\hbar}{2}\sqrt{J(J+1)-M(M\pm1)} \tag{6.3.42}$$

$$\left\langle JKM\right|\hat{J}_z\left|JKM\right\rangle = K\hbar \tag{6.3.43}$$

$$\left\langle JKM\right|\hat{J}_x\left|JK\pm1M\right\rangle = \frac{\hbar}{2}\sqrt{J(J+1)-K(K\pm1)} \tag{6.3.44}$$

$$\left\langle JKM\right|\hat{J}_y\left|JK\pm1M\right\rangle = \frac{\mp\mathrm{i}\hbar}{2}\sqrt{J(J+1)-K(K\pm1)} \tag{6.3.45}$$

从方程（6.3.40）～方程（6.3.45）可以看出，角动量算符在空间固定坐标系(X, Y, Z)和分子固定坐标系(x, y, z)中的矩阵元是相似的. 但应当注意两者的计算过程是不同的. 在空间固定坐标系中，角动量算符各分量之间满足正常的对易关系；而在分子固定坐标系中，角动量算符各分量之间满足反常的对易关系.

在空间固定坐标系(X, Y, Z)中，有[1]

$$\begin{cases} \hat{J}_X = -\mathrm{i}\hbar\cos\phi\left(-\cot\theta\dfrac{\partial}{\partial\phi}+\dfrac{1}{\sin\theta}\dfrac{\partial}{\partial\chi}\right)+\mathrm{i}\hbar\sin\phi\dfrac{\partial}{\partial\theta} \\ \hat{J}_Y = -\mathrm{i}\hbar\sin\phi\left(-\cot\theta\dfrac{\partial}{\partial\phi}+\dfrac{1}{\sin\theta}\dfrac{\partial}{\partial\chi}\right)-\mathrm{i}\hbar\cos\phi\dfrac{\partial}{\partial\theta} \\ \hat{J}_Z = -\mathrm{i}\hbar\dfrac{\partial}{\partial\phi} \end{cases} \tag{6.3.46}$$

$$\hat{J}_\pm(M) = -\mathrm{i}\hbar\exp(\pm\mathrm{i}\phi)\left(-\cot\theta\frac{\partial}{\partial\phi} + \frac{1}{\sin\theta}\frac{\partial}{\partial\chi} \pm \mathrm{i}\frac{\partial}{\partial\theta}\right) \tag{6.3.47}$$

$$\hat{\boldsymbol{J}}^2(M) = -\hbar^2\frac{\partial^2}{\partial\theta^2} - \hbar^2\cot\theta\frac{\partial}{\partial\theta} - \frac{\hbar^2}{\sin^2\theta}\left(\frac{\partial^2}{\partial\phi^2} + \frac{\partial^2}{\partial\chi^2} - 2\cos\theta\frac{\partial^2}{\partial\phi\partial\chi}\right) \tag{6.3.48}$$

$$[\hat{J}_X, \hat{J}_Y] = \mathrm{i}\hbar\hat{J}_Z,\quad [\hat{J}_Y, \hat{J}_Z] = \mathrm{i}\hbar\hat{J}_X,\quad [\hat{J}_Z, \hat{J}_X] = \mathrm{i}\hbar\hat{J}_Y \tag{6.3.49}$$

$$\hat{J}_\pm(M) = \hat{J}_X \pm \mathrm{i}\hat{J}_Y \tag{6.3.50}$$

$$\hat{J}_X = \frac{1}{2}[\hat{J}_+(M) + \hat{J}_-(M)],\quad \hat{J}_Y = -\frac{\mathrm{i}}{2}[\hat{J}_+(M) - \hat{J}_-(M)] \tag{6.3.51}$$

$$\hat{J}_\pm(M)\left|JKM\right\rangle = \hbar\sqrt{J(J+1) - M(M\pm1)}\left|JKM\pm1\right\rangle \tag{6.3.52}$$

在分子固定坐标系(x, y, z)中，有

$$\begin{cases} \hat{J}_x = -\mathrm{i}\hbar\cos\chi\left(\cot\theta\dfrac{\partial}{\partial\chi} - \dfrac{1}{\sin\theta}\dfrac{\partial}{\partial\phi}\right) - \mathrm{i}\hbar\sin\chi\dfrac{\partial}{\partial\theta} \\ \hat{J}_y = \mathrm{i}\hbar\sin\chi\left(\cot\theta\dfrac{\partial}{\partial\chi} - \dfrac{1}{\sin\theta}\dfrac{\partial}{\partial\phi}\right) - \mathrm{i}\hbar\cos\chi\dfrac{\partial}{\partial\theta} \\ \hat{J}_z = -\mathrm{i}\hbar\dfrac{\partial}{\partial\chi} \end{cases} \tag{6.3.53}$$

$$\hat{J}_\pm(K) = \mathrm{i}\hbar\exp(\mp\mathrm{i}\chi)\left(-\cot\theta\frac{\partial}{\partial\chi} + \frac{1}{\sin\theta}\frac{\partial}{\partial\phi} \mp \mathrm{i}\frac{\partial}{\partial\theta}\right) \tag{6.3.54}$$

$$\hat{\boldsymbol{J}}^2(K) = \hat{\boldsymbol{J}}^2(M) = -\hbar^2\frac{\partial^2}{\partial\theta^2} - \hbar^2\cot\theta\frac{\partial}{\partial\theta} - \frac{\hbar^2}{\sin^2\theta}\left(\frac{\partial^2}{\partial\phi^2} + \frac{\partial^2}{\partial\chi^2} - 2\cos\theta\frac{\partial^2}{\partial\phi\partial\chi}\right) \tag{6.3.55}$$

$$[\hat{J}_x, \hat{J}_y] = -\mathrm{i}\hbar\hat{J}_z,\quad [\hat{J}_y, \hat{J}_z] = -\mathrm{i}\hbar\hat{J}_x,\quad [\hat{J}_z, \hat{J}_x] = -\mathrm{i}\hbar\hat{J}_y \tag{6.3.56}$$

$$\hat{J}_\pm(K) = \hat{J}_x \mp \mathrm{i}\hat{J}_y \tag{6.3.57}$$

$$\hat{J}_x = \frac{1}{2}[\hat{J}_+(K) + \hat{J}_-(K)],\quad \hat{J}_y = \frac{\mathrm{i}}{2}[\hat{J}_+(K) - \hat{J}_-(K)] \tag{6.3.58}$$

$$\hat{J}_\pm(K)\left|JKM\right\rangle = \hbar\sqrt{J(J+1) - K(K\pm1)}\left|JK\pm1M\right\rangle \tag{6.3.59}$$

6.4　球张量算符

6.4.1　球张量算符的定义

一个 k 阶球张量算符 $\hat{T}^{(k)}$ 有$(2k+1)$个分量，第 q 个分量为$\hat{T}_q^{(k)}$. 在转动变换下按下列方式变换：

$$(\hat{T}_q^{(k)})' = \hat{R}(\varOmega)\hat{T}_q^{(k)}\hat{R}^{-1}(\varOmega) = \sum_{q'} D_{q'q}^{(k)}(\varOmega)\hat{T}_{q'}^{(k)},\quad q = -k, -k+1, \cdots, k \tag{6.4.1}$$

式中，转动算符 $\hat{R}(\varOmega)$ 由式（6.3.6）给出；$\varOmega = (\phi, \theta, \chi)$ 表示欧拉角.

下面给出球张量算符的例子：

（1）标量 A 构成零阶球张量，$\hat{T}_0^{(0)} = A$.

（2）矢量 $\boldsymbol{r} = \boldsymbol{i}X + \boldsymbol{j}Y + \boldsymbol{k}Z$ 构成一阶球张量，三个分量为

$$\hat{T}_{\pm 1}^{(1)} = r_{\pm 1} = \mp \frac{1}{\sqrt{2}}(X \pm \mathrm{i}Y) \tag{6.4.2}$$

$$\hat{T}_0^{(1)} = r_0 = Z \tag{6.4.3}$$

可以证明方程（6.4.2）和方程（6.4.3）满足方程（6.4.1）的变换关系.

（3）球谐函数 $Y_{lm}(\theta,\phi)$ 为 l 阶球张量，有 $(2l+1)$ 个分量.

（4）角动量 $\hat{\boldsymbol{J}}$ 构成一阶球张量，三个分量为

$$\hat{T}_{\pm 1}^{(1)} = \hat{J}_{\pm 1} = \mp \frac{1}{\sqrt{2}}(\hat{J}_X \pm \mathrm{i}\hat{J}_Y) = \mp \frac{1}{\sqrt{2}}\hat{J}_{\pm} \tag{6.4.4}$$

$$\hat{T}_0^{(1)} = \hat{J}_0 = \hat{J}_Z \tag{6.4.5}$$

球张量算符的另一种定义：若一个算符与角动量算符 $(\hat{J}_{\pm}, \hat{J}_Z)$ 满足下列对易关系：

$$[\hat{J}_Z, \hat{T}_q^{(k)}] = q\hbar \hat{T}_q^{(k)} \tag{6.4.6a}$$

$$[\hat{J}_{\pm}, \hat{T}_q^{(k)}] = \hbar\sqrt{k(k+1) - q(q\pm 1)}\,\hat{T}_{q\pm 1}^{(k)} \tag{6.4.6b}$$

则称 $\hat{T}_q^{(k)}$ 为球张量算符.

证明球张量算符 $\hat{T}_q^{(k)}$ 的两种定义等价：

考虑绕定轴（设轴的方向为 $\boldsymbol{n}$）的一个无限小角度 ε 转动. 在方程（6.4.1）中，当 $\varepsilon \to 0$ 时，转动算符 $\hat{R}(\varepsilon)$ 可以展开为

$$\hat{R}(\varepsilon) \approx 1 + \frac{\mathrm{i}\hat{\boldsymbol{J}} \cdot \boldsymbol{n}}{\hbar}\varepsilon, \quad \hat{R}^{-1}(\varepsilon) = \hat{R}^{+}(\varepsilon) \approx 1 - \frac{\mathrm{i}\hat{\boldsymbol{J}} \cdot \boldsymbol{n}}{\hbar}\varepsilon \tag{6.4.7}$$

把方程（6.4.7）代入方程（6.4.1）中，有

$$\left(1 + \frac{\mathrm{i}\hat{\boldsymbol{J}} \cdot \boldsymbol{n}}{\hbar}\varepsilon\right)\hat{T}_q^{(k)}\left(1 - \frac{\mathrm{i}\hat{\boldsymbol{J}} \cdot \boldsymbol{n}}{\hbar}\right) = \sum_{q'=-k}^{k} \hat{T}_{q'}^{(k)} \left\langle kq' \middle| \left(1 + \frac{\mathrm{i}\hat{\boldsymbol{J}} \cdot \boldsymbol{n}}{\hbar}\right) \middle| kq \right\rangle \tag{6.4.8}$$

略去二阶无穷小量 ε^2，得到

$$[\hat{\boldsymbol{J}} \cdot \boldsymbol{n}, \hat{T}_q^{(k)}] = \sum_{q'} \hat{T}_{q'}^{(k)} \left\langle kq' \middle| \hat{\boldsymbol{J}} \cdot \boldsymbol{n} \middle| kq \right\rangle \tag{6.4.9}$$

若取 $\boldsymbol{n}$ 轴沿 Z 轴方向，则有

$$[\hat{J}_Z, \hat{T}_q^{(k)}] = \sum_{q'} \hat{T}_{q'}^{(k)} \left\langle kq' \middle| \hat{J}_Z \middle| kq \right\rangle = \sum_{q'} \hat{T}_{q'}^{(k)} q\hbar \delta_{q'q} = \hbar q \hat{T}_q^{(k)} \tag{6.4.10a}$$

上式与方程（6.4.6a）相同. 若取 $\boldsymbol{n}$ 轴沿 $X \pm \mathrm{i}Y$ 方向，则有

$$[\hat{J}_{\pm}, \hat{T}_q^{(k)}] = \sum_{q'} \hat{T}_{q'}^{(k)} \left\langle kq' \middle| \hat{J}_{\pm} \middle| kq \right\rangle = \hbar\sqrt{k(k+1) - q(q\pm 1)}\,\hat{T}_{q\pm 1}^{(k)} \tag{6.4.10b}$$

方程（6.4.10b）与方程（6.4.6b）相同，从而证明两种定义式等价.

6.4.2 Wigner-Eckart 定理

1. Wigner-Eckart 定理及其物理意义

我们现在来计算球张量算符 $\hat{T}_q^{(k)}$ 在角动量表象中的矩阵元 $\langle\alpha' j'm'|\hat{T}_q^{(k)}|\alpha jm\rangle$，其中 α、α' 表示除了角动量以外的所有其他量子数. m、m' 和 q 与空间转动有关，而量子数 α、α'、j 和 j' 与空间转动无关. 将方程（6.4.1）两边左乘以转动算符的逆 $\hat{R}^{-1}(\Omega)$，右乘以转动算符 $\hat{R}(\Omega)$，得

$$\hat{T}_q^{(k)} = \sum_{q'} D_{q'q}^{(k)}(\Omega)\hat{R}^{-1}(\Omega)\hat{T}_{q'}^{(k)}\hat{R}(\Omega) \tag{6.4.11}$$

球张量算符在角动量本征态下的矩阵元为

$$\langle\alpha' j'm'|\hat{T}_q^{(k)}|\alpha jm\rangle = \sum_{q'} D_{q'q}^{(k)}(\Omega)\langle\alpha' j'm'|\hat{R}^{-1}(\Omega)\hat{T}_{q'}^{(k)}\hat{R}(\Omega)|\alpha jm\rangle \tag{6.4.12}$$

在 $\hat{R}^{-1}$ 与 $\hat{T}_{q'}^{(k)}$ 之间、$\hat{T}_{q'}^{(k)}$ 与 $\hat{R}$ 之间分别插入完备集 $\sum_{\mu'}|\alpha' j'\mu'\rangle\langle\alpha' j'\mu'|=1$ 和 $\sum_{\mu}|\alpha j\mu\rangle\langle\alpha j\mu|=1$，得出

$$\langle\alpha' j'm'|\hat{T}_q^{(k)}|\alpha jm\rangle = \sum_{q',\mu,\mu'} D_{q'q}^{(k)}(\Omega)D_{\mu'm'}^{(j')*}(\Omega)\langle\alpha' j'\mu'|\hat{T}_{q'}^{(k)}|\alpha j\mu\rangle D_{\mu m}^{(j)}(\Omega) \tag{6.4.13}$$

两边乘以 $\mathrm{d}\Omega = \sin\theta\mathrm{d}\theta\mathrm{d}\varphi\mathrm{d}\chi$ 并积分. 因左边与角度无关，故有 $\int\langle\alpha' j'm'|T_q^{(k)}|\alpha jm\rangle\mathrm{d}\Omega = \langle\alpha' j'm'|T_q^{(k)}|\alpha jm\rangle\int\mathrm{d}\Omega$，而 $\int\mathrm{d}\Omega = 8\pi^2$. 右边对三个 D 函数乘积的积分由式（6.3.31）计算，即

$$\int D_{\mu'm'}^{(j')*}(\Omega)D_{q'q}^{(k)}(\Omega)D_{\mu m}^{(j)}(\Omega)\mathrm{d}\Omega = \frac{8\pi^2}{2j'+1}\langle j\mu kq'|j'\mu'\rangle\langle jmkq|j'm'\rangle \tag{6.4.14}$$

对式（6.4.12）积分后，得到

$$\begin{aligned}\langle\alpha' j' m'|\hat{T}_q^{(k)}|\alpha jm\rangle &= \frac{1}{2j'+1}\sum_{q',\mu,\mu'}\langle j\mu kq'|j'\mu'\rangle\cdot\langle jmkq|j'm'\rangle\cdot\langle\alpha' j'\mu'|\hat{T}_{q'}^{(k)}|\alpha j\mu\rangle \\ &= \frac{\langle jmkq|j'm'\rangle}{2j'+1}\sum_{q',\mu,\mu'}\langle j\mu kq'|j'\mu'\rangle\cdot\langle\alpha' j'\mu'|\hat{T}_{q'}^{(k)}|\alpha j\mu\rangle\end{aligned} \tag{6.4.15}$$

方程（6.4.15）被称为 Wigner-Eckart 定理. 右边对 q', μ 和 μ' 求和后，与磁量子数 μ 和 μ' 以及张量分量 q' 无关，通常把求和项定义为约化矩阵元（reduced matrix elements）. 目前文献中对约化矩阵元有两种不同的定义，即有两种不同的约规. 因此，Wigner-Eckart 定理有两种不同的表述.

下面用 $(\alpha' j'\|\hat{T}^{(k)}\|\alpha j)$ 表示 Edmonds 约规[2]下的约化矩阵元，用 $\langle\alpha' j'\|\hat{T}^{(k)}\|\alpha j\rangle$ 表示 Brink 约规[6]下的约化矩阵元.

（1）Edmonds 约规下约化矩阵元（大多数美国学者使用）.

$$(\alpha' j'\|\hat{T}^{(k)}\|\alpha j) = \frac{1}{(2j'+1)^{1/2}}\sum_{q',\mu,\mu'}\langle j\mu kq'|j'\mu'\rangle\cdot\langle\alpha' j'\mu'|\hat{T}_{q'}^{(k)}|\alpha j\mu\rangle \tag{6.4.16}$$

使用 Edmonds 约规，Wigner-Eckart 定理为

$$\left\langle \alpha' j'm' \middle| \hat{T}_q^{(k)} \middle| \alpha jm \right\rangle = \left\langle jmkq \middle| j'm' \right\rangle \frac{(\alpha' j' \| \hat{T}^{(k)} \| \alpha j)}{(2j'+1)^{1/2}} \tag{6.4.17}$$

若用 3-j 符号表示，则

$$\left\langle \alpha' j'm' \middle| \hat{T}_q^{(k)} \middle| \alpha jm \right\rangle = (-1)^{j'-m'} \begin{pmatrix} j' & k & j \\ -m' & q & m \end{pmatrix} (\alpha' j' \| \hat{T}^{(k)} \| \alpha j) \tag{6.4.18}$$

（2）Brink 约规下约化矩阵元（大多数欧洲学者使用）.

$$\left\langle \alpha' j' \| \hat{T}^{(k)} \| \alpha j \right\rangle = \frac{1}{2j'+1} \sum_{q',\mu,\mu'} \left\langle j\mu kq' \middle| j'\mu' \right\rangle \cdot \left\langle \alpha' j'\mu' \middle| \hat{T}_{q'}^{(k)} \middle| \alpha j\mu \right\rangle \tag{6.4.19}$$

使用 Brink 约规，Wigner-Eckart 定理为

$$\left\langle \alpha' j'm' \middle| \hat{T}_q^{(k)} \middle| \alpha jm \right\rangle = \left\langle j\, mkq \middle| j'm' \right\rangle \cdot \left\langle \alpha' j' \| \hat{T}^{(k)} \| \alpha j \right\rangle \tag{6.4.20}$$

若用 3-j 符号表示，则

$$\left\langle \alpha' j'm' \middle| \hat{T}_q^{(k)} \middle| \alpha jm \right\rangle = (-1)^{j'-m'} (2j'+1)^{1/2} \begin{pmatrix} j' & k & j \\ -m' & q & m \end{pmatrix} \left\langle \alpha' j' \| \hat{T}^{(k)} \| \alpha j \right\rangle \tag{6.4.21}$$

两种约规下约化矩阵元的关系为

$$(\alpha' j' \| \hat{T}^{(k)} \| \alpha j) = (2j'+1)^{1/2} \left\langle \alpha' j' \| \hat{T}^{(k)} \| \alpha j \right\rangle \tag{6.4.22}$$

Wigner-Eckart 定理表示的物理意义. 它把球张量在角动量表象中的矩阵元分解为两个因子：一个是含有 C-G 系数的几何因子，反映了系统的对称性和跃迁选择定则；另一个是含有约化矩阵元的动力学因子（即线性强度因子），反映了系统的动力学行为（或者光谱线强度），它与磁量子数以及球张量分量无关，给理论处理提供了方便. 在计算原子和分子光谱时，会经常用到 Wigner-Eckart 定理.

球张量算符和约化矩阵元具有下列性质：

$$\hat{T}_q^{(k)+} = (-1)^q \hat{T}_{-q}^{(k)} \tag{6.4.23}$$

$$\left\langle \alpha' j' \| \hat{T}^{(k)} \| \alpha j \right\rangle^* = (-1)^{j-j'} \left\langle \alpha j \| \hat{T}^{(k)} \| \alpha' j' \right\rangle \tag{6.4.24}$$

$$(\alpha' j' \| \hat{T}^{(k)} \| \alpha j)^* = (-1)^{j-j'} (\alpha j \| \hat{T}^{(k)} \| \alpha' j') \tag{6.4.25}$$

2. 约化矩阵元的计算

对于简单情况，可以用 Wigner-Eckart 定理计算约化矩阵元. 在研究原子或分子光谱时，若不考虑精细结构，通常把约化矩阵元（线强度因子）视为常数来近似处理.

在分子反应动力学领域，学者感兴趣的球张量算符主要有角动量、球谐函数、角动量定向与取向参数、态多极矩与统计张量等. 下面举一个例子，计算角动量算符的约化矩阵元 $\left\langle \alpha' J' \| \hat{J}^{(1)} \| \alpha J \right\rangle$.

因为 $\left\langle \alpha' J'M' \middle| \hat{J}_q^{(1)} \middle| \alpha JM \right\rangle = (-1)^{J'-M'} (2J'+1)^{1/2} \begin{pmatrix} J' & 1 & J \\ -M' & q & M \end{pmatrix} \left\langle \alpha' J' \| \hat{J}_q^{(1)} \| \alpha J \right\rangle$，所以

$$\left\langle \alpha' J' \| \hat{J}^{(1)} \| \alpha J \right\rangle = (-1)^{-J'+M'} (2J'+1)^{-1/2} \frac{\left\langle \alpha' J' M' | \hat{J}_q^{(1)} | \alpha J M \right\rangle}{\begin{pmatrix} J' & 1 & J \\ -M' & q & M \end{pmatrix}} \tag{6.4.26}$$

由于方程(6.4.26)左边与 q 无关，所以方程右边 q 可以随意取值．最简单的取值是 $q=0$，即 $\hat{J}_0^{(1)} = \hat{J}_Z$，因此有

$$\begin{aligned}
\left\langle \alpha' J' \| \hat{J}^{(1)} \| \alpha J \right\rangle &= (-1)^{-J'+M'} (2J'+1)^{-1/2} \frac{\left\langle \alpha' J' M' | \hat{J}_Z | \alpha J M \right\rangle}{\begin{pmatrix} J' & 1 & J \\ -M' & 0 & M \end{pmatrix}} \\
&= (-1)^{-J'+M'} (2J'+1)^{-1/2} \frac{\hbar M \delta_{\alpha'\alpha} \delta_{J'J} \delta_{M'M}}{\begin{pmatrix} J' & 1 & J \\ -M' & 0 & M \end{pmatrix}} \\
&= (-1)^{-J+M} (2J+1)^{-1/2} \frac{\hbar M}{\begin{pmatrix} J & 1 & J \\ -M & 0 & M \end{pmatrix}} \delta_{\alpha'\alpha} \delta_{J'J}
\end{aligned}$$

式中

$$\begin{pmatrix} J & 1 & J \\ -M & 0 & M \end{pmatrix} = (-1)^{J-M} M[(2J+1)(J+1)J]^{-1/2}$$

最后得到

$$\left\langle \alpha' J' \| \hat{J}^{(1)} \| \alpha J \right\rangle = \hbar \sqrt{J(J+1)} \delta_{\alpha'\alpha} \delta_{J'J} \tag{6.4.27}$$

若采用 Edmonds 约规，则

$$(\alpha' J' \| \hat{J}^{(1)} \| \alpha J) = \hbar \sqrt{J(J+1)(2J+1)} \delta_{\alpha'\alpha} \delta_{J'J} \tag{6.4.28}$$

6.4.3　一阶球张量的投影定理和两个球张量的乘积

1. 一阶球张量的投影定理

矢量算符为一阶球张量算符．为了简单，在下面的讨论中，用 $\hat{T}_q$ 和 $\hat{J}_q$ 分别表示一般的一阶球张量算符和角动量算符，即

$$\hat{T}_q^{(1)} = \hat{T}_q, \quad \hat{J}_q^{(1)} = \hat{J}_q, \quad q = -1, 0, +1 \tag{6.4.29}$$

而用 $\hat{\boldsymbol{T}}$ 和 $\hat{\boldsymbol{J}}$ 表示相应的矢量算符．

一阶球张量的投影定理包含下面三个子定理．

第一分解定理：

$$\left\langle jm' \middle| \hat{T}_q \middle| jm \right\rangle = \frac{1}{j(j+1)\hbar^2} \left\langle jm' \middle| \hat{J}_q (\hat{\boldsymbol{J}} \cdot \hat{\boldsymbol{T}}) \middle| jm \right\rangle \tag{6.4.30}$$

因子分解定理：

$$\left\langle jm' \middle| \hat{J}_q (\hat{\boldsymbol{J}} \cdot \hat{\boldsymbol{T}}) \middle| jm \right\rangle = \left\langle jm' \middle| \hat{J}_q \middle| jm \right\rangle \left\langle j \| \hat{\boldsymbol{J}} \cdot \hat{\boldsymbol{T}} \| j \right\rangle \tag{6.4.31}$$

第二分解定理：

$$\langle jm'|\hat{T}_q|jm\rangle=\frac{1}{j(j+1)\hbar^2}\langle jm'|\hat{J}_q|jm\rangle\langle j\|\hat{\boldsymbol{J}}\cdot\hat{\boldsymbol{T}}\|j\rangle \tag{6.4.32}$$

从方程（6.4.30）～方程（6.4.32）可以得出一个重要的推论：

$$\frac{\langle\alpha'j'm'|\hat{T}_q|\alpha jm\rangle}{\langle\alpha'j'm'|\hat{J}_q|\alpha jm\rangle}=\frac{\langle\alpha'j'\|\hat{T}\|\alpha j\rangle}{\langle\alpha'j'\|\hat{J}\|\alpha j\rangle}=\frac{\langle\alpha'j'\|\hat{\boldsymbol{T}}\|\alpha j\rangle}{\langle\alpha'j'\|\hat{\boldsymbol{J}}\|\alpha j\rangle} \tag{6.4.33}$$

以上定理均可以证明. 为了节省篇幅，我们不给出证明. 感兴趣的读者可以取 $\hat{\boldsymbol{T}}=\hat{\boldsymbol{J}}$ 或者 $\hat{T}_q=\hat{J}_q$ 加以验证.

2. 两个球张量的乘积

（1）两个矢量算符 $\hat{\boldsymbol{A}}$ 和 $\hat{\boldsymbol{B}}$ 的标量积（点乘）为零阶球张量，可以表示为

$$T_0^{(0)}=\hat{\boldsymbol{A}}\cdot\hat{\boldsymbol{B}}=\sum_q(-1)^q\hat{A}_q^{(1)}\hat{B}_{-q}^{(1)}=\hat{A}_0\hat{B}_0-\hat{A}_{+1}\hat{B}_{-1}-\hat{A}_{-1}\hat{B}_{+1} \tag{6.4.34}$$

式中

$$\hat{A}_0=\hat{A}_Z,\quad \hat{A}_{\pm1}=\mp\frac{1}{\sqrt{2}}(\hat{A}_X\pm\mathrm{i}\hat{A}_Y) \tag{6.4.35}$$

对于 $\hat{\boldsymbol{B}}$ 有类似的关系.

（2）k_1 阶球张量 $\hat{A}^{(k_1)}$ 与 k_2 阶球张量 $\hat{B}^{(k_2)}$ 可以构成一个 k 阶球张量：

$$\hat{T}_q^{(k)}(k_1,k_2)=\sum_{q_1,q_2}\hat{A}_{q_1}^{(k_1)}\hat{B}_{q_2}^{(k_2)}\langle k_1q_1k_2q_2|kq\rangle \tag{6.4.36}$$

或者用 3-j 符号表示为

$$\hat{T}_q^{(k)}(k_1,k_2)=\sum_{q_1,q_2}(-1)^{k_1-k_2+q}(2k+1)^{1/2}\hat{A}_{q_1}^{(k_1)}\hat{B}_{q_2}^{(k_2)}\begin{pmatrix}k_1 & k_2 & k\\ q_1 & q_2 & -q\end{pmatrix} \tag{6.4.37}$$

在方程（6.4.36）和方程（6.4.37）中，因 $q_2=q-q_1$，故对 q_2 求和指标可以略去.

设系统的角动量本征态 $|jm\rangle$ 由 $|j_1m_1\rangle$ 和 $|j_2m_2\rangle$ 耦合而成，即

$$|jm\rangle=|j_1j_2jm\rangle=\sum_{m_1,m_2}\langle j_1m_1j_2m_2|jm\rangle|j_1m_1\rangle|j_2m_2\rangle \tag{6.4.38}$$

对方程（6.4.37）取矩阵元，利用 Wigner-Eckart 定理（采用 Edmonds 约规）可以证明：

$$\begin{aligned}\langle\alpha j_1j_2jm|\hat{T}_q^{(k)}|\alpha'j_1'j_2'j'm'\rangle&=(-1)^{j-m}\begin{pmatrix}j & k & j'\\ -m & q & m'\end{pmatrix}(\alpha j_1j_2j\|\hat{T}^{(k)}\|\alpha'j_1'j_2'j')\\&=(-1)^{j-m}[(2j+1)(2j'+1)(2k+1)]^{1/2}\begin{pmatrix}j & k & j'\\ -m & q & m'\end{pmatrix}\begin{Bmatrix}j_1 & j_1' & k_1\\ j_2 & j_2' & k_2\\ j & j' & k\end{Bmatrix}\\&\quad\times\sum_{\alpha''}(\alpha j_1\|\hat{A}^{(k_1)}\|\alpha''j_1')(\alpha''j_2\|\hat{B}^{(k_2)}\|\alpha'j_2')\end{aligned} \tag{6.4.39}$$

方程（6.4.39）经常被用于计算分子光谱.

6.5　不可约张量算符

1. 不可约张量算符的定义式

在角动量表象中，K 阶不可约张量算符（具有 $2K$+1 个分量）定义为

$$\hat{T}_q^{(K)}(J',J)=\sum_{M',M}(-1)^{J-M}\langle J'M'J-M|Kq\rangle|J'M'\rangle\langle JM| \tag{6.5.1}$$

根据 C-G 系数不为零的条件可知

$$|J'-J|\leqslant K\leqslant J'+J\,,\quad -K\leqslant q\leqslant K \tag{6.5.2}$$

若采用 3-j 符号表示，则

$$\hat{T}_q^{(K)}(J',J)=\sum_{M',M}(-1)^{J'-M'}(2K+1)^{1/2}\begin{pmatrix}J' & J & K\\ M' & -M & -q\end{pmatrix}|J'M'\rangle\langle JM| \tag{6.5.3}$$

不可约张量算符的矩阵元为

$$\langle J'N'|\hat{T}_q^{(K)}(J',J)|JN\rangle=(-1)^{J'-N'}(2K+1)^{1/2}\begin{pmatrix}J' & J & K\\ N' & -N & -q\end{pmatrix} \tag{6.5.4}$$

式中，$|J'N'\rangle$ 和 $|JN\rangle$ 表示角动量本征态. 不可约张量算符为 $(2J'+1)\times(2J+1)$ 矩阵.

2. 转动变换

设 $|JM\rangle$ 和 $|Jm\rangle$ 分别表示角动量算符在空间固定坐标系(X, Y, Z)和分子固定坐标系(x, y, z)中的本征态，(x, y, z)相对于(X, Y, Z)的欧拉角为 $\Omega=(\phi,\theta,\chi)$，本征态的变换关系为

$$|JM\rangle=\sum_m|Jm\rangle D_{mM}^{(J)}(\Omega) \tag{6.5.5}$$

设在坐标系(x, y, z)中不可约张量算符为 $\hat{T}_p^{(K)}(J',J)$，在坐标系(X, Y, Z)中不可约张量算符为

$$\hat{T}_q^{(K)}(J',J)=\sum_p\hat{T}_p^{(K)}(J',J)D_{pq}^{(J)}(\Omega) \tag{6.5.6}$$

上式与球张量算符的定义式（6.4.1）相同. K 阶不可约张量 $\hat{T}_p^{(K)}(J',J)$ 有 $(2K+1)$ 个分量. 应当注意，在角动量表象中，K 阶不可约张量算符 $\hat{T}_p^{(K)}(J',J)$ 等同于球张量算符.

3. 不可约张量的例子

下面为了简单，设 $J'=J$，给出几个不可约张量的例子.

（1）零阶不可约张量算符，$K=0$，$q=0$.

$$\hat{T}_0^{(0)}(J)=\sum_{M',M}(-1)^{J-M'}\begin{pmatrix}J & J & 0\\ M' & -M & 0\end{pmatrix}|JM'\rangle\langle JM|=\frac{\hat{\boldsymbol{I}}}{(2J+1)^{1/2}} \tag{6.5.7}$$

式中，$\sum_M|JM\rangle\langle JM|=\hat{\boldsymbol{I}}$ 为($2J$+1)维单位矩阵.

（2）一阶不可约张量算符，$K=1$，$q=0,\pm1$.

$$\hat{T}_q^{(1)}(J)=\left[\frac{3}{J(J+1)(2J+1)}\right]^{1/2}\hat{J}_q \tag{6.5.8}$$

式中，$\hat{J}_q$ 表示在坐标系(X, Y, Z)中角动量球张量算符：

$$\hat{J}_0=\hat{J}_Z,\quad \hat{J}_\pm=\mp\frac{1}{\sqrt{2}}\left(\hat{J}_X\pm \mathrm{i}\hat{J}_Y\right) \tag{6.5.9}$$

不可约张量算符的矩阵元为

$$\langle JM'|\hat{T}_0^{(1)}(J)|JM\rangle=\left[\frac{3}{J(J+1)(2J+1)}\right]^{1/2}M\,\delta_{M'M} \tag{6.5.10}$$

$$\langle JM'|\hat{T}_{\pm1}^{(1)}(J)|JM\rangle=\mp\sqrt{\frac{3}{2}}\left[\frac{(J\mp M)(J\pm M+1)}{J(J+1)(2J+1)}\right]^{1/2}\delta_{M',M\pm1} \tag{6.5.11}$$

（3）二阶不可约张量算符，K=2，q=0,±1,±2.

$$\hat{T}_0^{(2)}(J)=\frac{N_2}{\sqrt{6}}(3\hat{J}_Z-\hat{\boldsymbol{J}}^2) \tag{6.5.12}$$

$$\hat{T}_{\pm1}^{(2)}(J)=\mp\frac{N_2}{2}[(\hat{J}_X\hat{J}_Z+\hat{J}_Z\hat{J}_X)\pm\mathrm{i}(\hat{J}_Y\hat{J}_Z+\hat{J}_Z\hat{J}_Y)] \tag{6.5.13}$$

$$\hat{T}_{\pm2}^{(2)}(J)=\frac{N_2}{2}[(\hat{J}_X^2-\hat{J}_Y^2)\pm\mathrm{i}(\hat{J}_X\hat{J}_Y+\hat{J}_Y\hat{J}_X)] \tag{6.5.14}$$

式中

$$N_2=\left[\frac{30}{J(J+1)(2J-1)(2J+1)(2J+3)}\right]^{1/2} \tag{6.5.15}$$

4. 不可约张量算符的性质

（1）交换两个角动量量子数，得到

$$\hat{T}_q^{(K)+}(J',J)=(-1)^{J'-J+q}\,\hat{T}_{-q}^{(K)}(J,J') \tag{6.5.16}$$

证明：

$$\begin{aligned}\langle JM|\hat{T}_q^{(K)+}(J',J)|J'M'\rangle&=(-1)^{J'-M'}(2K+1)^{1/2}\begin{pmatrix}J' & J & K\\ M' & -M & -q\end{pmatrix}\\&=(-1)^{J'-M'}(2K+1)^{1/2}\begin{pmatrix}J & J' & K\\ M & -M' & q\end{pmatrix}\\&=(-1)^{J'-J+q}\langle JM|\hat{T}_{-q}^{(K)}(J',J)|J'M'\rangle\end{aligned}$$

由此得到命题所述的等式.

（2）利用方程（6.5.4）和方程（6.5.16）以及 3-j 符号的正交性得

$$\mathrm{Tr}[\hat{T}_q^{(K)}(J',J)\hat{T}_{q'}^{(K')+}(J',J)]=\delta_{K'K}\delta_{q'q} \tag{6.5.17}$$

特例：令 $J'=J$ 和 $K'=q'=0$，得

$$\mathrm{Tr}[\hat{T}_q^{(K)}(J)]=\mathrm{Tr}[\hat{T}_q^{(K)}(J)\hat{T}_0^{(0)+}(J)]=(2J+1)^{1/2}\delta_{K0}\delta_{q0} \tag{6.5.18}$$

（3）采用 Edmonds 约定，在角动量表象中不可约张量算符的约化矩阵元为

$$(J'\|\hat{T}^{(K)}(J',J)\|J)=(2K+1)^{1/2} \tag{6.5.19}$$

证明：把方程（6.5.3）代入 Wigner-Eckart 定理表达式

$$\langle J'M'|\hat{T}_q^{(K)}(J',J)|JM\rangle=(-1)^{J'-M'}\begin{pmatrix} J' & K & J \\ -M' & q & M \end{pmatrix}(J'\|\hat{T}^{(K)}(J',J)\|J) \tag{6.5.20}$$

的左边，得

$$\begin{aligned}\langle J'M'|\hat{T}_q^{(K)}(J',J)|JM\rangle&=(-1)^{J'-M'}(2K+1)^{1/2}\begin{pmatrix} J' & J & K \\ M' & -M & -q \end{pmatrix}\\&=(-1)^{J'-M'}(2K+1)^{1/2}\begin{pmatrix} J' & K & J \\ -M' & q & M \end{pmatrix}\end{aligned} \tag{6.5.21}$$

比较上面两式，得到$(J'\|\hat{T}^{(K)}(J',J)\|J)=(2K+1)^{1/2}$. 不可约张量算符的矩阵元反映了角动量的几何因子.

6.6　密度矩阵与态多极矩

1. 态多极矩（统计张量）

设角动量算符的本征态为$|JM\rangle$，在角动量表象中密度矩阵为

$$\hat{\rho}(J',J)=\sum_{M',M}\langle J'M'|\hat{\rho}|JM\rangle|J'M'\rangle\langle JM| \tag{6.6.1}$$

或者

$$\hat{\rho}=\sum_{J',J}\hat{\rho}(J',J)=\sum_{J',J,M',M}\langle J'M'|\hat{\rho}|JM\rangle|J'M'\rangle\langle JM| \tag{6.6.2}$$

将方程（6.5.3）两边乘以$(2K+1)^{1/2}\begin{pmatrix} J' & J & K \\ N' & -N & -q \end{pmatrix}$，并对$K$和$q$求和，利用 3-$j$ 符号的正交关系式，得

$$\begin{aligned}&\sum_{K,q}(2K+1)^{1/2}\begin{pmatrix} J' & J & K \\ N' & -N & -q \end{pmatrix}\hat{T}_q^{(K)}(J',J)\\&=\sum_{K,q}\sum_{M',M}(-1)^{J'-M'}(2K+1)\begin{pmatrix} J' & J & K \\ M' & -M & -q \end{pmatrix}\begin{pmatrix} J' & J & K \\ N' & -N & -q \end{pmatrix}|J'M'\rangle\langle JM|\\&=\sum_{M',M}(-1)^{J'-M'}\delta_{M'N'}\delta_{MN}|J'M'\rangle\langle JM|=(-1)^{J'-N'}|J'N'\rangle\langle JN|\end{aligned}$$

即

$$|J'M'\rangle\langle JM|=\sum_{K,q}(-1)^{J'-M'}(2K+1)^{1/2}\begin{pmatrix} J' & J & K \\ M' & -M & -q \end{pmatrix}T_q^{(K)}(J',J) \tag{6.6.3}$$

把方程（6.6.3）代入方程（6.6.1）中，得到

$$\hat{\rho}(J',J)=\sum_{M',M}\sum_{K,q}(-1)^{J'-M'}(2K+1)^{1/2}\langle J'M'|\hat{\rho}(J',J)|JM\rangle\begin{pmatrix}J' & J & K\\ M' & -M & -q\end{pmatrix}\hat{T}_q^{(K)}(J',J)$$
$$=\sum_{K,q}\left\langle\hat{T}_q^{(K)+}(J',J)\right\rangle\hat{T}_q^{(K)}(J',J) \tag{6.6.4}$$

式中

$$\left\langle\hat{T}_q^{(K)+}(J',J)\right\rangle=\sum_{M',M}(-1)^{J'-M'}(2K+1)^{1/2}\begin{pmatrix}J' & J & K\\ M' & -M & -q\end{pmatrix}\langle J'M'|\hat{\rho}(J',J)|JM\rangle \tag{6.6.5}$$

称为态多极矩（state multipoles）或者统计张量（statistical tensors）. 态多极矩又可以表示为

$$\left\langle\hat{T}_q^{(K)+}(J',J)\right\rangle=\mathrm{Tr}[\hat{\rho}(J',J)\hat{T}_q^{(K)+}(J',J)] \tag{6.6.6}$$

态多极矩的另一种表达式（6.6.6）推导如下：

$$\left\langle\hat{T}_q^{(K)}(J',J)\right\rangle=\mathrm{Tr}[\hat{\rho}(J',J)\hat{T}_q^{(K)}(J',J)]$$
$$=\sum_{N,M',M}(-1)^{J'-M'}(2K+1)^{1/2}\begin{pmatrix}J' & J & K\\ M' & -M & -q\end{pmatrix}\langle JN|\hat{\rho}(J',J)|J'M'\rangle\langle JM|JN\rangle$$
$$=\sum_{M',M}(-1)^{J'-M'}(2K+1)^{1/2}\begin{pmatrix}J' & J & K\\ M' & -M & -q\end{pmatrix}\langle JM|\hat{\rho}(J',J)|J'M'\rangle$$
$$=\sum_{M',M}(-1)^{J'-M'}(2K+1)^{1/2}\begin{pmatrix}J' & J & K\\ M' & -M & -q\end{pmatrix}\langle J'M'|\hat{\rho}^{+}(J',J)|JM\rangle^{*} \tag{6.6.7}$$

结果与方程（6.6.5）相同. 对方程（6.6.5）做逆变换，得到

$$\langle J'N'|\hat{\rho}(J',J)|JN\rangle=\sum_{K,q}(-1)^{J'-N'}(2K+1)^{-1/2}\begin{pmatrix}J' & J & K\\ N' & -N & -q\end{pmatrix}\left\langle\hat{T}_q^{(K)+}(J',J)\right\rangle \tag{6.6.8}$$

方程（6.6.5）和方程（6.6.8）说明用态多极矩和密度矩阵元描述一个系统的性质是等价的. 在许多文献[9-13]中，用 $\rho_q^{(K)}(J',J)$ 表示态多极矩，即

$$\rho_q^{(K)}(J',J)=\left\langle\hat{T}_q^{(K)+}(J',J)\right\rangle \tag{6.6.9}$$

2. 态多极矩的基本性质

由方程（6.6.4）～方程（6.6.8）容易证明：

$$\left\langle\hat{T}_q^{(K)+}(J',J)\right\rangle^{*}=(-1)^{J'-J+q}\left\langle\hat{T}_{-q}^{(K)+}(J',J)\right\rangle \tag{6.6.10}$$

$$\left\langle\hat{T}_q^{(K)+}(J)\right\rangle^{*}=(-1)^{q}\left\langle\hat{T}_{-q}^{(K)+}(J)\right\rangle \tag{6.6.11}$$

在方程（6.6.11）中，已经令 $J'=J$. 特别地，方程（6.6.11）保证 $\left\langle\hat{T}_0^{(K)+}(J)\right\rangle$ 是实数.

$$\left\langle\hat{T}_q^{(K)+}(J',J)\right\rangle=(-1)^{J'-J+q}\left\langle\hat{T}_{-q}^{(K)}(J',J)\right\rangle \tag{6.6.12}$$

$$\left\langle\hat{T}_q^{(K)+}(J',J)\right\rangle^{*}=\left\langle\hat{T}_q^{(K)}(J',J)\right\rangle \tag{6.6.13}$$

$$\left\langle\hat{T}_q^{(K)+}(J',J)\right\rangle=\left\langle\hat{T}_q^{(K)}(J',J)\right\rangle^{*}=\left\{\mathrm{Tr}[\hat{\rho}(J',J)\hat{T}_q^{(K)}(J',J)]\right\}^{*} \tag{6.6.14}$$

从坐标系(x, y, z)到(X, Y, Z)的转动变换：

$$\left\langle \hat{T}_q^{(K)}(J',J) \right\rangle = \sum_p \left\langle \hat{T}_p^{(K)}(J',J) \right\rangle D_{pq}^{(K)}(\Omega) \tag{6.6.15}$$

$$\left\langle \hat{T}_q^{(K)+}(J',J) \right\rangle = \sum_p \left\langle \hat{T}_p^{(K)*}(J',J) \right\rangle D_{pq}^{(K)*}(\Omega) \tag{6.6.16}$$

3. 态多极矩表示的物理意义

态多极矩$\left\langle \hat{T}_q^{(K)+}(J',J) \right\rangle$比密度矩阵元$\langle J'M' | \hat{\rho}(J',J) | JM \rangle$有更深刻的物理意义. 下面取$J' = J$来说明$\left\langle \hat{T}_q^{(K)+}(J) \right\rangle$表示的物理意义.

（1）当K=0 时，$\left\langle \hat{T}_0^{(0)+}(J) \right\rangle$表示分子处于$|JM\rangle$态的布居（population）.

（2）当K=奇数时，$\left\langle \hat{T}_q^{(K)+}(J) \right\rangle$表示分子角动量的定向（orientation）.

（3）当K=偶数时，$\left\langle \hat{T}_q^{(K)+}(J) \right\rangle$表示分子角动量的取向（alignment）.

关于分子定向和取向的内容，将在第 7 章介绍.

6.7　分子基态和激发态多极矩

1. 基态和激发态密度矩阵

利用线偏振光（或圆偏振光）激发处于基态$|J_g M_g\rangle$的分子，分子激发态的密度矩阵为

$$\hat{\rho}_e = (\hat{\boldsymbol{\varepsilon}} \cdot \hat{\boldsymbol{\mu}}) \hat{\rho}_g (\hat{\boldsymbol{\varepsilon}} \cdot \hat{\boldsymbol{\mu}})^+ \tag{6.7.1}$$

式中，$\hat{\rho}_g$表示分子基态的密度矩阵；$\hat{\boldsymbol{\varepsilon}}$表示激光偏振方向的单位矢量；$\hat{\boldsymbol{\mu}}$表示分子的电偶极矩. 空间固定坐标系（$X, Y, Z$）的$Z$轴选取如下：对于线偏振光，取偏振方向$\hat{\boldsymbol{\varepsilon}}$为$Z$轴方向；对于圆偏振光，选取传播方向$\boldsymbol{n}$为$Z$轴方向. 这样选取坐标系给理论处理提供了方便.

2. 基态和激发态多极矩

为了书写方便，下面用$\rho_q^{(K)}$表示态多极矩$\left\langle \hat{T}_q^{(K)+} \right\rangle$. 利用方程（6.6.4），将激发态密度矩阵$\hat{\rho}_e(J'_e, J_e)$按不可约张量展开为

$$\hat{\rho}_e(J'_e, J_e) = \sum_{K_e, q_e} \rho_{q_e}^{(K_e)}(J'_e, J_e) \hat{T}_{q_e}^{(K_e)}(J'_e, J_e) \tag{6.7.2}$$

式中，$\rho_{q_e}^{(K_e)}(J'_e, J_e)$表示激发态多极矩，其表达式为

$$\rho_{q_e}^{(K_e)}(J'_e, J_e) = \sum_{M'_e, M_e} (-1)^{J'_e - M'_e} (2K_e + 1)^{1/2} \langle J'_e M'_e | \hat{\rho}_e(J'_e, J_e) | J_e M_e \rangle \begin{pmatrix} J'_e & J_e & K_e \\ M'_e & -M_e & -q_e \end{pmatrix} \tag{6.7.3}$$

把方程（6.7.1）代入方程（6.7.3）中，并插入完备集$\sum_{M_g}\left|J_gM_g\right\rangle\left\langle J_gM_g\right|=1$得

$$\rho_{q_e}^{(K_e)}(J'_e,J_e)=\sum_{M'_e,M_e,M'_g,M_g}(-1)^{J'_e-M'_e}(2K_e+1)^{1/2}\left\langle J'_eM'_e\left|\hat{\boldsymbol{\varepsilon}}\cdot\hat{\boldsymbol{\mu}}\right|J'_gM'_g\right\rangle\left\langle J'_gM'_g\left|\hat{\rho}_g(J'_g,J_g)\right|J_gM_g\right\rangle$$

$$\times\left\langle J_gM_g\left|(\hat{\boldsymbol{\varepsilon}}\cdot\hat{\boldsymbol{\mu}})^+\right|J_eM_e\right\rangle\begin{pmatrix}J'_e & J_e & K_e\\ M'_e & -M_e & -q_e\end{pmatrix}\tag{6.7.4}$$

利用方程（6.6.8），得到

$$\left\langle J'_gM'_g\left|\hat{\rho}_g(J'_g,J_g)\right|J_gM_g\right\rangle=\sum_{K_g,q_g}(-1)^{J'_g-M'_g}(2K_g+1)^{1/2}\rho_{q_g}^{(K_g)}(J'_g,J_g)\begin{pmatrix}J'_g & J_g & K_g\\ M'_g & -M_g & -q_g\end{pmatrix}\tag{6.7.5}$$

式中，$\rho_{q_g}^{(K_g)}(J'_g,J_g)$表示分子基态多极矩. 把方程（6.7.5）代入方程（6.7.4）中得

$$\rho_{q_e}^{(K_e)}(J'_e,J_e)=\sum_{M'_g,M_g,M'_e,M_e,K_g,q_g}(-1)^{J'_g-M'_g+J'_e-M'_e}[(2K_g+1)(2K_e+1)]^{1/2}\rho_{q_g}^{(K_g)}(J'_g,J_g)$$

$$\times\left\langle J'_eM'_e\left|\hat{\boldsymbol{\varepsilon}}\cdot\hat{\boldsymbol{\mu}}\right|J'_gM'_g\right\rangle\left\langle J_gM_g\left|(\hat{\boldsymbol{\varepsilon}}\cdot\hat{\boldsymbol{\mu}})^+\right|J_eM_e\right\rangle$$

$$\times\begin{pmatrix}J'_g & J_g & K_g\\ M'_g & -M_g & -q_g\end{pmatrix}\begin{pmatrix}J'_e & J_e & K_e\\ M'_e & -M_e & -q_e\end{pmatrix}\tag{6.7.6}$$

3. 态多极矩公式的简化处理

利用球张量算符乘积的展开公式，得

$$\hat{\boldsymbol{\varepsilon}}\cdot\hat{\boldsymbol{\mu}}=\sum_Q(-1)^Q\varepsilon_{-Q}^{(1)}\mu_Q^{(1)}\tag{6.7.7}$$

式中，Q=0 表示线（平面）偏振光；Q=±1 表示圆偏振光. 对式（6.7.7）取矩阵元，得出

$$\left\langle J'_eM'_e\left|\hat{\boldsymbol{\varepsilon}}\cdot\hat{\boldsymbol{\mu}}\right|J'_gM'_g\right\rangle=\sum_Q(-1)^Q\varepsilon_{-Q}^{(1)}\left\langle J'_eM'_e\left|\mu_Q^{(1)}\right|J'_gM'_g\right\rangle\tag{6.7.8}$$

$$\left\langle J_gM_g\left|(\hat{\boldsymbol{\varepsilon}}\cdot\hat{\boldsymbol{\mu}})^+\right|J_eM_e\right\rangle=\sum_{Q'}(-1)^{Q'}\varepsilon_{-Q'}^{(1)*}\left\langle J_gM_g\left|\mu_{Q'}^{(1)+}\right|J_eM_e\right\rangle\tag{6.7.9}$$

方程（6.7.8）和方程（6.7.9）右边矩阵元可以使用 Wigner-Eckart 定理计算.

考虑线偏振光情况，$Q=Q'=0$. 把方程（6.7.7）～方程（6.7.9）代入方程（6.7.6）中，得到

$$\hat{\rho}_{q_e}^{(K_e)}(J'_e,J_e)=\sum_{M'_g,M_g,M'_e,M_e,K_g,q_g}(-1)^S[(2K_g+1)(2K_e+1)]^{1/2}\left|\varepsilon_0^{(1)}\right|^2\rho_{q_g}^{(K_g)}(J'_g,J_g)\left|\left\langle\alpha_eJ_e\left\|\mu^{(1)}\right\|\alpha_gJ_g\right\rangle\right|^2$$

$$\times\begin{pmatrix}J'_e & J_e & K_e\\ M'_e & -M_e & -q_e\end{pmatrix}\begin{pmatrix}J'_g & J_g & K_g\\ M'_g & -M_g & -q_g\end{pmatrix}\begin{pmatrix}J'_e & 1 & J'_g\\ -M'_e & 0 & M'_g\end{pmatrix}\begin{pmatrix}J_e & 1 & J_g\\ -M_e & 0 & M_g\end{pmatrix}\tag{6.7.10}$$

式中，$S=J'_e-M'_e-J'_g-M'_g+J'_e-M'_e-J_e-M_e$. 令$J'_e=J_e$，$J'_g=J_g$，并对磁量子数$M_g$、$M'_g$、$M_e$和$M'_e$求和，得到

$$\hat{\rho}_{q_e}^{(K_e)}(J_e)=\sum_{K_g,q_g,N}(-1)^{K_e+K_g+q_g}[(2N+1)(2K_g+1)(2K_e+1)]^{1/2}\rho_{q_g}^{(K_g)}(J_g)\left|\varepsilon_0^{(1)}\right|^2$$
$$\times\left|\left\langle\alpha_e J_e\left\|\mu^{(1)}\right\|\alpha_g J_g\right\rangle\right|^2\begin{pmatrix}K_e & 1 & N\\ q_e & 0 & -n\end{pmatrix}\begin{pmatrix}N & K_g & 1\\ n & -q_g & 0\end{pmatrix}\begin{Bmatrix}N & 1 & K_g\\ J_g & J_g & J_e\end{Bmatrix}\begin{Bmatrix}N & 1 & K_e\\ J_e & J_e & J_g\end{Bmatrix}$$
(6.7.11)

式中，量子数的取值为$K_e=0,2$，$K_g=0,2$，$N=1,2,3$.

4. 由测量吸收光谱确定分子角动量的定向与取向参数

由方程（6.6.8）得

$$\rho_0^{(0)}(J_e)=\left(2J_e+1\right)^{-1/2}\sum_{M_e}\left\langle J_e M_e\left|\hat{\rho}_e(J_e)\right|J_e M_e\right\rangle \tag{6.7.12}$$

分子的吸收光谱强度为

$$I=C\sum_{M_e}\left\langle J_e M_e\left|\hat{\rho}_e(J_e)\right|J_e M_e\right\rangle=C\left(2J_e+1\right)^{1/2}\rho_0^{(0)}(J_e) \tag{6.7.13}$$

式中，C为常数；$\rho_0^{(0)}(J_e)$由方程（6.7.11）令$K_e=q_e=0$计算. 在实验中，通过测量分子的吸收光谱强度并利用方程（6.7.13），可以确定分子初始态角动量的定向与取向参数$\rho_{q_g}^{(K_g)}(J_g)$.

参考文献

[1] 杰尔. 角动量——化学及物理学中的方位问题. 赖善桃，余亚雄，丘应楠，译. 北京：科学出版社, 1995.

[2] Edmonds A R. Angular momentum in quantum mechanics. New Jersey: Princeton University Press, 1957.

[3] Biedenharn L C, Louck J D. Angular momentum in quantum physic. Massachusetts: Addison-Wesley Publishing Company, 1981.

[4] Yutsis A P, Levinson I B, Vanagas V V. The theory of angular momentum. Jerusalem: Israel Program for Scientific Translations, 1962.

[5] Rotenberg M, Bivins R, Metropolis N, et al. The 3-*j* and 6-*j* symbols. Massachusetts: The Technology Press, 1959.

[6] Brink D M, Satchler G R. Angular momentum. Oxford: Clarendon Press, 1979.

[7] Fano U, Macek J H. Impact excitation and polarization of the emitted light. Reviews of Modern Physics, 1973, 45(4): 553.

[8] Greene C H, Zare R N. Determination of product population and alignment using laser-induced fluorescence. The Journal of Chemical Physics, 1983, 78(11): 6741-6753.

[9] Cong S L, Han K L, Lou N Q. Alignment determination of symmetric top molecule using rotationally resolved LIF. Chemical Physics, 1999, 249(2-3): 183-190.

[10] Cong S L, Han K L, Lou N Q. Tensor density matrix theory for determining population and alignment of symmetric top molecule using rotationally unresolved fluorescence. Molecular Physics, 2000, 98(3): 139-147.

[11] Cong S L, Han K L, Lou N Q. Theory for determining alignment parameters of symmetric top molecule using (*n*+1) LIF. The Journal of Chemical Physics, 2000, 113(21): 9429-9442.

[12] Cong S L, Han K L, He G Z, et al. Determination of population, orientation and alignment of symmetric top molecule using laser-induced fluorescence. Chemical Physics, 2000, 256(2): 225-237.

[13] Cong S L, Han K L, Lou N Q. Orientation and alignment of reagent molecules by two-photon excitation. Physics Letters A, 2003, 306(5-6): 326-331.

[14] Yin H M, Sun J L, Li Y M, et al. Photodissociation dynamics of the S_2 state of CH_3ONO: state distributions and alignment effects of the NO ($X^2\Pi$) photofragment. The Journal of Chemical Physics, 2003, 118(18): 8248-8255.

[15] Racah G. Theory of complex spectra. II. Physical Review, 1942, 62(9-10): 438-462.

第 7 章　光与物质相互作用的矢量性质

本章介绍光与物质相互作用的矢量性质，主要包括：由分子碰撞诱导荧光方法确定分子的定向与取向[1,2]、由激光诱导荧光方法确定分子的定向和取向[3-9]、利用超短脉冲激光控制分子的定向和取向[10-19]、定向分子的光解离理论[20,21]、定向分子的光电离与光电子角分布理论[22]、分子的光解离碎片角分布理论[23-29]、$(n+1)$-REMPI 光电子角分布理论[30-34]和离子成像理论[35,36].

7.1　探测分子定向与取向的碰撞诱导荧光方法

分子的定向（orientation）和取向（alignment）属于立体化学动力学的主要研究内容. 反应物分子的不同定向与取向对反应过程将产生不同程度的影响，而反应过程又直接影响产物分子的定向和取向. 因此，研究反应物和产物分子取向与定向对探索分子反应机理具有重要的科学意义. 本节介绍由分子碰撞诱导荧光方法（又称为化学发光方法）确定分子定向与取向的理论处理方法[1,2].

1. *荧光强度表达式*

分子间的碰撞可使分子从基态跃迁到激发态（或者从某一激发态跃迁到另一激发态），分子从激发态向基态或者能量较低的激发态跃迁将发射荧光. 在电偶极矩近似下，荧光强度为

$$I = C\sum_{M_f}【\langle J_i M_i | \hat{\varepsilon}_1 \cdot \hat{\boldsymbol{\mu}} | J_f M_f \rangle \cdot \langle J_f M_f | (\hat{\varepsilon}_1 \cdot \hat{\boldsymbol{\mu}})^* | J_i M_i \rangle】 \tag{7.1.1}$$

式中，【…】表示对初始态取统计平均；C 表示比例系数；$\hat{\varepsilon}$ 表示荧光偏振方向的单位矢量；$\hat{\boldsymbol{\mu}}$ 表示分子的电偶极矩算符. 方程（7.1.1）又可以表示为

$$I = C【\langle J_i M_i | (\hat{\varepsilon}_1 \cdot \hat{\boldsymbol{\mu}}) P_f (\hat{\varepsilon}_1 \cdot \hat{\boldsymbol{\mu}})^* | J_f M_f \rangle】 \tag{7.1.2}$$

式中

$$P_f = \sum_{M_f} | J_f M_f \rangle \langle J_f M_f | \tag{7.1.3}$$

表示投影算符. P_f 是标量算符，具有转动不变性. 设荧光的偏振矢量为

$$\hat{\varepsilon} = (\cos\beta, \mathrm{i}\sin\beta, 0) \tag{7.1.4}$$

$\beta = 0$ 和 $\pi/4$ 分别表示线偏振光和圆偏振光.

2. 荧光强度的球张量处理

在一般情况下，K_1 阶球张量 $\hat{A}^{(K_1)}$ 与 K_2 阶球张量 $\hat{B}^{(K_2)}$ 的直积可以构成一个 K 阶球张量. 为了保持书写符号前后一致，我们分别把方程（6.4.36）和方程（6.4.37）重新写作

$$\hat{T}_q^{(K)}(k_1,k_2)=\left[\hat{A}^{(K_1)}\otimes\hat{B}^{(K_2)}\right]_q^{(K)}=\sum_{q_1,q_2}\hat{A}_{q_1}^{(K_1)}\hat{B}_{q_2}^{(K_2)}\langle K_1q_1K_2q_2\,|\,Kq\rangle \tag{7.1.5}$$

和

$$\begin{aligned}\hat{T}_q^{(K)}(k_1,k_2)&=\left[\hat{A}^{(K_1)}\otimes\hat{B}^{(K_2)}\right]_q^{(K)}\\&=\sum_{q_1,q_2}(-1)^{K_1-K_2+q}(2K+1)^{1/2}\hat{A}_{q_1}^{(K_1)}\hat{B}_{q_2}^{(K_2)}\begin{pmatrix}K_1 & K_2 & K\\ q_1 & q_2 & -q\end{pmatrix}\end{aligned} \tag{7.1.6}$$

在方程（7.1.5）和方程（7.1.6）中，因 $q_2=q-q_1$，故对 q_2 求和指标可以略去.

把方程（7.1.2）中的 $(\hat{\boldsymbol{\varepsilon}}\cdot\hat{\boldsymbol{\mu}})(\hat{\boldsymbol{\varepsilon}}\cdot\hat{\boldsymbol{\mu}})^*$ 用球张量表示为

$$(\hat{\boldsymbol{\varepsilon}}\cdot\hat{\boldsymbol{\mu}})(\hat{\boldsymbol{\varepsilon}}\cdot\hat{\boldsymbol{\mu}})^*=\sum_{K,q}(-1)^{K-q}[\varepsilon^{(1)}\otimes\varepsilon^{(1)*}]_{-q}^{(K)}[\mu^{(1)}\otimes\mu^{(1)*}]_q^{(K)} \tag{7.1.7}$$

式中，K=0,1,2；对于某一个 K，q 有（$2K$+1）个取值. 矢量 $\hat{\boldsymbol{\varepsilon}}$ 和 $\hat{\boldsymbol{\mu}}$ 均为一阶球张量. 两个一阶球张量的直积 $A^{(1)}\otimes B^{(1)}$ 构成零阶、一阶和二阶球张量，即

$$\begin{aligned}[A^{(1)}\otimes B^{(1)}]_q^{(K)}&=\sum_p\langle 1p,1q-p|Kq\rangle A_p^{(1)}B_{-p}^{(1)}\\&=\sum_p(-1)^{-q}(2K+1)^{1/2}\begin{pmatrix}1 & 1 & K\\ p & q-p & -q\end{pmatrix}A_p^{(1)}B_{-p}^{(1)}\end{aligned} \tag{7.1.8}$$

对于零阶直积张量，K=0，q=0，由方程（7.1.8）得

$$\begin{aligned}[A^{(1)}\otimes B^{(1)}]_0^{(0)}&=\sum_p\langle 1p,1-p|00\rangle A_p^{(1)}B_{-p}^{(1)}\\&=\langle 10,10|00\rangle A_0^{(1)}B_0^{(1)}+\langle 11,1-1|00\rangle A_1^{(1)}B_{-1}^{(1)}+\langle 1-1,11|00\rangle A_{-1}^{(1)}B_1^{(1)}\\&=-\frac{1}{\sqrt{3}}(A_0^{(1)}B_0^{(1)}-A_1^{(1)}B_{-1}^{(1)}-A_{-1}^{(1)}B_1^{(1)})=-\frac{1}{\sqrt{3}}(\hat{\boldsymbol{A}}\cdot\hat{\boldsymbol{B}})\end{aligned} \tag{7.1.9}$$

对于一阶直积张量，K=1，q=0,±1，有

$$[A^{(1)}\otimes B^{(1)}]_0^{(1)}=\frac{\mathrm{i}}{\sqrt{2}}(A_XB_Y-A_YB_X) \tag{7.1.10a}$$

$$[A^{(1)}\otimes B^{(1)}]_{\pm1}^{(1)}=\frac{1}{2}[(A_ZB_X-A_XB_Z)\pm\mathrm{i}(A_ZB_Y-A_YB_Z)] \tag{7.1.10b}$$

对于二阶直积张量，K=2，q=0,±1,±2，有

$$[A^{(1)}\otimes B^{(1)}]_0^{(2)}=\frac{1}{\sqrt{6}}(3A_ZB_Z-\hat{\boldsymbol{A}}\cdot\hat{\boldsymbol{B}}) \tag{7.1.11a}$$

$$[A^{(1)}\otimes B^{(1)}]_{\pm1}^{(2)}=\mp\frac{1}{2}[(A_ZB_X+A_XB_Z)\pm\mathrm{i}(A_ZB_Y+A_YB_Z)] \tag{7.1.11b}$$

$$[A^{(1)} \otimes B^{(1)}]_{\pm 2}^{(2)} = \frac{1}{2}[(A_X B_X - A_Y B_Y) \pm \mathrm{i}(A_X B_Y + A_Y B_X)] \tag{7.1.11c}$$

把方程（7.1.7）代入方程（7.1.2）中得

$$I = C\sum_{K,q}(-1)^{K-q}[\varepsilon^{(1)} \otimes \varepsilon^{(1)*}]_{-q}^{(K)}【\langle J_i M_i | [\mu^{(1)} \otimes \mu^{(1)*}]_q^{(K)} P_f | J_i M_i \rangle】 \tag{7.1.12}$$

利用 Wigner-Eckart 定理（采用 Edmonds 约规）得

$$\begin{aligned}&\langle J_i M_i | [\mu^{(1)} \otimes \mu^{(1)*}]_q^{(K)} P_f | J_i M_i \rangle \\ &= (-1)^{J_i - M_i}\begin{pmatrix} J_i & K & J_i \\ -M_i & q & M_i \end{pmatrix}(J_i \| [\mu^{(1)} \otimes \mu^{(1)*}]^{(K)} P_f \| J_i)\end{aligned} \tag{7.1.13}$$

并给出

$$\frac{\langle J_i M_i | [\mu^{(1)} \otimes \mu^{(1)*}]_q^{(K)} P_f | J_i M_i \rangle}{\langle J_i M_i | J_q^{(K)} | J_i M_i \rangle} = \frac{(J_i \| [\mu^{(1)} \otimes \mu^{(1)*}]^{(K)} P_f \| J_i)}{(J_i \| J^{(K)} \| J_i)} \tag{7.1.14}$$

利用方程（7.1.14）和方程（7.1.3），把方程（7.1.12）改写为

$$\begin{aligned}I = {}& C\sum_{K,q}(-1)^{K-q}[\varepsilon^{(1)} \otimes \varepsilon^{(1)*}]_{-q}^{(K)} \frac{(J_i \| [\mu^{(1)} \otimes \mu^{(1)*}]^{(K)} P_f \| J_i)}{(J_i \| J^{(K)} \| J_i)} \\ & \times【\langle J_i M_i | J_q^{(K)} | J_i M_i \rangle】\end{aligned} \tag{7.1.15}$$

3. 荧光强度表达式的进一步简化

为了求出约化矩阵元$(J_i \| [\mu^{(1)} \otimes \mu^{(1)*}]^{(K)} P_f \| J_i)$的表达式，将方程（7.1.13）两边乘以$(-1)^{J_i - M_i}\begin{pmatrix} J_i & K' & J_i \\ -M_i & q' & M_i \end{pmatrix}$并对 M_i 求和，利用 3-j 符号的正交关系式得

$$\begin{aligned}&\sum_{M_i}(-1)^{J_i - M_i}\begin{pmatrix} J_i & K' & J_i \\ -M_i & q' & M_i \end{pmatrix}\langle J_i M_i | [\mu^{(1)} \otimes \mu^{(1)*}]_q^{(K)} P_f | J_i M_i \rangle \\ &= (2K+1)^{-1/2}(J_i \| [\mu^{(1)} \otimes \mu^{(1)*}]^{(K)} P_f \| J_i)\delta_{KK'}\delta_{qq'}\end{aligned} \tag{7.1.16a}$$

即

$$\begin{aligned}&(J_i \| [\mu^{(1)} \otimes \mu^{(1)*}]^{(K)} P_f \| J_i) \\ &= \sum_{M_i}(-1)^{J_i - M_i}(2K+1)^{1/2}\begin{pmatrix} J_i & K & J_i \\ -M_i & q & M_i \end{pmatrix}\langle J_i M_i | [\mu^{(1)} \otimes \mu^{(1)*}]_q^{(K)} P_f | J_i M_i \rangle\end{aligned} \tag{7.1.16b}$$

利用方程（7.1. 8）得

$$\begin{aligned}&(J_i \| [\mu^{(1)} \otimes \mu^{(1)*}]^{(K)} P_f \| J_i) \\ &= \sum_{M_i, p}(-1)^{J_i - M_i - q}(2K+1)^{\frac{1}{2}}\begin{pmatrix} J_i & K & J_i \\ -M_i & q & M_i \end{pmatrix}\begin{pmatrix} 1 & 1 & k \\ p & q-p & -q \end{pmatrix}\langle J_i M_i | \mu_p^{(1)} P_f \mu_{-p}^{(1)} | J_i M_i \rangle \\ &= S\sum_{p, M_i, M_f}(-1)^{J_i - M_i + J_i - M_i + J_f - M_f}(2K+1)\begin{pmatrix} 1 & 1 & K \\ p & -p & 0 \end{pmatrix}\begin{pmatrix} J_i & K & J_i \\ -M_i & 0 & M_i \end{pmatrix}\begin{pmatrix} J_i & 1 & J_f \\ -M_i & p & M_f \end{pmatrix}\begin{pmatrix} J_f & 1 & J_i \\ -M_f & -p & M_i \end{pmatrix} \\ &= S(2K+1)\begin{Bmatrix} J_i & J_i & K \\ 1 & 1 & J_f \end{Bmatrix}\end{aligned} \tag{7.1.17}$$

式中

$$S=(J_i\|\mu^{(1)}\|J_f)(J_f\|\mu^{(1)*}\|J_i)=(J_i\|\mu^{(1)}\|J_f)^2 \tag{7.1.18}$$

为线强度因子. 把方程（7.1.17）代入方程（7.1.15）中，得到

$$\begin{aligned} I &= CS\sum_{K,q}(-1)^{K-q}[\varepsilon^{(1)}\otimes\varepsilon^{(1)*}]_{-q}^{(K)}\begin{Bmatrix} J_i & J_i & K \\ 1 & 1 & J_f \end{Bmatrix}\frac{\text{【}\langle J_iM_i|J_q^{(K)}|J_iM_i\rangle\text{】}}{(J_i\|J^{(K)}\|J_i)} \\ &= CS\sum_{K,q}\varepsilon_{-q}^{(K)}(\hat{\varepsilon})A_q^{(K)}(J_i)\begin{Bmatrix} J_i & J_i & K \\ 1 & 1 & J_f \end{Bmatrix} \end{aligned} \tag{7.1.19}$$

式中

$$\varepsilon_{-q}^{(K)}(\hat{\varepsilon})=(-1)^{K-q}(2K+1)[\varepsilon^{(1)}\otimes\varepsilon^{(1)*}]_{-q}^{(K)} \tag{7.1.20}$$

称为探测几何因子，其取值由方程（7.1.6）和方程（7.1.8）～方程（7.1.11）计算.

在方程（7.1.19）中

$$A_q^{(K)}(J_i)=\frac{\text{【}\langle J_iM_i|J_q^{(K)}|J_iM_i\rangle\text{】}}{(J_i\|J^{(K)}\|J_i)}=\text{【}\frac{\langle J_iM_i|J_q^{(K)}|J_iM_i\rangle}{(J_i\|J^{(K)}\|J_i)}\text{】} \tag{7.1.21}$$

称为分子的定向和取向参数. 它正是实验要测定的物理量. 图 7.1.1 表示分子的定向（正定向和负定向）与取向. 当 K 取偶数时，$A_q^{(K)}(J_i)$ 表示分子角动量的取向；当 K 取奇数时，$A_q^{(K)}(J_i)$ 表示分子角动量的定向. 对于碰撞诱导荧光，K=0, 1, 2. 当 K=0 时，$A_0^{(0)}(J_i)=1$ 表示分子处于初始态 $|J_iM_i\rangle$ 的布居；当 K=1 时，$A_0^{(1)}(J_i)=\text{【}\cos\theta\text{】}$ 表示分子角动量的定向，其中 θ 表示分子角动量 $\boldsymbol{J}$ 与空间固定坐标系 Z 轴之间的夹角；当 K=2 时，分子角动量的取向参数为

$$A_0^{(2)}(J_i)=2\text{【}P_2(\cos\theta)\text{】} \tag{7.1.22}$$

式中，$P_2(\cos\theta)=(3\cos^2\theta-1)/2$ 为二阶勒让德函数. 在很多文献中，为了简单，采用下面公式来计算分子角动量的取向参数：

$$A_0^{(2)}(J_i)=\text{【}\cos^2\theta\text{】} \tag{7.1.23}$$

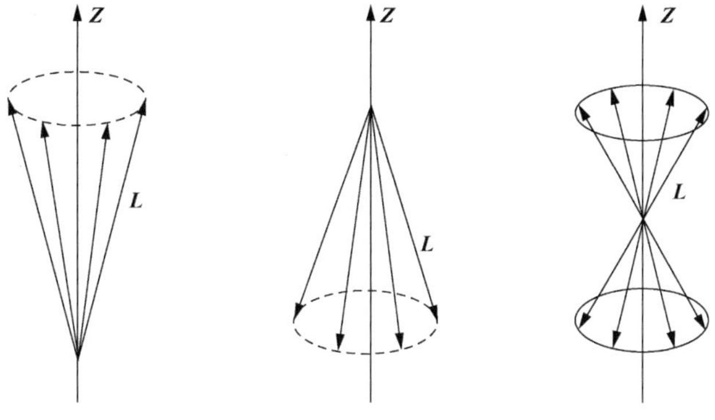

（a）正定向　（b）负定向　（c）取向

图 7.1.1　分子的定向与取向

7.2　探测分子定向与取向的激光诱导荧光方法

本节介绍利用激光诱导荧光方法确定初始态分子的定向和取向参数[3-9].

1. 激光诱导荧光强度的表达式

如图 7.2.1 所示，设处于初始态$\left|J_i M_i\right\rangle$的分子吸收光子后跃迁到激发态$\left|J_e M_e\right\rangle$或者$\left|J_e M_e'\right\rangle$，然后辐射荧光跃迁到末态$\left|J_f M_f\right\rangle$. 荧光强度为

$$I = C\sum_{M_e,M_e',M_f}【\left\langle \alpha_i J_i M_i \right|(\hat{\boldsymbol{\varepsilon}}_1\cdot\hat{\boldsymbol{\mu}})^*\left|\alpha_e J_e M_e'\right\rangle\left\langle \alpha_e J_e M_e'\right|(\hat{\boldsymbol{\varepsilon}}_2\cdot\hat{\boldsymbol{\mu}})^*\left|\alpha_f J_f M_f\right\rangle$$
$$\times\left\langle \alpha_f J_f M_f\right|(\hat{\boldsymbol{\varepsilon}}_2\cdot\hat{\boldsymbol{\mu}})\left|\alpha_e J_e M_e\right\rangle\left\langle \alpha_e J_e M_e\right|(\hat{\boldsymbol{\varepsilon}}_1\cdot\hat{\boldsymbol{\mu}})\left|\alpha_i J_i M_i\right\rangle】 \tag{7.2.1}$$

这里已经考虑了激发态的相干性，【…】表示对初始态取统计平均，$\hat{\boldsymbol{\varepsilon}}_1$和$\hat{\boldsymbol{\varepsilon}}_2$分别表示激光和荧光的偏振方向.

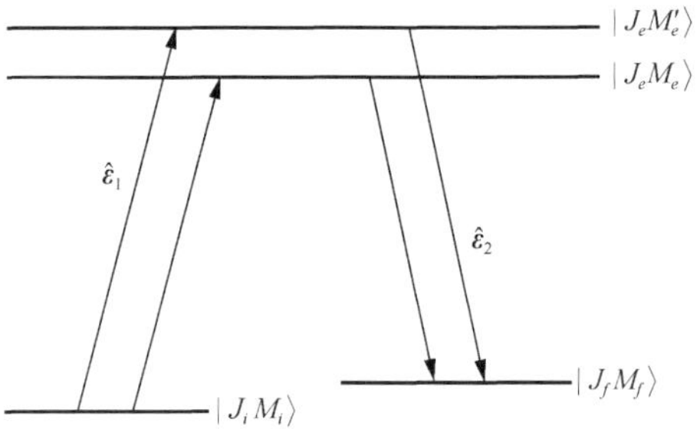

图 7.2.1　激光诱导荧光的能级跃迁图

利用投影算符

$$P_e = \sum_{M_e}\left|\alpha_e J_e M_e\right\rangle\left\langle \alpha_e J_e M_e\right| \tag{7.2.2}$$

$$P_e' = \sum_{M_e'}\left|\alpha_e J_e M_e'\right\rangle\left\langle \alpha_e J_e M_e'\right| \tag{7.2.3}$$

$$P_f = \sum_{M_f}\left|\alpha_f J_f M_f\right\rangle\left\langle \alpha_f J_f M_f\right| \tag{7.2.4}$$

把方程（7.2.1）改写为

$$I = C【\left\langle \alpha_i J_i M_i\right|(\hat{\boldsymbol{\varepsilon}}_1\cdot\hat{\boldsymbol{\mu}})^* P_e'(\hat{\boldsymbol{\varepsilon}}_2\cdot\hat{\boldsymbol{\mu}})^* P_f(\hat{\boldsymbol{\varepsilon}}_2\cdot\hat{\boldsymbol{\mu}})P_e(\hat{\boldsymbol{\varepsilon}}_1\cdot\hat{\boldsymbol{\mu}})\left|\alpha_i J_i M_i\right\rangle】 \tag{7.2.5}$$

2. 采用球张量对荧光强度进行简化处理

为了推导方便，我们把电偶极矩$\hat{\boldsymbol{\mu}}$加以编号. 利用球张量的性质，得到

$$
\begin{aligned}
Q &= (\hat{\boldsymbol{\varepsilon}}_1 \cdot \hat{\boldsymbol{\mu}})^* (\hat{\boldsymbol{\varepsilon}}_2 \cdot \hat{\boldsymbol{\mu}})^* (\hat{\boldsymbol{\varepsilon}}_2 \cdot \hat{\boldsymbol{\mu}})(\hat{\boldsymbol{\varepsilon}}_1 \cdot \hat{\boldsymbol{\mu}}) \\
&= (\hat{\boldsymbol{\varepsilon}}_1^* \cdot \hat{\boldsymbol{\mu}}_1)(\hat{\boldsymbol{\varepsilon}}_2^* \cdot \hat{\boldsymbol{\mu}}_2)(\hat{\boldsymbol{\varepsilon}}_2 \cdot \hat{\boldsymbol{\mu}}_3)(\hat{\boldsymbol{\varepsilon}}_1 \cdot \hat{\boldsymbol{\mu}}_4) \\
&= \sum_{K_1,K_2,K,q} (-1)^{K-q} \{[\varepsilon_2^{(1)*} \otimes \varepsilon_2^{(1)}]^{(K_2)} \otimes [\varepsilon_1^{(1)*} \otimes \varepsilon_1^{(1)}]^{(K_1)}\}_{-q}^{(K)} \\
&\quad \times \{[\mu_2^{(1)} \otimes \mu_3^{(1)}]^{(K_2)} \otimes [\mu_1^{(1)} \otimes \mu_4^{(1)}]^{(K_1)}\}_q^{(K)} \\
&= \sum_{K_1,K_2,K,q} (-1)^{K-q} \varepsilon_{-q}^{(K)}(K_2, K_1, \Omega) \{[\mu_2^{(1)} \otimes \mu_3^{(1)}]^{(K_2)} \otimes [\mu_1^{(1)} \otimes \mu_4^{(1)}]^{(K_1)}\}_q^{(k)}
\end{aligned} \tag{7.2.6}
$$

式中

$$
\varepsilon_{-q}^{(K)}(K_2, K_1, \Omega) = \{[\varepsilon_2^{(1)*} \otimes \varepsilon_2^{(1)}]^{(K_2)} \otimes [\varepsilon_1^{(1)*} \otimes \varepsilon_1^{(1)}]^{(K_1)}\}_{-q}^{(K)} \tag{7.2.7}
$$

称为激发-探测几何因子. Ω 表示激发与探测激光的偏振方向. 计算激发-探测几何因子的方法：设 $\varepsilon_{-q}^{K}(K_2, K_1, \Omega) = [A^{(K_2)} \otimes B^{(K_1)}]_{-q}^{(K)}$，由方程（7.1.5）计算其表达式；再由方程（7.1.5）分别计算 $A^{(K_2)}$ 和 $B^{(K_1)}$，最后求出 $\varepsilon_{-q}^{(K)}(K_2, K_1, \Omega)$ 的表达式. 在方程（7.2.6）中，由于 K_1=0, 1, 2 及 K_2=0, 1, 2, 故 K=0, 1, 2, 3, 4. 把方程（7.2.6）代入方程（7.2.5）中，得

$$
\begin{aligned}
I &= C \sum_{K_1,K_2,K,q} (-1)^{K-q} \varepsilon_{-q}^{K}(K_2, K_1, \Omega) \\
&\quad \times \left[\langle \alpha_i J_i M_i | \{[\mu_2^{(1)} \otimes \mu_3^{(1)}]^{(K_2)} \otimes [\mu_1^{(1)} \otimes \mu_4^{(1)}]^{(K_1)}\}_q^{(K)} P_e' P_f P_e | \alpha_i J_i M_i \rangle \right]
\end{aligned} \tag{7.2.8}
$$

或者

$$
\begin{aligned}
I &= C \sum_{K_1,K_2,K,q} (-1)^{K-q} \varepsilon_{-q}^{(K)}(K_2, K_1, \Omega)(J_i \| \{[\mu_2^{(1)} \otimes \mu_3^{(1)}]^{(K_2)} \otimes [\mu_1^{(1)} \otimes \mu_4^{(1)}]^{(K_1)}\}_q^{(K)} P_e' P_f P_e \| J_i) \\
&\quad \times \frac{1}{(J_i \| J^{(K)} \| J_i)} \left[\langle J_i M_i | J_q^{(K)} | J_i M_i \rangle \right]
\end{aligned} \tag{7.2.9}
$$

使用与前一节类似的处理方法，求出约化矩阵元为

$$
\begin{aligned}
&(J_i \| \{[\mu_2^{(1)} \otimes \mu_3^{(1)}]^{(K_2)} \otimes [\mu_1^{(1)} \otimes \mu_4^{(1)}]^{(K_1)}\}_q^{(K)} \| J_i) \\
&= S(J_i, J_e, J_f) h(K_2, K_1, K, J_i, J_e, J_f)
\end{aligned} \tag{7.2.10}
$$

式中

$$
S(J_i, J_e, J_f) = |(J_f \| \mu^{(1)} \| J_e)(J_e \| \mu^{(1)} \| J_i)|^2 \tag{7.2.11}
$$

$$
\begin{aligned}
h(K_2, K_1, K, J_i, J_e, J_f) &= (-1)^{J_e + J_f + 1} \left[(2K_2+1)(2K_1+1)(2K+1)\right]^{1/2} \\
&\quad \times \begin{Bmatrix} J_e & J_e & K_2 \\ 1 & 1 & J_f \end{Bmatrix} \begin{Bmatrix} J_e & 1 & J_i \\ J_e & 1 & J_i \\ K_2 & K_1 & K \end{Bmatrix}
\end{aligned} \tag{7.2.12}
$$

把方程（7.2.10）代入方程（7.2.8）中，最后得到

$$
I = CS(J_i, J_e, J_f) \sum_{K_1,K_2,K,q} (-1)^{K-q} \varepsilon_{-q}^{(K)}(K_2, K_1, \Omega) h(K_2, K_1, K, J_i, J_e, J_f) A_q^{(K)}(J_i) \tag{7.2.13}
$$

式中

$$A_q^{(K)}(J_i) = [\frac{\langle J_i M_i | J_q^{(K)} | J_i M_i \rangle}{(J_i \| J^{(K)} \| J_i)}] \tag{7.2.14}$$

表示初始态分子角动量的定向和取向参数；$h(K_2, K_1, K, J_i, J_e, J_f)$ 为动力学因子；$S(J_i, J_e, J_f)$ 为荧光线强度因子. 在实验中，选取不同的激发-探测几何因子测量荧光强度，采用光谱拟合方法提取初始态分子角动量的定向和取向参数 $A_q^{(K)}(J_i)$. 当 K=0 时，$A_0^{(0)}(J_i)$ 表示初始态分子的布居；当 K 为偶数（K=2, 4）时，$A_q^{(K)}(J_i)$ 表示初始态分子角动量的取向参数；当 K 为奇数（K=1, 3）时，$A_q^{(K)}(J_i) = O_q^{(K)}(J_i)$ 表示初始态分子角动量的定向参数.

7.3　利用超短脉冲激光控制分子定向与取向的理论描述

利用激光可以控制分子的定向与取向[10-19]. 激光场包括单色激光脉冲、双色激光脉冲、多色激光脉冲、太赫兹脉冲和激光脉冲链等. 当控制分子定向时，通常选用太赫兹脉冲、几个光周期脉冲和非对称电场分布的激光脉冲. 控制分子取向时，对激光脉冲没有严格的限制.

利用圆偏振光（或椭圆偏振光），可以控制分子角动量（或者电偶极矩，或者分子轴）定向参数 $O_q^{(K)}$ 和取向参数 $A_q^{(K)}$ 的所有分量，但利用线偏振（平面偏振）激光只能控制特殊的分子定向参数 $O_0^{(K)}$ 和取向参数 $A_0^{(K)}$. 例如，当使用圆偏振单光子控制分子定向与取向时，K=1, 2 及 q=0,±1,±2，可以控制三个定向参数 $O_{0,\pm1}^{(1)}$ 和五个取向参数 $A_{0,\pm1,\pm2}^{(2)}$，但用线偏振单光子只能控制分子最低阶定向参数 $O_0^{(1)}$ 和最低阶取向参数 $A_0^{(2)}$. 本节为了理论处理简单，仅讨论利用线偏振激光控制分子定向参数 $O_0^{(1)} = \langle P_1(\cos\theta)\rangle = \langle\cos\theta\rangle$ 和取向参数 $A_0^{(2)} = \langle P_2(\cos\theta)\rangle = \langle(3\cos^2\theta - 1)/2\rangle$ 问题. 在理论研究中，计算分子定向参数 $\langle\cos\theta\rangle$ 和取向参数 $\langle\cos^2\theta\rangle$.

理论计算方法主要有两种：含时量子波包和密度矩阵理论. 下面介绍这两种理论计算方法.

7.3.1　计算分子定向与取向参数的含时量子波包理论

分子系统的哈密顿算符为

$$\hat{H}(t) = -\frac{\hbar^2}{2m}\frac{\partial^2}{\partial R^2} + \frac{\hbar^2 \hat{\boldsymbol{J}}^2}{2mR^2} + \hat{V}(R) - \boldsymbol{\mu} \cdot \boldsymbol{E}(t) \tag{7.3.1}$$

式中，m、R 和 $\hat{\boldsymbol{J}}$ 分别表示分子的约化质量、核间距和角动量算符；$\hat{V}(R)$ 表示分子的势能算符；$\boldsymbol{\mu}$ 和 $\boldsymbol{E}(t)$ 分别表示分子的电偶极矩和激光脉冲的电场. 激光与分子之间相互作用势为

$$\hat{V}_{\text{int}} = -\boldsymbol{\mu}(R)\cdot\boldsymbol{E}(t) = -\mu(R)E(t)\cos\theta \tag{7.3.2}$$

分子的波函数$\Psi(R,\theta,\phi,t)$满足薛定谔方程

$$\mathrm{i}\hbar\frac{\partial}{\partial t}\Psi(R,\theta,\phi,t) = \hat{H}(t)\Psi(R,\theta,\phi,t) \tag{7.3.3}$$

式中，θ 和 ϕ 分别表示电偶极矩在空间固定坐标系中的极角和方位角. 若取激光电场方向为坐标系 Z 轴方向，则 θ 表示电偶极矩与激光电场方向之间的夹角. 采用第 5 章介绍的含时量子波包方法数值求解方程（7.3.3），得到随时间变化的分子波函数. 在系统温度为 T=0 K 的条件下，分子定向和取向参数分别为

$$\langle\cos\theta\rangle = \langle\Psi(R,\theta,\phi,t)|\cos\theta|\Psi(R,\theta,\phi,t)\rangle \tag{7.3.4}$$

和

$$\langle\cos^2\theta\rangle = \langle\Psi(R,\theta,\phi,t)|\cos^2\theta|\Psi(R,\theta,\phi,t)\rangle \tag{7.3.5}$$

在实验条件下，系统的温度不可能等于零. 必须考虑温度对分子定向和取向的影响，即考虑热力学统计效应. 为此，要求在分子定向和取向参数的计算中考虑玻尔兹曼分布. 设系统的温度为 T，分子定向和取向参数分别为

$$\langle\cos\theta\rangle_T = Z^{-1}\sum_{J=0}^{\infty}\rho_T(J)\sum_{M=-J}^{J}\langle\cos\theta\rangle_{JM} \tag{7.3.6}$$

和

$$\langle\cos^2\theta\rangle_T = Z^{-1}\sum_{J=0}^{\infty}\rho_T(J)\sum_{M=-J}^{J}\langle\cos^2\theta\rangle_{JM} \tag{7.3.7}$$

式中

$$\rho_T(J) = \exp\left[-\frac{B_e J(J+1)}{k_{\mathrm{B}}T}\right] \tag{7.3.8}$$

表示玻尔兹曼分布函数，B_e 和 k_{B} 分别为分子转动常数和玻尔兹曼常数；Z 表示配分函数，其表达式为

$$Z = \sum_{J=0}^{\infty}(2J+1)\rho_T(J) \tag{7.3.9}$$

7.3.2　计算分子定向与取向参数的密度矩阵理论

设处于外电场中分子的哈密顿算符为 $\hat{H}(t)$，在系统温度为 T=0 K 的条件下，分子的定向和取向参数分别为[19]

$$\langle\cos\theta\rangle = \mathrm{Tr}[\hat{\rho}(t)\cos\theta] \tag{7.3.10}$$

和

$$\langle\cos^2\theta\rangle = \mathrm{Tr}[\hat{\rho}(t)\cos^2\theta] \tag{7.3.11}$$

式中，$\hat{\rho}(t)$ 表示密度矩阵，它满足量子刘维尔方程

$$\frac{\partial\hat{\rho}(t)}{\partial t} = -\frac{\mathrm{i}}{\hbar}[\hat{H}(t),\hat{\rho}(t)] \tag{7.3.12}$$

在角动量表象中，密度矩阵 $\hat{\rho}(t)$ 为

$$\hat{\rho}(t)=\sum_{J,M,J',M'}\rho_{JM,J'M'}(t)\left|JM\right\rangle\left\langle J'M'\right| \tag{7.3.13}$$

采用四阶龙格-库塔方法数值求解量子刘维尔方程（7.3.12），得到密度矩阵的对角和非对角矩阵元，然后计算分子的定向和取向参数[19]. 考虑热力学统计效应，在角动量表象中玻尔兹曼分布函数为

$$\rho(T)=\frac{1}{Z}\sum_{J=0}^{\infty}\sum_{M=-J}^{J}\left|JM\right\rangle\left\langle JM\right|\exp\left[-\frac{B_eJ(J+1)}{k_BT}\right] \tag{7.3.14}$$

式中，配分函数 Z 为

$$Z=\sum_{J=0}^{\infty}\sum_{M=-J}^{J}\exp\left[-\frac{B_eJ(J+1)}{k_BT}\right] \tag{7.3.15}$$

考虑热力学统计效应后，分子定向和取向参数分别为

$$\left\langle\cos\theta\right\rangle=\mathrm{Tr}[\rho(T)\hat{\rho}(t)\cos\theta] \tag{7.3.16}$$

和

$$\left\langle\cos^2\theta\right\rangle=\mathrm{Tr}[\rho(T)\hat{\rho}(t)\cos^2\theta] \tag{7.3.17}$$

7.3.3 控制分子定向与取向的激光脉冲

激光脉冲电场 $\boldsymbol{E}(t)$ 的具体形式取决于激光脉冲的包络形状、载波频率、脉冲宽度和载波相位等参数. 下面介绍几种用于控制分子定向与取向的激光脉冲.

1. 高斯脉冲

单个高斯脉冲的电场强度为[10-16]

$$\boldsymbol{E}(t)=\boldsymbol{E}_0f(t)\cos(\omega t+\phi) \tag{7.3.18}$$

式中，$\boldsymbol{E}_0$ 为电场的振幅；ϕ 为载波相位；ω 为圆频率. 高斯脉冲的包络函数 $f(t)$ 为

$$f(t)=\exp\left[-\frac{2\ln 2}{\tau_c^2}(t-t_0)^2\right] \tag{7.3.19}$$

式中，τ_c 和 t_0 分别为脉冲宽度和中心时间.

2. 双色高斯脉冲

双色激光脉冲的电场强度为[12]

$$\boldsymbol{E}(t)=\boldsymbol{E}_{01}f_1(t)\cos(\omega_1t+\phi_1)+\boldsymbol{E}_{02}f_2(t)\cos(\omega_2t+\phi_2) \tag{7.3.20}$$

设 $\omega_1>\omega_2$， $\boldsymbol{E}_{02}=\boldsymbol{E}_{01}=\boldsymbol{E}_0/2$， $\phi_2=-\phi_1=\phi$，并令两个脉冲的高斯包络函数为

$$f(t)=f_1(t)=f_2(t)=\exp\left[-\frac{2\ln 2}{\tau_c^2}(t-t_0)^2\right] \tag{7.3.21}$$

得到调制双色激光脉冲的电场为

$$\boldsymbol{E}_{\mathrm{modu}}(t)=\boldsymbol{E}_0S(t)\cos(\omega_Lt) \tag{7.3.22}$$

式中

$$\omega_L = (\omega_1 + \omega_2)/2 \tag{7.3.23}$$

$$S(t) = f(t)\cos(2\pi t / T_c - \phi) \tag{7.3.24}$$

式中，T_c 为总的包络周期，由 $2\pi/T_c = (\omega_1 - \omega_2)/2$ 计算.

3. 激光脉冲链

设激光脉冲链包含 N 个脉冲，脉冲的重复周期为 T_{rep}，脉冲链的电场强度为[13]

$$\boldsymbol{E}(t) = \sum_{n=0}^{N-1} \boldsymbol{E}_0 f(t - nT_{\text{rep}})\cos[\omega(t - nT_{\text{rep}}) + n\phi] \tag{7.3.25}$$

式中，$\boldsymbol{E}_0$ 为电场的振幅；ω 为载波圆频率；ϕ 为载波相位. 第 n 个脉冲的包络函数为

$$f(t - nT_{\text{rep}}) = \operatorname{sech}\frac{t - nT_{\text{rep}}}{\tau_p} \tag{7.3.26}$$

式中，sech x 为以 x 为变量的双曲正割函数；τ_p 为脉冲宽度. 应该注意，脉冲的包络函数也可以选取其他类型脉冲（如高斯脉冲）的包络函数形式.

4. 太赫兹脉冲链

太赫兹脉冲为高频振荡脉冲. 利用太赫兹脉冲或者脉冲链可以有效地控制分子定向，但用于控制分子取向的效果较差[11-15]. 太赫兹脉冲链的电场强度为

$$\boldsymbol{E}(t) = \sum_{n=1}^{N} \boldsymbol{E}_{0n} f_n(t)\cos[\omega_n(t - t_n) + \phi_n] \tag{7.3.27}$$

式中，$\boldsymbol{E}_{0n}$ 为第 n 个太赫兹脉冲的电场振幅；ω_n 为载波圆频率；t_n 为脉冲中心时间；ϕ_n 为载波相位. 第 n 个脉冲的包络函数为

$$f_n(t) = \exp\left[-\frac{2\ln 2}{\tau_n^2}(t - t_n)^2\right] \tag{7.3.28a}$$

式中，τ_n 为脉冲宽度. 注意，在某些文献[10-13]中，太赫兹脉冲的包络函数取为

$$f_n(t) = \exp\left[-\frac{4\ln 2}{\tau_n^2}(t - t_n)^2\right] \tag{7.3.28b}$$

5. 线性调频激光脉冲

线性调频激光脉冲的频率是线性可调的[13]. 激光脉冲的电场强度为

$$\boldsymbol{E}(t) = \boldsymbol{E}_0 f(t)\cos[\omega(t)(t - t_0)] \tag{7.3.29}$$

式中，$\boldsymbol{E}_0$ 为电场的振幅；t_0 为脉冲的中心时间. 设脉冲的载波圆频率为 ω_L，线性调频系数为 γ，调频激光脉冲的圆频率为

$$\omega(t) = \omega_L + \gamma(t - t_0) \tag{7.3.30}$$

高斯脉冲的包络函数为

$$f(t) = \left[1 + \left(\frac{\gamma\tau_c^2}{4\ln 2}\right)^2\right]^{-1/4} \exp\left[-\frac{2\ln 2}{\tau_c^2}(t - t_0)^2\right] \tag{7.3.31}$$

式中，τ_c 为脉冲宽度.

6. 相位跃变激光脉冲

相位跃变激光脉冲的电场强度为[14]

$$\boldsymbol{E}(t)=\begin{cases}\boldsymbol{E}_0 f(t)\cos[\omega(t-t_0)], & t<t_0\\ \boldsymbol{E}_0 f(t)\cos[\omega(t-t_0)+\varphi], & t\geqslant t_0\end{cases} \tag{7.3.32}$$

式中，$\boldsymbol{E}_0$ 为电场的振幅；t_0 为脉冲的中心时间；φ 为相位的跃变. 脉冲的包络函数为

$$f_n(t)=\exp\left[-\frac{4\ln 2}{\tau_c^2}(t-t_0)^2\right] \tag{7.3.33}$$

式中，τ_c 为脉冲宽度.

7. 超级高斯脉冲（super-Gaussian pulse）

激光场包含 N 个超级高斯脉冲. 为了简单，我们以包含两个超级高斯脉冲的激光场为例加以介绍. 激光脉冲的电场强度为[15]

$$\boldsymbol{E}(t)=\boldsymbol{E}_0 f(t)\sin\omega t+\boldsymbol{E}_0 f(t-t_d)\sin[\omega(t-t_d)] \tag{7.3.34}$$

式中，$\boldsymbol{E}_0$ 为电场的振幅；t_d 为两个脉冲之间的延迟时间. 超级高斯脉冲的包络函数为

$$f(t)=\exp\left[-\frac{1}{2}\left(\frac{t}{\tau_c}\right)^{2\eta}\right] \tag{7.3.35}$$

式中，$\eta=1,2,\cdots$ 为脉冲整形参数；τ_c 为脉冲宽度.

根据麦克斯韦电磁场理论，对于各种类型激光脉冲，要求电场对时间的积分应当满足下列条件：

$$\int_{-\infty}^{\infty} E(t)\mathrm{d}t=0 \tag{7.3.36}$$

对于脉冲包络内包含大量光学周期的激光脉冲，电场强度的时间积分为零，满足上述条件. 然而，对于包含少数光学周期的激光脉冲（few-cycle laser pulses），非对称的电场分布要求必须有相反方向电场的脉冲长尾巴才能满足脉冲面积等于零的条件. 脉冲的长尾巴拖得很长，且电场强度很弱. 在少数光学周期激光脉冲与原子、分子相互作用中，脉冲的几个主要峰起关键作用，往往忽略了脉冲长尾巴的影响. 应当注意，这种近似可能不严格满足方程（7.3.36）的条件要求.

7.3.4 控制分子定向与取向的例子

图 7.3.1 表示利用调制双色激光和半周期太赫兹激光控制 LiH 分子的定向[12]. 理论计算采用了含时量子波包方法. 图 7.3.1（a）描绘了调制双色激光的电场随时间的变化. 图 7.3.1（b）表示半周期太赫兹激光的电场随时间的变化曲线. 图 7.3.1（c）表示分子定向参数随时间的变化曲线（取温度 T= 0 K）. 图 7.3.1（d）表示分子振-转态（v =1, J=1）上布居随着时间的变化曲线. 图 7.3.1（e）和（f）分别表示利用单周期太赫兹激光

场控制分子定向和振-转态分子布居的变化曲线. 如图 7.3.1（c）所示，利用调制双色激光和半周期太赫兹激光控制 LiH 分子定向度的最大值为 $\langle \cos\theta \rangle_{\max} = 0.610$，大于利用单个光周期太赫兹激光控制分子定向度的最大值（0.455）.

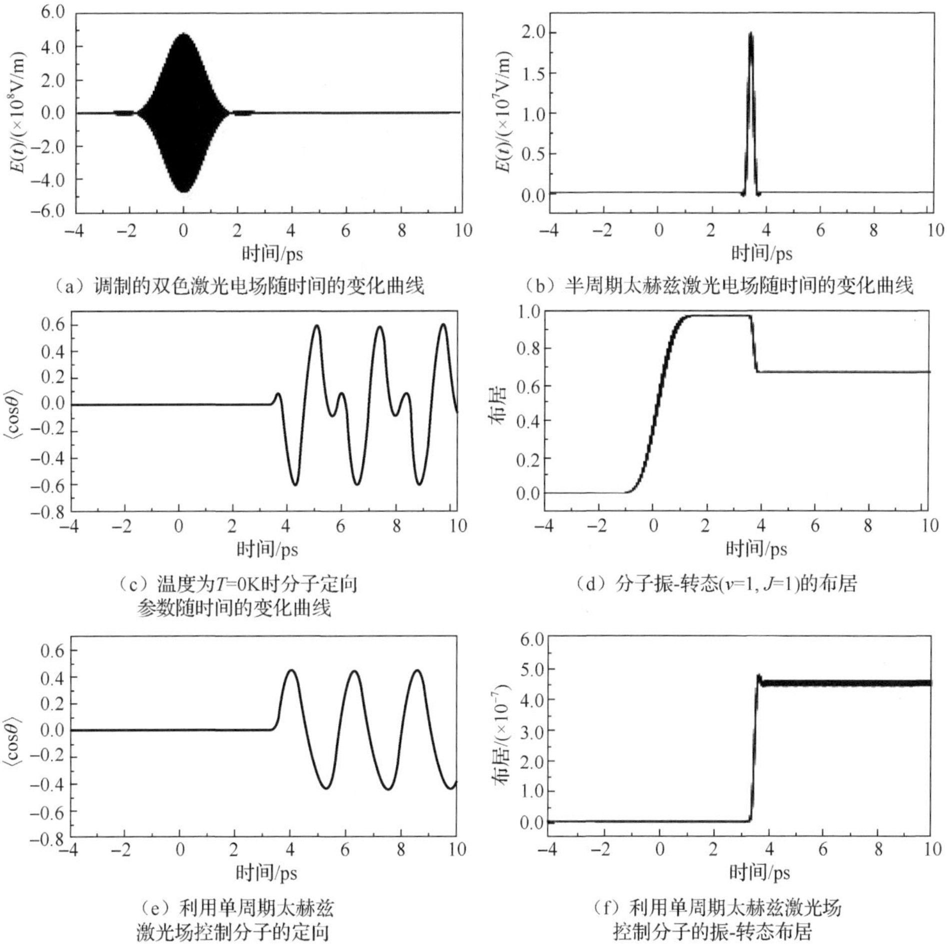

（a）调制的双色激光电场随时间的变化曲线

（b）半周期太赫兹激光电场随时间的变化曲线

（c）温度为 T=0K 时分子定向参数随时间的变化曲线

（d）分子振-转态(v=1, J=1)的布居

（e）利用单周期太赫兹激光场控制分子的定向

（f）利用单周期太赫兹激光场控制分子的振-转态布居

图 7.3.1　利用调制双色激光和半周期太赫兹激光控制 LiH 分子的定向[12]

图 7.3.2 表示采用密度矩阵理论计算的由单个太赫兹脉冲太赫兹脉冲链控制 CO 分子的定向与取向参数[16]. 图 7.3.2（a）表示在单个太赫兹脉冲作用下，分子的定向参数（实线）和取向参数（虚线）随着时间的变化曲线. 图 7.3.2（b）表示在太赫兹脉冲链（由 N=20 个脉冲组成）作用下，分子的定向参数（实线）和取向参数（虚线）随着时间的变化曲线. 太赫兹脉冲的电场峰强度为 E_0 =1.1 MV/cm. 可以看出，与单个太赫兹脉冲的计算结果比较，利用太赫兹脉冲链明显提高了 CO 分子的定向与取向度.

图 7.3.3 表示采用含时量子波包方法计算的由相位跃变脉冲控制 LiH 分子的定向参数[14]. 图 7.3.3（a）和（b）分别表示相位跃变脉冲的电场分布和计算的 LiH 分子定向参数. 激光脉冲的电场峰值 E_0 =2.10×10^7 V/cm，单个脉冲的时间宽度 τ_c=100 fs，初始相

位 $\varphi=5\pi/4$，脉冲圆频率 $\omega=340\ \text{cm}^{-1}$. 为了比较，在图 7.3.3（c）和（d）中分别描绘了无相位跃变脉冲的电场分布和计算的 LiH 分子定向参数. 对比图 7.3.3（b）和（d）可以看出，相位跃变激光脉冲明显提高了 LiH 分子的定向度. 最大的定向度为 $\left|\langle\cos\theta\rangle_{\max}\right|=0.860$.

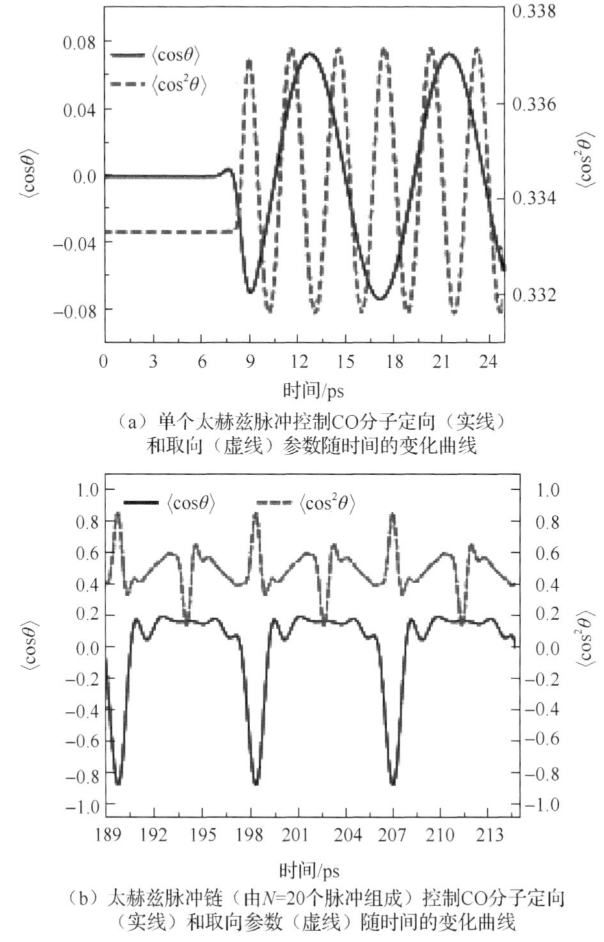

（a）单个太赫兹脉冲控制CO分子定向（实线）和取向（虚线）参数随时间的变化曲线

（b）太赫兹脉冲链（由N=20个脉冲组成）控制CO分子定向（实线）和取向参数（虚线）随时间的变化曲线

图 7.3.2　利用单个太赫兹脉冲和太赫兹脉冲链控制 CO 分子的定向（实线）和取向（虚线）[16]

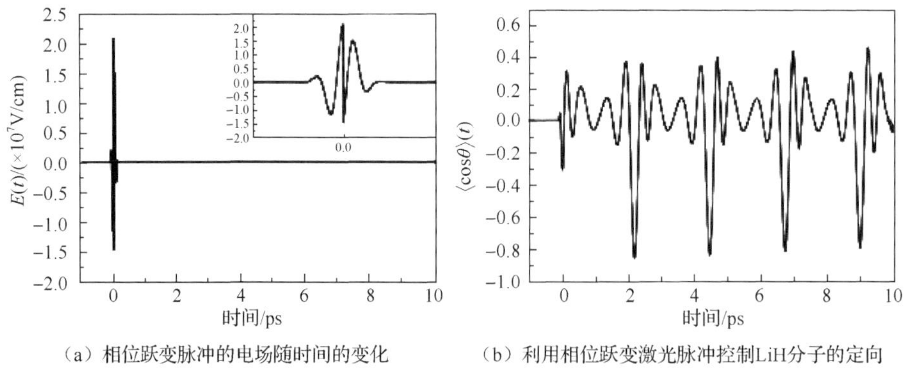

（a）相位跃变脉冲的电场随时间的变化　　（b）利用相位跃变激光脉冲控制LiH分子的定向

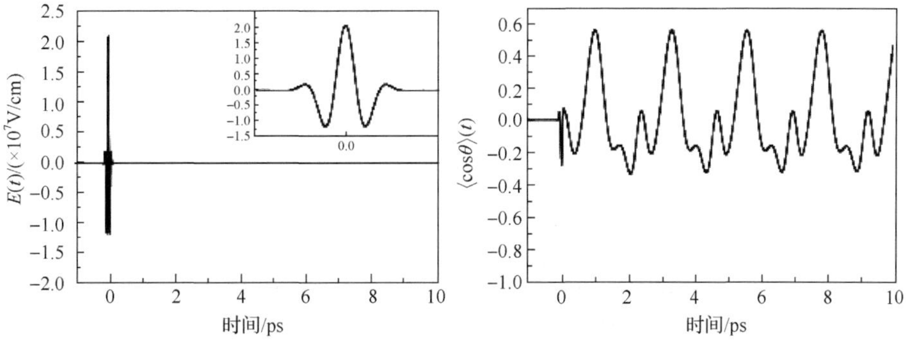

（c）无相位跃变脉冲的电场随时间的变化　　（d）利用无相位跃变激光脉冲控制LiH分子的定向

图 7.3.3　利用相位跃变脉冲控制 LiH 分子的定向[14]

7.4　定向分子的光解离理论

分子的光解离过程包含激光与分子相互作用的标量性质和矢量性质. 分子的定向对光解离过程和解离产物角分布有一定的影响[20,21]. 目前，我们可以把分子定向与取向、光解离反应和解离产物角分布三个过程组合起来加以研究，即利用一束强度较弱的激光控制分子的定向，然后使用较强的激光把定向分子解离，通过测量和分析定向分子的光解离谱来研究分子的不同定向对光解离过程与解离产物角分布的影响，探讨标量性质与矢量性质之间的关联性. 本节介绍利用单周期脉冲和飞秒泵浦脉冲激光控制分子的定向与解离过程，给出解离产物角分布的理论计算公式.

7.4.1　分子的定向

利用强度较弱的线偏振太赫兹脉冲来定向分子. 太赫兹脉冲在分子基电子态上产生一个振-转波包，诱导分子发生定向[20]. 在外电场中分子哈密顿算符为

$$\hat{H}(t)=-\frac{\hbar^2}{2m}\frac{\partial^2}{\partial R^2}-\frac{\hbar^2}{2mR^2}\frac{1}{\sin\theta}\frac{\partial}{\partial\theta}\left(\sin\theta\frac{\partial}{\partial\theta}\right)+\hat{V}_X(R)+\hat{W}(R,\theta,\phi) \tag{7.4.1}$$

式中，m 表示约化质量；R 表示核间距；θ 表示激光场偏振方向与分子轴之间的夹角；$\hat{V}_X(R)$ 表示双原子、分子势能算符，下标 X 表示分子处于基电子态. 单周期太赫兹脉冲激光与分子的相互作用势为

$$\hat{W}(R,\theta,\phi)=-\mu_{XX}(R)E_1(t)\cos\theta \tag{7.4.2}$$

单周期太赫兹脉冲的电场强度为

$$E_1(t)=E_{10}\exp\left[-\frac{4\ln 2}{\tau_1^2}(t-t_1)^2\right]\sin\left[\omega_1(t-t_1)\right] \tag{7.4.3}$$

式中，E_{10}、t_1、ω_1 和 τ_1 分别表示单周期太赫兹脉冲的电场振幅、中心时间、中心频率和脉冲宽度.

设分子的初始振-转态为$|\nu=0,J=0,M=0\rangle$，含时薛定谔方程为

$$\mathrm{i}\hbar\frac{\partial}{\partial t}\Psi_X(R,\theta,\phi,t)=\hat{H}(t)\Psi_X(R,\theta,\phi,t) \tag{7.4.4}$$

把分子波函数用球谐函数展开为

$$\Psi_X(R,\theta,\phi,t)=\sum_J\chi_J(R,t)Y_{JM}(\theta,\phi) \tag{7.4.5}$$

分子的定向参数为

$$\langle\cos\theta\rangle(t)=\langle\Psi_X(R,\theta,\phi,t)|\cos\theta|\Psi_X(R,\theta,\phi,t)\rangle \tag{7.4.6}$$

7.4.2 定向分子的光解离与解离产物的角分布函数

利用泵浦脉冲激光使定向分子发生从基态到激发态的电子跃迁. 在绝热表象中，我们分别把基态和激发态简写为$|X\rangle$和$|A\rangle$，相应的核波函数为$\psi_X(\boldsymbol{R})$和$\psi_A(\boldsymbol{R})$. 在非绝热表象中，我们把势能 V_1 和 V_2 的电子态分别标记为$|1\rangle$态和$|2\rangle$态，相应的核波函数分别为$\psi_1(\boldsymbol{R})$和$\psi_2(\boldsymbol{R})$.

在非绝热表象中，核波函数满足两态薛定谔方程

$$\mathrm{i}\hbar\frac{\partial}{\partial t}\begin{pmatrix}\psi_1(\boldsymbol{R})\\ \psi_2(\boldsymbol{R})\end{pmatrix}=\hat{H}_d\begin{pmatrix}\psi_1(\boldsymbol{R})\\ \psi_2(\boldsymbol{R})\end{pmatrix} \tag{7.4.7}$$

为了简单，我们设泵浦脉冲的偏振方向与单周期太赫兹脉冲的偏振方向相同. 描述光解离过程的哈密顿算符为

$$\hat{H}_d=\left[-\frac{\hbar^2}{2m}\frac{\partial^2}{\partial R^2}-\frac{\hbar^2}{2mR^2}\frac{1}{\sin\theta}\frac{\partial}{\partial\theta}\left(\sin\theta\frac{\partial}{\partial\theta}\right)\right]\hat{\boldsymbol{I}}+\hat{\boldsymbol{V}}_d(R)+\hat{\boldsymbol{W}}_d(R,\theta,t) \tag{7.4.8}$$

式中，$\hat{\boldsymbol{I}}$ 为单位矩阵. 在非绝热表象中势能矩阵$\hat{\boldsymbol{V}}_d(R)$为

$$\hat{\boldsymbol{V}}_d(R)=\begin{pmatrix}V_1 & V_{12}\\ V_{21} & V_2\end{pmatrix}=\hat{\boldsymbol{Q}}\hat{\boldsymbol{V}}_{ad}(R)\hat{\boldsymbol{Q}}^{\mathrm{T}}=\hat{\boldsymbol{Q}}\begin{pmatrix}V_X & 0\\ 0 & V_A\end{pmatrix}\hat{\boldsymbol{Q}}^{\mathrm{T}} \tag{7.4.9}$$

式中，$\hat{\boldsymbol{V}}_{ad}(R)$为绝热表象中势能矩阵，可通过对角化非绝热表象中势能矩阵得到；$\hat{\boldsymbol{Q}}$ 为绝热与非绝热表象之间的变换矩阵（$\hat{\boldsymbol{Q}}^{\mathrm{T}}$ 为$\hat{\boldsymbol{Q}}$ 的转置矩阵）. 在绝热表象中，波函数$\psi_X(\boldsymbol{R})$和$\psi_A(\boldsymbol{R})$由非绝热表象中波函数$\psi_1(\boldsymbol{R})$和$\psi_2(\boldsymbol{R})$与$\hat{\boldsymbol{Q}}^{\mathrm{T}}$ 的乘积得到.

在非绝热表象中，解离激光场与分子的相互作用势可以用矩阵表示为

$$\hat{\boldsymbol{W}}_d(R,\theta,t)=\hat{\boldsymbol{Q}}\hat{\boldsymbol{W}}_{ad}(R,\theta,t)\hat{\boldsymbol{Q}}^{\mathrm{T}}=\hat{\boldsymbol{Q}}\begin{pmatrix}W_{XX} & W_{XA}\\ W_{AX} & W_{AA}\end{pmatrix}\hat{\boldsymbol{Q}}^{\mathrm{T}} \tag{7.4.10}$$

在绝热表象中相互作用势的矩阵元为

$$W_{ij}=-\mu_{ij}(R)E_2(t)\cos\theta,\quad i,j=X,A \tag{7.4.11}$$

泵浦脉冲的电场强度$E_2(t)$为

$$E_2(t)=E_{20}\exp\left[-\frac{4\ln 2}{\tau_2^2}(t-t_2)^2\right]\cos\left[\omega_2(t-t_2)\right] \tag{7.4.12}$$

式中，E_{20}、t_2、ω_2 和 τ_2 分别表示泵浦脉冲的电场振幅、中心时间、中心频率和脉冲宽度.

分子基态（激发态）波函数的径向分布函数为

$$P_{X(A)}(R,t)=\int_0^{\pi}\psi^*_{X(A)}(R,\theta,t)\frac{\partial}{\partial R}\psi_{X(A)}(R,\theta,t)\sin\theta\mathrm{d}\theta \tag{7.4.13}$$

分子基态（激发态）波函数的角向分布函数为

$$P_{X(A)}(\theta,t)=\int_0^{\infty}\psi^*_{X(A)}(R,\theta,t)\psi_{X(A)}(R,\theta,t)R^2\mathrm{d}R \tag{7.4.14}$$

在泵浦激光的作用下，分子沿着激发态解离势能曲线的光解离概率为[20,21]

$$P_A=\frac{\hbar}{m}\int_{-\infty}^{\infty}\mathrm{d}t\,\mathrm{Im}\left[\int_0^{\pi}\psi_A(R_0,\theta,t)\frac{\partial}{\partial R}\psi_A(R,\theta,t)\Big|_{R_0}\sin\theta\mathrm{d}\theta\right] \tag{7.4.15}$$

式中，R_0表示在解离势能曲线的渐近线上距离解离前分子平衡位置最近的一点.

为了计算光解离产物（光碎片）的角分布函数$\Theta(\varphi)$，把解离态波函数$\psi_A(R,\theta,t)$用勒让德函数$P_J(\cos\theta)$展开为

$$\psi_A(R,\theta,t)=\sum_J\chi_J(R,t)P_J(\cos\theta) \tag{7.4.16}$$

式中，$\chi_J(R,t)$表示核波函数. 光解离产物角分布函数$\Theta(\varphi)$为

$$\Theta(\varphi)=\lim_{R\to\infty}\sum_J\left|\chi_J(R,t)P_J(\cos\varphi)\right|^2 \tag{7.4.17}$$

式中，φ 表示光解离产物动量方向与探测脉冲电场方向之间的夹角.

上述理论描述了分子定向（取向）、光解离反应和解离产物角分布三者之间的相关性. 文献[20]研究了 NaI 分子定向与光解离过程，探讨了分子定向对分子基态与激发态波函数的径向与角向空间分布以及对光解离概率的影响.

7.5　定向分子的光电离与光电子角分布理论

本节介绍定向分子的$(m+n)$共振增强多光子激发与电离理论[22]. 先利用太赫兹脉冲控制分子的定向，然后利用 m 个光子激发定向分子，最后利用 n 个光子将激发态分子电离. 实验中可以通过测量母分子定向、光电子能谱与角分布、离子能谱与角分布来研究分子的不同定向对光电离过程及其产物角分布的影响，探讨光与分子相互作用的标量性质和矢量性质之间的相关性.

7.5.1　分子的预定向

设分子的基电子态、激发电子态和电离态分别为$|X\rangle$、$|A\rangle$和$|I\rangle$. 利用太赫兹脉冲把处于基电子态$|X\rangle$的分子定向. 太赫兹脉冲的电场强度为

$$E_{10}(t)=E_{10}\exp\left[-\frac{4\ln 2}{\tau_1^2}(t-t_1)^2\right]\cos[\omega_1(t-t_1)] \tag{7.5.1}$$

与方程（7.4.3）相比，方程（7.5.1）仅把正弦函数改为余弦函数. 哈密顿算符、相互作

用势、定向参数等其他表达式与 7.4.1 节介绍的相应表达式相同，这里不再赘述.

若考虑热力学统计效应，则需要在理论计算公式中引入玻尔兹曼分布函数. 分子定向和取向参数分别由方程（7.3.6）和方程（7.3.7）计算.

7.5.2　定向分子的多光子激发与电离

在泵浦（pump）和探测（probe）脉冲相继作用下，处于基电子态$|X\rangle$的定向分子吸收圆频率为 ω_{pump} 的 m 个光子后，跃迁到电子激发态$|A\rangle$，然后再吸收圆频率为 ω_{probe} 的 n 个光子后发生电离.

考虑三态模型：两个束缚电子态和一个电离连续态. 在泵浦和探测激光场中，分子的哈密顿算符为

$$\hat{H}^{(p)}(t)=\sum_b |\varPhi_b\rangle\hat{H}_b\langle\varPhi_b|+\int \mathrm{d}E_n|\varPhi_n\rangle(\hat{H}_I^{(0)}+E_n)\langle\varPhi_n|+\hat{W}(t) \tag{7.5.2}$$

式中，$|\varPhi_b\rangle$（b=X, A）表示分子的两个束缚电子态；$|\varPhi_n\rangle$表示电离连续态；$\hat{H}_b$ 和 $\hat{H}_I^{(0)}$ 分别表示分子束缚电子态和最低电离态的哈密顿算符；$\hat{W}(t)$ 表示泵浦和探测激光与分子之间的相互作用势. 体系总的波函数为

$$|\varPsi(R,\alpha,t)\rangle=\sum_b \chi_b(R,\alpha,t)|\varPhi_b\rangle+\sum_{n=0}^{N-1}\chi_{I_n}(R,\alpha,E_n,t)|\varPhi_n\rangle \tag{7.5.3}$$

式中，$\chi_b(R,\alpha,t)$ 和 $\chi_{I_n}(R,\alpha,E_n,t)$ 分别表示束缚电子态和电离态的核波函数；α 表示分子电偶极矩与泵浦激光偏振方向之间的夹角. 为了简单，在下面的理论处理中，我们取泵浦与探测激光的偏振方向相同. 由于电离态是连续态，故在方程（7.5.3）中已经对连续态做了离散化处理. 光电子的最小动能和最大动能分别为 E_0 和 E_{N-1} . 在能量的矩阵表象中，两个束缚态核波函数和离散化电离态核波函数由薛定谔方程

$$\mathrm{i}\hbar\frac{\partial}{\partial t}\begin{pmatrix}\chi_X\\ \chi_A\\ \chi_{I_0}\\ \chi_{I_1}\\ \vdots\\ \chi_{I_{N-1}}\end{pmatrix}=\begin{pmatrix}H_{XX} & H_{XA} & 0 & 0 & \cdots & 0\\ H_{AX} & H_{AA} & H_{AI_0} & H_{AI_1} & \cdots & H_{AI_{N-1}}\\ 0 & H_{I_0A} & H_{I_0I_0} & 0 & \cdots & 0\\ 0 & H_{I_1A} & 0 & H_{I_1I_1} & \cdots & 0\\ \vdots & \vdots & \vdots & \vdots & & \vdots\\ 0 & H_{I_{N-1}A} & 0 & 0 & \cdots & H_{I_{N-1}I_{N-1}}\end{pmatrix}\begin{pmatrix}\chi_X\\ \chi_A\\ \chi_{I_0}\\ \chi_{I_1}\\ \vdots\\ \chi_{I_{N-1}}\end{pmatrix} \tag{7.5.4}$$

求得. 束缚态哈密顿算符的对角矩阵元为

$$H_{bb}=-\frac{\hbar^2}{2m}\frac{\partial^2}{\partial R^2}-\frac{\hbar^2}{2mR^2}\frac{1}{\sin\theta}\frac{\partial}{\partial\theta}\left(\sin\theta\frac{\partial}{\partial\theta}\right)+V_b(R)-\mu_{bb}E_{\text{pump}}(t)\cos\alpha \tag{7.5.5}$$

式中，$E_{\text{pump}}(t)$ 表示泵浦激光的电场强度；μ_{bb} 表示束缚态分子电偶极矩的矩阵元；$V_b(R)$ 表示分子的势能函数；θ 表示分子电偶极矩与太赫兹脉冲偏振方向之间的夹角. 若取泵浦（探测）激光的偏振方向与太赫兹脉冲激光的偏振方向相同，则 θ=α. 束缚态哈密顿算符的非对角矩阵元为

$$H_{XA}=H_{AX}=-\mu_{XA}E_{\text{pump}}(t)\cos\alpha \tag{7.5.6}$$

$$H_{AI_n}=H_{I_nA}=-\mu_{AI_n}E_{\text{probe}}(t)\cos\alpha \tag{7.5.7}$$

式中，$E_{\text{probe}}(t)$表示探测激光的电场强度. 离散化电离态哈密顿算符的对角矩阵元为

$$H_{I_nI_n}=H_{I_0I_0}+n\delta E,\quad n=0,1,\cdots,N-1 \tag{7.5.8}$$

式中，δE 表示相邻两个离散态的能量差.

泵浦和探测激光的电场强度为

$$\boldsymbol{E}_k(t)=\boldsymbol{E}_{k0}f_k(t-t_k)\cos[\omega_k(t-t_k)] \tag{7.5.9}$$

式中，k 表示泵浦或探测激光脉冲；$\boldsymbol{E}_{k0}$、t_k 和 ω_k 分别表示电场振幅、中心时间和中心频率. 泵浦和探测激光脉冲的包络函数为

$$f_k(t-t_k)=\exp\left[-\frac{4\ln 2}{\tau_k^2}(t-t_k)^2\right] \tag{7.5.10}$$

式中，τ_k 表示在时间域中脉冲宽度. 泵浦脉冲相对于太赫兹脉冲的延迟时间为 $\tau_d=t_{\text{pump}}-t_{\text{THz}}$，探测脉冲相对于泵浦脉冲的延迟时间为$\tau_d=t_{\text{probe}}-t_{\text{pump}}$.

分子激发电子态$|A\rangle$的布居为

$$P_{\text{exc}}(t)=\int \mathrm{d}\alpha\sin\alpha\int \mathrm{d}R\left|\chi_A(R,\alpha,t)\right|^2 \tag{7.5.11}$$

电离概率$P_p(t)$正比于电离连续态$|I\rangle$的布居$P_{\text{ion}}(t)$，取相对值，得出

$$P_p(t)=P_{\text{ion}}(t)=\int \mathrm{d}E_n\int \mathrm{d}\alpha\sin\alpha\int \mathrm{d}R\left|\chi_{I_n}(R,\alpha,E_n,t)\right|^2 \tag{7.5.12}$$

能量分辨光电子能谱为

$$P_I(E_n)=\lim_{t\to\infty}\int \mathrm{d}\alpha\sin\alpha\int \mathrm{d}R\left|\chi_{I_n}(R,\alpha,E_n,t)\right|^2 \tag{7.5.13}$$

能量与角分辨光电子能谱为

$$P_I(E_n,\alpha)=\lim_{t\to\infty}\int \mathrm{d}R\left|\chi_{I_n}(R,\alpha,E_n,t)\right|^2 \tag{7.5.14}$$

为了计算光电子角分布函数 $\Omega(\varphi)$，把电离态核波函数按勒让德函数 $P_J(\cos\alpha)$ 展开为

$$\chi_{I_n}(R,\alpha,E_n,t)=\sum_J\chi_{I_n,J}(R,E_n,t)P_J(\cos\alpha) \tag{7.5.15}$$

光电子的空间角分布函数 $\Omega(\varphi)$ 为

$$\Omega(\varphi)=\lim_{t\to\infty}\sum_J\int \mathrm{d}E_n\int \mathrm{d}R\left|\chi_{I_n,J}(R,E_n,t)P_J(\cos\varphi)\right|^2 \tag{7.5.16}$$

式中，φ 表示光电子动量方向与探测脉冲电场方向之间的夹角.

7.5.3　应用举例：LiH 分子的定向、多光子激发与电离

文献[22]研究了 LiH 分子的定向、多光子激发、多光子电离和光电子角分布，讨论了分子定向对光电离概率、能量与角分辨光电子能谱和光电子空间角分布的影响.

图 7.5.1 (a) 表示 LiH 分子的势能曲线、泵浦激光激发和探测激光电离过程. 图 7.5.1 (b) 表示分子轴（电偶极矩）、电场 $\boldsymbol{E}_k$ 方向与光电子动量 $\boldsymbol{P}_e$ 方向及其夹角. 在计算中，选取太赫兹（THz）脉冲、泵浦脉冲和探测脉冲的电场方向一致，均沿着坐标系 Z 轴方向.

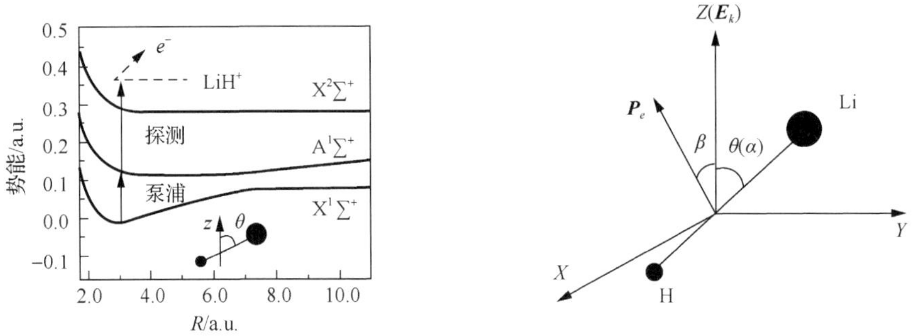

（a）势能曲线、泵浦激光激发和探测激光电离过程　（b）分子轴、电场$\boldsymbol{E}_k$方向与光电子动量$\boldsymbol{P}_e$方向之间的夹角

图 7.5.1　LiH 分子能级结构、分子轴与光电子动量方向[22]

图 7.5.2（a）表示太赫兹脉冲激光强度随着时间的变化曲线. 在图 7.5.2（b）中，正向和负向最大定向参数分别为 0.778 和−0.672. 当太赫兹脉冲作用结束之后，分子定向按转动周期（T_{rot}=2.2 ps）恢复. 图 7.5.2（c）表示在脉冲激光作用下 LiH 分子基电子态的转动态布居分布，共有六个转动态有布居分布. 在太赫兹脉冲作用结束后，分子仍然在这六个转动态上演化，形成周期性变化的分子定向. 图 7.5.2（d）表示在 t=1.6～3.8 ps

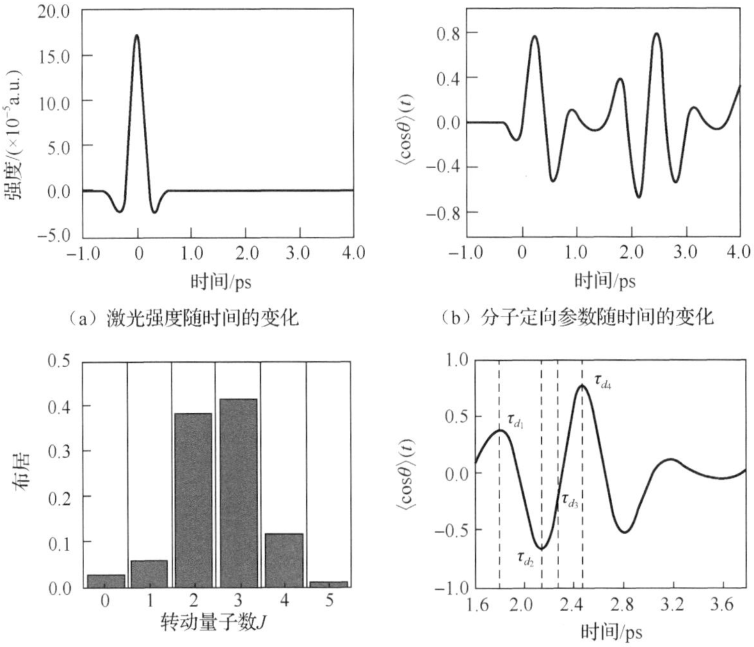

（a）激光强度随时间的变化　（b）分子定向参数随时间的变化

（c）脉冲激光作用后LiH分子的转动态布居分布　（d）定向参数随时间的变化曲线（标出四个不同的延迟时间）

图 7.5.2　太赫兹脉冲激光控制的 LiH 分子定向与转动态布居分布[22]

时间内 LiH 分子定向参数随着时间的变化曲线，图中标出四个不同的泵浦脉冲与太赫兹脉冲之间的延迟时间. 四种延迟时间为 $\tau_{d1}=1.80\ \text{ps}$ ， $\tau_{d2}=2.15\ \text{ps}$ ， $\tau_{d3}=2.27\ \text{ps}$ ， $\tau_{d4}=2.48\ \text{ps}$ ，相应的分子定向度为 $\langle\cos\theta\rangle=0.384,-0.670,-0.215,0.777$. 在不同的延迟时间，分子定向参数取不同的值.

图 7.5.3（a）和（b）分别表示在没有分子预定向情况下光电子能谱和光电子角分布. 图 7.5.4 表示在四种不同分子定向的情况下［图 7.5.2（d）］，激发态布居（实线）、电离连续态布居（虚线）和能量分辨光电子能谱. 由图 7.5.4 可以看出，不同的分子定向对应不同的布居分布和不同的光电子能谱. 在图 7.5.4（b）中，(1+1)-REMPI 表示单光子激发、单光子电离产生的光电子能谱谱峰；(1+2)-REATI 表示单光子激发、双光子电离产生的光电子能谱谱峰.

图 7.5.5（a）和（b）分别表示在四种不同分子定向情况下分子基态布居角分布和光电子角分布. 与图 7.5.3（b）中没有分子预定向情况下光电子角分布结果比较，分子定向明显改变了光电子的空间角分布.

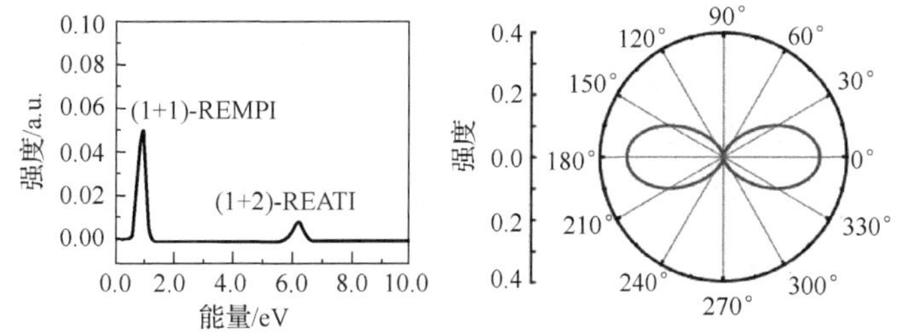

（a）光电子能谱 （b）光电子角分布

图 7.5.3 在无分子预定向情况下光电子能谱与角分布[22]

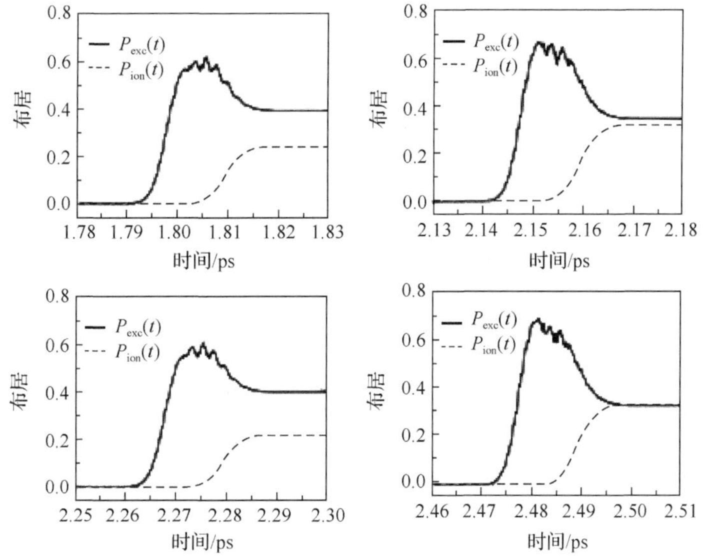

（a）时间分辨的激发态布居（实线）和电离连续态布居（虚线）

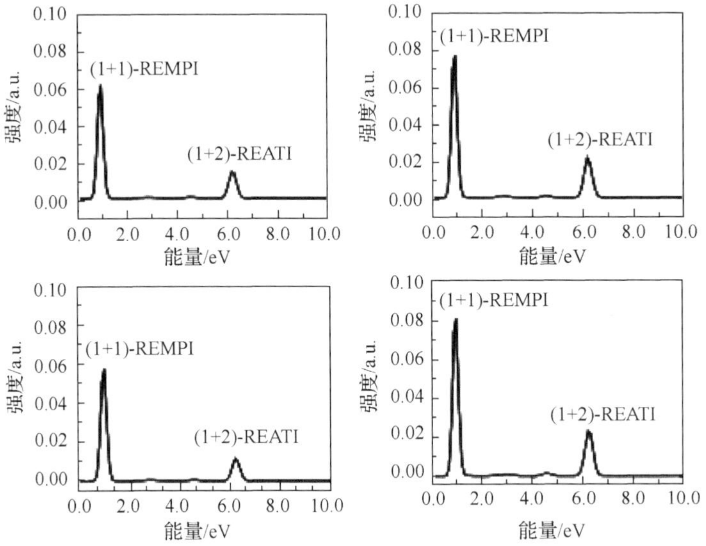

(b) 能量分辨的光电子能谱

图 7.5.4　在四种不同分子定向情况下 LiH 分子布居分布与光电子能谱[22]

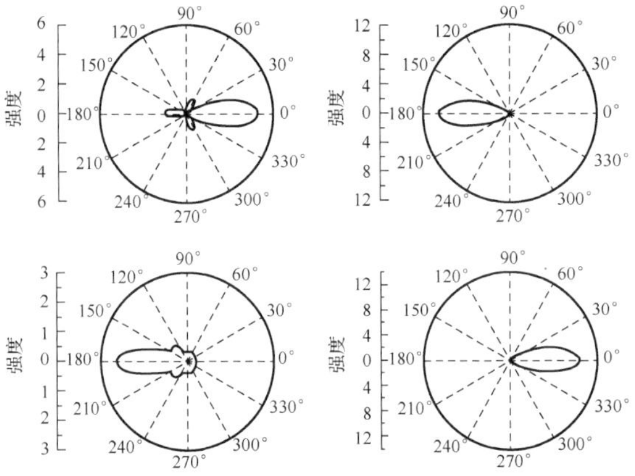

(a) 分子基态布居的角分布

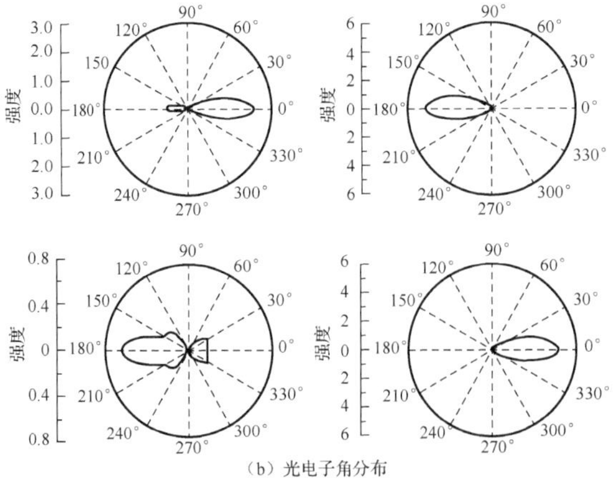

(b) 光电子角分布

图 7.5.5　在四种不同分子定向情况下 LiH 分子基态布居角分布与光电子角分布[22]

7.6　光解离产物的角分布理论

本节讨论分子被光解离后产生的光解离产物（光碎片）在空间的角分布问题. 描述光解离产物的空间角分布有经典和量子力学两种理论处理方法.

1. 经典理论处理结果

一个随机定向的靶分子被线偏振光解离. 在单光子电偶极矩跃迁情况下，光解离产物的角分布函数为

$$I(\theta,\phi)=\frac{\sigma}{4\pi}[1+\beta P_2(\cos\theta)] \tag{7.6.1}$$

式中，σ 表示总的散射截面；β 表示非对称参数（又称为各向异性参数）；$P_2(\cos\theta)$ 表示二阶勒让德函数；θ和ϕ分别表示光解离产物运动方向在空间固定坐标系中的极角和方位角. 空间固定坐标系的 Z 轴被取为线偏振光的电场 $\boldsymbol{E}$ 方向. 因此，θ又是光解离产物运动方向与电场 $\boldsymbol{E}$ 方向之间的夹角. 方程（7.6.1）由 Zare 等于 1963 年推导[23]，并在 Zare 的《角动量——化学及物理学中的方位问题》一书中有较详细的介绍[24].

下面详细介绍光解离产物空间角分布函数的量子力学处理过程与结果.

2. 量子力学处理

Zare 推导了分子被单光子解离后解离产物的空间角分布函数[25]. 下面以对称陀螺分子为例进行推导和讨论，双原子、分子是对称陀螺分子的特例. 设处于$|JKM\rangle$态的对称陀螺分子被一束线偏振光解离，分子在单光子电偶极矩跃迁情况下从束缚态跃迁到解离态. 设(θ, ϕ, χ)表示分子固定坐标系(x, y, z)与空间固定坐标系(X, Y, Z)之间的欧拉角. 选取空间固定坐标系的 Z 轴方向沿着线偏振光的电场 $\boldsymbol{E}$ 方向，分子固定坐标系的 z 轴方向沿着分子电偶极矩 $\hat{\boldsymbol{\mu}}$ 方向.

1）推导思路

分子被光解离后可能产生几个产物（如原子、分子和离子等）. 我们的目的是推导一个感兴趣的光解离产物在空间固定坐标系(X,Y,Z)中的角分布函数$I_{JKM}(\theta_s,\phi_s)$，其中θ_s和 ϕ_s 分别表示光解离产物在坐标系(X,Y,Z)中的极角和方位角. 由于光解离产物是由母分子经光解离产生的，故$I_{JKM}(\theta_s,\phi_s)$正比于光解离概率$P(\theta,\phi,\chi)=|\hat{\boldsymbol{\mu}}\cdot\boldsymbol{E}|^2\propto\cos^2\theta$，其中$\theta$表示分子轴（电偶极矩方向）与激光电场方向之间的夹角. 设$P_{JKM}(\theta)$表示发现分子轴指向$\theta\to\theta+\mathrm{d}\theta$ 角区间内处于量子态$|JKM\rangle$的概率，$P_{JKM}(\theta)$越大，光解离概率也越大，光解离产物分布于角空间（θ_s,ϕ_s）内的概率也随之增大. 因此，$I_{JKM}(\theta_s,\phi_s)$与$P_{JKM}(\theta)$成正比. $I_{JKM}(\theta_s,\phi_s)$还与光解离产物在分子固定坐标系中运动方向的分布函数$f(\theta_m,\phi_m)$有关，其中θ_m和ϕ_m分别表示光解离产物在分子固定坐标系（x,y,z）中的极角和方位角. 基

于上述想法，我们下面依次计算 $P(\theta,\phi,\chi)$、$P_{JKM}(\theta)$ 和 $f(\theta_m,\phi_m)$，然后给出光解离产物空间角分布函数 $I_{JKM}(\theta_s,\phi_s)$ 的量子力学表达式.

2）光解离概率 $P(\theta,\phi,\chi)$

分子的光解离概率为

$$P(\theta,\phi,\chi)=\left|\hat{\boldsymbol{\mu}}\cdot\boldsymbol{E}\right|^2\propto\cos^2\theta \tag{7.6.2}$$

利用关系式 $\cos^2\theta=[1+2P_2(\cos\theta)]/3$，把方程（7.6.2）改写为

$$P(\theta,\phi,\chi)=\frac{3\sigma}{8\pi^2}\cos^2\theta=\frac{\sigma}{8\pi^2}[1+2P_2(\cos\theta)]=\frac{\sigma}{8\pi^2}[D_{00}^{(0)}(\theta,\phi,\chi)+2D_{00}^{(2)}(\theta,\phi,\chi)] \tag{7.6.3}$$

式中，σ 表示总的散射截面. 在方程（7.6.3）中，右边除以 $8\pi^2$ 表示单位欧拉角的解离概率，乘以 3 表示光解离前分子轴分布是随机的（即沿着三个坐标轴方向解离的机会均等）. $D_{00}^{(0)}(\theta,\phi,\chi)=1$，$D_{00}^{(2)}(\theta,\phi,\chi)=P_2(\cos\theta)$. $P(\phi,\theta,\chi)$ 归一化为σ，即

$$\int_0^{2\pi}\mathrm{d}\phi\int_0^{\pi}\sin\theta\,\mathrm{d}\theta\int_0^{2\pi}P(\phi,\theta,\chi)\mathrm{d}\chi=\sigma \tag{7.6.4}$$

单独对欧拉角积分，得

$$\int_0^{2\pi}\mathrm{d}\phi\int_0^{\pi}\sin\theta\,\mathrm{d}\theta\int_0^{2\pi}\mathrm{d}\chi=8\pi^2 \tag{7.6.5}$$

3）计算母分子处于量子态$|JKM\rangle$ 的概率 $P_{JKM}(\theta)$

对称陀螺分子的转动波函数为

$$\Psi_{JKM}(\phi,\theta,\chi)=\left(\frac{2J+1}{8\pi^2}\right)^{1/2}D_{MK}^{(J)*}(\phi,\theta,\chi) \tag{7.6.6}$$

分子处于$\Psi_{JKM}(\phi,\theta,\chi)$ 态的概率密度为

$$P_{JKM}(\phi,\theta,\chi)=\Psi_{JKM}^*(\phi,\theta,\chi)\Psi_{JKM}(\phi,\theta,\chi) \tag{7.6.7}$$

$$=\frac{2J+1}{8\pi^2}D_{MK}^{(J)}(\phi,\theta,\chi)D_{MK}^{(J)*}(\phi,\theta,\chi) \tag{7.6.8}$$

分子轴指向$\theta\to\theta+\mathrm{d}\theta$ 角区间的概率为

$$P_{JKM}(\theta)\sin\theta\,\mathrm{d}\theta=\frac{2J+1}{8\pi^2}\int_0^{2\pi}\mathrm{d}\phi\int_0^{2\pi}\mathrm{d}\chi\,D_{MK}^{(J)}(\phi,\theta,\chi)D_{MK}^{(J)*}(\phi,\theta,\chi)\sin\theta\,\mathrm{d}\theta \tag{7.6.9}$$

分子轴指向单位θ 角的概率为

$$\begin{aligned}P_{JKM}(\theta)&=\frac{2J+1}{8\pi^2}\int_0^{2\pi}\mathrm{d}\phi\int_0^{2\pi}\mathrm{d}\chi\,D_{MK}^{(J)}(\phi,\theta,\chi)D_{MK}^{(J)*}(\phi,\theta,\chi)\\&=\frac{2J+1}{8\pi^2}\int_0^{2\pi}\mathrm{d}\phi\int_0^{2\pi}\mathrm{d}\chi(-1)^{M-K}D_{MK}^{(J)}(\phi,\theta,\chi)D_{-M-K}^{(J)}(\phi,\theta,\chi)\\&=\frac{2J+1}{8\pi^2}(-1)^{M-K}\int_0^{2\pi}\mathrm{d}\phi\int_0^{2\pi}\mathrm{d}\chi\sum_{n=0}^{2J}(2n+1)\begin{pmatrix}J&J&n\\M&-M&0\end{pmatrix}\begin{pmatrix}J&J&n\\K&-K&0\end{pmatrix}D_{00}^{(n)}(\phi,\theta,\chi)\\&=(-1)^{M-K}\frac{2J+1}{2}\sum_{n=0}^{2J}(2n+1)\begin{pmatrix}J&J&n\\M&-M&0\end{pmatrix}\begin{pmatrix}J&J&n\\K&-K&0\end{pmatrix}P_n(\cos\phi)\end{aligned} \tag{7.6.10}$$

在上面推导中使用了关系式 $D_{00}^{(n)}(\phi,\theta,\chi)=P_n(\cos\theta)$，其中 $P_n(\cos\theta)$ 为 n 阶勒让德多项式.

4）光解离产物运动方向的分布函数 $f(\theta_m,\phi_m)$

设 $f(\theta_m,\phi_m)$ 表示光解离产物在分子固定坐标系中运动方向的分布函数. 在一般情况下，它具有非常复杂的函数形式. 影响它的因素主要有：①化学键断裂位置相对于分子轴方向的取向；②光解离产物的扭转、弯曲等内在运动；③光吸收与光解离之间的时间间隔等. 在光解离过程非常迅速的情况下，$f(\theta_m,\phi_m)$ 取特别简单的函数形式：

$$f(\theta_m,\phi_m)=\frac{\delta(\theta_m-\theta_m^0)}{2\pi\sin\theta} \tag{7.6.11}$$

对于平行跃迁（$\boldsymbol{\mu}$ 沿分子轴），$\theta_m^0=0$；对于垂直跃迁（$\boldsymbol{\mu}$ 垂直于分子轴），$\theta_m^0=\pi/2$. 在一般情况下，可以用球谐函数把 $f(\theta_m,\phi_m)$ 展开为

$$f(\theta_m,\phi_m)=\sum_{\kappa,q} b_{\kappa q}Y_{\kappa q}(\theta_m,\phi_m) \tag{7.6.12}$$

两边乘以 $Y_{\kappa q}^*(\theta_m,\phi_m)$，并对 θ_m 和 ϕ_m 积分，利用球谐函数正交关系式求出展开系数为

$$b_{\kappa q}=\int_0^{2\pi}\mathrm{d}\phi_m\int_0^{\pi}Y_{\kappa q}^*(\theta_m,\phi_m)f(\theta_m,\phi_m)\sin\theta_m\mathrm{d}\theta_m \tag{7.6.13}$$

利用特殊情况下 $f(\theta_m,\phi_m)$ 的取值，可以求出展开系数 $b_{\kappa q}$ 的解析表达式. 把方程（7.6.11）代入方程（7.6.13）中，对于平行跃迁，$\theta_m^0=0$，得

$$\begin{aligned}b_{\kappa q}&=\int_0^{2\pi}\mathrm{d}\phi_m\int_0^{\pi}Y_{\kappa q}^*(\theta_m,\phi_m)\frac{\delta(\theta_m-0)}{2\pi\sin\theta}\sin\theta_m\mathrm{d}\theta_m\\&=\int_0^{\pi}Y_{\kappa q}^*(\theta_m,\phi_m)\delta(\theta_m-0)\mathrm{d}\theta_m=\begin{cases}0, & q\neq 0\\ \sqrt{(2\kappa+1)/(4\pi)}, & q=0\end{cases}\end{aligned} \tag{7.6.14}$$

把方程（7.6.14）代入方程（7.6.12）中，得

$$f(\theta_m,\phi_m)=\sum_{\kappa}\sqrt{(2\kappa+1)/(4\pi)}\,Y_{\kappa 0}(\theta_m,\phi_m) \tag{7.6.15}$$

这是令人满意的结果.

5）光解离产物的角分布函数

基于前面的讨论，光解离产物的角分布函数为

$$I_{JKM}(\theta_s,\phi_s)=\int_0^{2\pi}\mathrm{d}\phi\int_0^{\pi}\sin\theta\mathrm{d}\theta\int_0^{2\pi}P_{JKM}(\theta)P(\phi,\theta,\chi)f(\theta_m,\phi_m)\mathrm{d}\chi \tag{7.6.16}$$

在方程（7.6.16）中，存在空间固定坐标系和分子固定坐标系描述的量. 应该把 $f(\theta_m,\phi_m)$ 从分子固定坐标系转换到空间固定坐标系中. 利用转动变换，得到

$$Y_{\kappa 0}(\theta_m,\phi_m)=\sum_{q'}D_{q'0}^{(\kappa)}(\phi,\theta,\chi)Y_{\kappa q'}(\theta_s,\phi_s) \tag{7.6.17}$$

把方程（7.6.3）、方程（7.6.10）和方程（7.6.17）代入方程（7.6.16）中，得出

$$\begin{aligned}I_{JKM}(\theta_s,\phi_s)&=(-1)^{M-K}\frac{(2J+1)\sigma}{2}\sum_{n=0}^{2J}(2n+1)\begin{pmatrix}J & J & n\\ M & -M & 0\end{pmatrix}\begin{pmatrix}J & J & n\\ K & -K & 0\end{pmatrix}\\&\quad\times\sum_{\kappa,q'}\frac{1}{8\pi^2}\left(\frac{2\kappa+1}{4\pi}\right)^{1/2}\int_0^{2\pi}\mathrm{d}\phi\int_0^{\pi}\sin\theta\mathrm{d}\theta\int_0^{2\pi}D_{00}^{(n)}(\phi,\theta,\chi)\\&\quad\times[D_{00}^{(0)}(\phi,\theta,\chi)+2D_{00}^{(2)}(\phi,\theta,\chi)]D_{q'0}^{(\kappa)}(\phi,\theta,\chi)Y_{\kappa q'}(\theta_s,\phi_s)\mathrm{d}\chi\end{aligned} \tag{7.6.18}$$

上式已经使用了关系式 $D_{00}^{(n)}(\phi,\theta,\chi)=P_n(\cos\theta)$. 利用三个转动 D 函数的积分式，完成对三个角度（θ,φ,χ）的积分，得到

$$
\begin{aligned}
I_{JKM}(\theta_s,\phi_s) &= (-1)^{M-K}\frac{(2J+1)\sigma}{2}\sum_{n=0}^{2J}(2n+1)\begin{pmatrix} J & J & n \\ M & -M & 0\end{pmatrix}\begin{pmatrix} J & J & n \\ K & -K & 0\end{pmatrix} \\
&\quad\times\sum_{\kappa,q'}\left(\frac{2\kappa+1}{4\pi}\right)^{1/2}Y_{\kappa q'}(\theta_s,\phi_s)\left[\begin{pmatrix} \kappa & 0 & n \\ q' & 0 & 0\end{pmatrix}^2+2\begin{pmatrix} \kappa & 2 & n \\ 0 & 0 & 0\end{pmatrix}^2\right] \\
&= (-1)^{M-K}\frac{(2J+1)\sigma}{2}\sum_{n=0}^{2J}(2n+1)\begin{pmatrix} J & J & n \\ M & -M & 0\end{pmatrix}\begin{pmatrix} J & J & n \\ K & -K & 0\end{pmatrix} \\
&\quad\times\sum_{\kappa}\frac{2\kappa+1}{4\pi}\left[\begin{pmatrix} \kappa & 0 & n \\ 0 & 0 & 0\end{pmatrix}^2+2\begin{pmatrix} \kappa & 2 & n \\ 0 & 0 & 0\end{pmatrix}^2\right]P_\kappa(\cos\theta_s)
\end{aligned}
\tag{7.6.19}
$$

其中已经使用了关系式 $q'=0$ 及 $Y_{k0}(\theta,\phi)=[(2k+1)/4\pi]^{1/2}P_k(\cos\theta)$. 从方程（7.6.19）可以看出，$I_{JKM}(\theta_s,\phi_s)=I_{JKM}(\theta_s)$，与 ϕ_s 无关. 下面对方程（7.6.19）进行简化处理. 把下列关系式

$$
\begin{pmatrix} \kappa & 0 & n \\ 0 & 0 & 0\end{pmatrix}^2=\frac{\delta_{\kappa n}}{2n+1}
\tag{7.6.20}
$$

$$
\sum_{\kappa}\frac{2\kappa+1}{4\pi}\begin{pmatrix} \kappa & 0 & n \\ 0 & 0 & 0\end{pmatrix}^2P_\kappa(\cos\theta_s)=\frac{1}{4\pi}P_n(\cos\theta_s)
\tag{7.6.21}
$$

$$
\sum_{\kappa}\frac{2(2\kappa+1)}{4\pi}\begin{pmatrix} \kappa & 0 & n \\ 0 & 0 & 0\end{pmatrix}^2P_\kappa(\cos\theta_s)=\frac{1}{2\pi}P_2(\cos\theta_s)P_n(\cos\theta_s)
\tag{7.6.22}
$$

代入方程（7.6.19）中，得

$$
\begin{aligned}
I_{JKM}(\theta_s) &= (-1)^{M-K}\frac{(2J+1)\sigma}{8\pi}\sum_{n=0}^{2J}(2n+1)\begin{pmatrix} J & J & n \\ M & -M & 0\end{pmatrix}\begin{pmatrix} J & J & n \\ K & -K & 0\end{pmatrix}[1+2P_2(\cos\theta_s)]P_n(\cos\theta_s) \\
&= \frac{\sigma}{4\pi}P_{JKM}(\theta_s)[1+2P_2(\cos\theta_s)]
\end{aligned}
\tag{7.6.23}
$$

在上式推导中, 已经使用了方程（7.6.10）. 当把方程（7.6.23）写为一般表达式时，可以略去角标“s”，得出

$$
I_{JKM}(\theta)=\frac{\sigma}{4\pi}P_{JKM}(\theta)[1+2P_2(\cos\theta)]=\frac{\sigma}{4\pi}P_{JKM}(\theta)[1+\beta P_2(\cos\theta)]
\tag{7.6.24}
$$

式中，β 为非对称参数. 在上面，我们是按照平行跃迁（$\theta_m^0=0$）推导的，β=2；若按垂直跃迁（$\theta_m^0=\pi/2$）推导，则得 β=−1. 对于一般类型的跃迁，可以求出

$$
\begin{aligned}
\beta &= \frac{2b_{20}}{\sqrt{5}b_{00}}=\frac{2\int_0^{2\pi}\mathrm{d}\phi_m\int_0^{\pi}\sin\theta_m\mathrm{d}\theta_m P_2(\cos\theta_m)f(\theta_m,\phi_m)}{\int_0^{2\pi}\mathrm{d}\phi_m\int_0^{\pi}\sin\theta_m\mathrm{d}\theta_m f(\theta_m,\phi_m)} \\
&= 2【P_2(\cos\theta_m)】
\end{aligned}
\tag{7.6.25}
$$

式中，【…】表示对各种运动方向取统计平均. β 的取值范围为−1～2. 至此，我们得到了

光解离产物空间角分布函数的一般表达式为

$$I_{JKM}(\theta)=\frac{\sigma}{4\pi}P_{JKM}(\theta)[1+\beta P_2(\cos\theta)] \tag{7.6.26}$$

式中，$P_{JKM}(\theta)$ 和 β 分别由方程（7.6.10）和方程（7.6.25）计算.

在 Zare 推导方程（7.6.26）之后，Choi 等[26]、Taatjes 等[27]和 Seideman[28]采用不同的理论方法推导出与方程（7.6.26）相似的表达式. Liyanage 等推广了 Zare 的理论，推导出双光子解离产物的角分布函数为[29]

$$I(\theta)=\frac{\sigma}{4\pi}[1+\beta_2 P_2(\cos\theta)+\beta_4 P_4(\cos\theta)] \tag{7.6.27}$$

7.7　(n+1)-REMPI 光电子角分布理论

共振增强多光子电离（resonance enhanced multi-photon ionization, REMPI）是研究激光与原子、分子相互作用的一种有效手段. 对于双原子、分子，(n+1)-REMPI 过程可以表示为

$$\mathrm{AB}\xrightarrow{n\hbar\omega}\mathrm{AB}^*\xrightarrow{\hbar\omega'}\mathrm{AB}^++\mathrm{e} \tag{7.7.1}$$

处于初始态 $|0\rangle$ 的分子吸收圆频率为 ω 的 n 个光子后跃迁到共振激发态 $|i\rangle$，然后被频率为 ω' 的单光子电离至电离态 $|f\rangle$，并发射光电子. 通过测量光电子角分布可以推测母分子初始态和过渡态性质. Dixit 等[31]、Wang 等[32]和 Dubs 等[33,34]详细推导了共振增强多光子电离产生的光电子的空间角分布函数. 下面介绍他们推导的主要结果，略去详细的推导过程.

1. 光电子空间角分布函数

光电子空间角分布函数与上节介绍的光解离产物空间角分布函数具有相似的函数形式. 采用微分散射截面来表示光电子空间角分布函数，给出

$$I(\theta)=\frac{\mathrm{d}\sigma}{\mathrm{d}\Omega}=\frac{\sigma}{4\pi}\left[1+\sum_{L=1}^{n+1}\beta_{2L}P_{2L}(\cos\theta)\right] \tag{7.7.2}$$

式中，σ 表示总的散射截面；Ω 表示立体角；β_{2L} 表示非对称参数（各向异性参数）；$P_{2L}(\cos\theta)$ 表示 $2L$ 阶勒让德多项式；θ 表示光电子运动方向与偏振光电场 $\boldsymbol{E}$ 方向之间的夹角. 非对称参数 β_{2L} 的表达式为

$$\beta_{2L}=\frac{4L+1}{\sigma}\sum_{l,l',m,M_i,M_+}(-1)^m(2l+1)(2l'+1)\rho_{M_iM_i}C_{lm}(M_i,M_+)C^*_{l'm}(M_i,M_+)\times\begin{pmatrix} l & l' & 2L\\ m & -m & 0\end{pmatrix}\begin{pmatrix} l & l' & 2L\\ 0 & 0 & 0\end{pmatrix} \tag{7.7.3}$$

式中，M_i 表示母分子共振中间转动态的磁量子数；M_+ 表示电离态的磁量子数；$\rho_{M_iM_i}$ 表

示分子处于共振转动态$\left|J_iM_i\right\rangle$的布居；$l$ 和 m 分别表示光电子角动量量子数和磁量子数；$C_{lm}(M_i,M_+)$ 表示展开系数. 共振增强多光子电离概率为

$$P_{lm}(M_i,M_+)=\left|C_{lm}(M_i,M_+)\right|^2 \tag{7.7.4}$$

2. 推导方法

方程（7.7.2）来源于光辐射的量子力学理论[30-34]，即

$$\frac{\mathrm{d}\sigma}{\mathrm{d}\Omega}\propto\sum_{M_0}\left|\frac{\langle f|D_{\mu_0}|i\rangle\langle i|D_n|0\rangle}{E_i-E_0-n\hbar\omega+\mathrm{i}\Gamma_i}\right|^2 \tag{7.7.5}$$

式中，E_0 和 E_i 分别表示与角动量本征态$\left|J_0M_0\right\rangle$和$\left|J_iM_i\right\rangle$对应的转动能级；$\Gamma_i$ 表示 E_i 能级的宽度；D_{μ_0} 表示分子电偶极矩算符的球张量形式；D_n 表示分子被 n 个光子激发后的有效电偶极矩. 分子的电偶极矩为 $\boldsymbol{\mu}=e\boldsymbol{r}$，其中 $\boldsymbol{r}$ 表示分子中正电荷相对于负电荷的位移，e 为正电荷的电量. 采用电偶极矩近似，得出

$$\boldsymbol{\varepsilon}\cdot\boldsymbol{\mu}=e\boldsymbol{\varepsilon}\cdot\boldsymbol{r}=e\sum_{\mu_0}(-1)^{\mu_0}\varepsilon_{-\mu_0}D_{\mu_0} \tag{7.7.6}$$

式中

$$D_{\mu_0}=r_{\mu_0}=\sqrt{\frac{4\pi}{3}}rY_{1\mu_0}(\theta,\phi) \tag{7.7.7}$$

这里已经使用了一阶球张量的表达式. $Y_{1\mu_0}(\theta,\phi)$ 表示一阶球谐函数（一阶球张量）. μ_0=0 表示线偏振光，μ_0=±1 表示左圆和右圆偏振光. r 表示矢量 $\boldsymbol{r}$ 的模. 在分子固定坐标系中计算电偶极矩比较方便. 对方程（7.7.7）进行转动变换，得出

$$D_{\mu_0}=\sqrt{\frac{4\pi}{3}}r\sum_{\mu}(-1)^{\mu-\mu_0}D^{(1)}_{\mu_0\mu}(\hat{R})Y_{1\mu}(\theta,\phi) \tag{7.7.8}$$

有效电偶极矩可以表示为

$$D_n=D_{\mu_0}\prod_{k=1}^{n-1}\frac{\left|\gamma_kJ_kM_k\right\rangle\left\langle\gamma_kJ_kM_k\right|}{E_k-E_0-k\hbar\omega+\mathrm{i}\Gamma_k} \tag{7.7.9}$$

把方程（7.7.8）和方程（7.7.9）代入方程（7.7.5）中，经过复杂的运算，可以推导方程（7.7.2）～方程（7.7.4），用于计算光电子空间角分布函数、非对称参数和共振增强多光子电离概率.

3. 光电子成像

把分子共振增强多光子电离产生的光电子在照相底片上成像，得到光电子空间角分布的图像. 图 7.7.1 表示 Romanescu 等实验观测的 HBr 分子(2+1)-REMPI 产生的光电子成像，其中光电子角分布光谱反映了光电子的空间角分布概率[35].

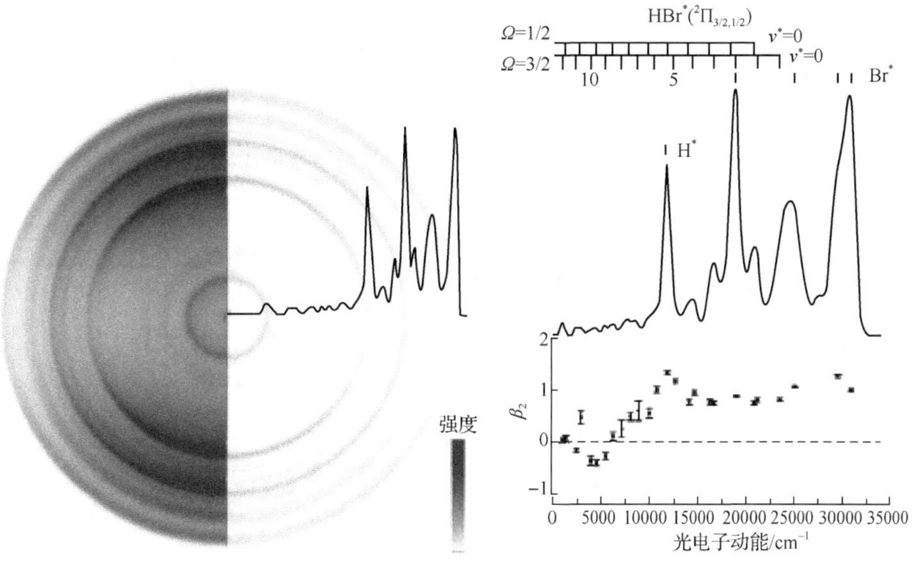

（a）光电子成像　　（b）光电子角分布光谱

图 7.7.1　HBr 分子(2+1)-REMPI 产生的光电子成像[35]

7.8　离子成像理论分析

离子成像技术通常采用$(n+1)$-REMPI 把分子光解离产物电离，让其中一种感兴趣的离子经电场加速后在照相底片上成像. 像的几何形状直接反映了离子的空间角分布，从离子成像中提取分子解离和电离动力学信息.

莫宇翔等从理论上分析了 OCS 分子光解离产物 $S(^1D_2)$经过(2+1)-REMPI 产生的 S^+ 离子成像[36]. 实验原理如下：①利用波长为 λ=223 nm 的激光把 OCS 分子解离，即 $OCS \rightarrow CO(^1\Sigma^+)+S(^1D_2)$. ②利用(2+1)-REMPI 先把原子 $S(^1D_2)$激发为 $S^*(^1F_3)$，随后把 $S^*(^1F_3)$电离为 S^+，并产生光电子 e. ③利用静电场把带电离子 S^+加速，在照相胶片上成像. ④分析离子角分布图像，从中提取分子解离和电离动力学信息.

下面介绍光解离产生的原子 $S(^1D_2)$经过(2+1)-REMPI 电离后，产生的 S^+ 离子成像的理论处理方法.

1. 离子的空间角分布函数

离子的空间角分布函数可以表示为

$$I_{\text{ion}} = I(\text{scat}) \times I(\text{det}) \tag{7.8.1}$$

式中，$I(\text{scat})$ 表示光解离微分散射截面，它反映了光解离原子（光碎片）$S(^1D_2)$的空间角分布，与 7.6 节和 7.7 节介绍的光解离产物和光电子空间角分布函数有相似的表达式；

$I(\det)$ 表示$(n+1)$-REMPI 电离概率.

在空间固定坐标系中（选取 Z 轴为激光的偏振方向），第 i 个光解离产物的空间角分布函数为

$$I(\text{scat})=\frac{\mathrm{d}^2\sigma}{\mathrm{d}v\mathrm{d}\Omega}=\frac{P_i(v)}{4\pi}\left[1+\beta_i P_2(\cos\theta_t)\right] \tag{7.8.2}$$

式中，$P_i(v)=\dfrac{\mathrm{d}\sigma}{\mathrm{d}v}$ 表示第 i 个光解离产物的速度分布函数，它等于散射截面对速度的一阶导数；β_i 表示非对称参数. 光解离产物的速度方向用空间固定坐标系中的极角 θ_t 和方位角 ϕ_t 来表示. 方程（7.8.2）的推导过程与 7.6 节类似，这里不再重复了.

2. 电离概率 $I(\det)$

下面针对散射角(θ_t,ϕ_t)推导 $I(\det)$的表达式. 电离概率 $I(\det)$ 与速度 $\boldsymbol{v}$ 无关，它正比于光学跃迁强度. 我们以(2+1)-REMPI 为例，采用密度矩阵理论推导双光子激发的跃迁强度表达式. 在电偶极矩近似下，考虑从初始态$|i\rangle$到激发态$|e\rangle$跃迁，激发态$|e\rangle$的密度矩阵元为

$$\begin{aligned}\rho_{M_eM_e}(J_e,J_e)&=\sum_{M_i,M_i'}\frac{\langle\alpha_eJ_eM_e|\hat{\boldsymbol{\varepsilon}}\cdot\hat{\boldsymbol{\mu}}|\alpha_iJ_iM_i\rangle\langle\alpha_iJ_iM_i'|(\hat{\boldsymbol{\varepsilon}}\cdot\hat{\boldsymbol{\mu}})^*|\alpha_eJ_eM_e\rangle}{E_e-E_i-h\nu+\mathrm{i}\Gamma_e/2}\rho_{M_iM_i'}(J_i,J_i)\\&=\sum_{M_i}\frac{\left|\langle\alpha_eJ_eM_e|\hat{\boldsymbol{\varepsilon}}\cdot\hat{\boldsymbol{\mu}}|\alpha_iJ_iM_i\rangle\right|^2}{E_e-E_i-h\nu+\mathrm{i}\Gamma_e/2}\rho_{M_iM_i}(J_i,J_i)\end{aligned} \tag{7.8.3}$$

式中，$\rho_{M_iM_i}(J_i,J_i)$ 表示光解离产物处于初始转动态$|\alpha_iJ_iM_i\rangle$的密度矩阵元. 这里没有考虑不同磁性态之间的量子相干性，即认为$|\alpha_iJ_iM_i\rangle=|\alpha_iJ_iM_i'\rangle$及 $|\alpha_eJ_eM_e\rangle=|\alpha_eJ_eM_e'\rangle$. 在一般情况下，$|\alpha_iJ_iM_i\rangle\neq|\alpha_iJ_iM_i'\rangle$，应该考虑不同量子态之间的相干性. 当研究量子拍时，必须考虑量子干涉效应.

考虑从激发态$|e\rangle$到高激发态$|f\rangle$跃迁，高激发态$|f\rangle$的密度矩阵元为

$$\begin{aligned}\rho_{M_fM_f}(J_f,J_f)&=\sum_{\alpha_e,J_e,M_e',M_e'''}\frac{\langle\alpha_fJ_fM_f|\hat{\boldsymbol{\varepsilon}}\cdot\hat{\boldsymbol{\mu}}|\alpha_eJ_eM_e'\rangle\langle\alpha_eJ_eM_e''|(\hat{\boldsymbol{\varepsilon}}\cdot\hat{\boldsymbol{\mu}})^*|\alpha_fJ_eM_f\rangle}{E_f-E_e-h\nu+\mathrm{i}\Gamma_f/2}\rho_{M_e'M_e''}(J_e,J_e)\\&=\sum_{\alpha_e,J_e,M_e'}\frac{\left|\langle\alpha_fJ_fM_f|\hat{\boldsymbol{\varepsilon}}\cdot\hat{\boldsymbol{\mu}}|\alpha_eJ_eM_e'\rangle\right|^2}{E_e-E_i-h\nu+\mathrm{i}\Gamma_e/2}\rho_{M_e'M_e'}(J_e,J_e)\end{aligned} \tag{7.8.4}$$

式中，已经利用关系式 $E_f-E_e=E_e-E_i$（两个光子的能量相同），并设 $\Gamma_f=\Gamma_e$（能级宽度相等）. 由于中间转动态$|\alpha_eJ_eM_e\rangle$或$|\alpha_eJ_eM_e'\rangle$不是我们感兴趣的量子态，故在方程(7.8.4)中增加了对中间态量子数 α_e、J_e和 M'_e的求和. 把方程(7.8.3)代入方程(7.8.4)中，不计中间态的量子干涉，得出

$$\rho_{M_f M f}(J_f, J_f) = \sum_{M_i} \rho_{M_i M i}(J_i, J_i) \times \left| \sum_{\alpha_e, J_e, M_e} \frac{\langle \alpha_f J_f M_f | \hat{\boldsymbol{\varepsilon}} \cdot \hat{\boldsymbol{\mu}} | \alpha_e J_e M_e \rangle \langle \alpha_e J_e M_e | \hat{\boldsymbol{\varepsilon}} \cdot \hat{\boldsymbol{\mu}} | \alpha_i J_i M_i \rangle}{E_e - E_i - h\nu + \mathrm{i}\Gamma_e / 2} \right|^2 \tag{7.8.5}$$

采用线偏振光激发解离产物，光子的磁量子数为 0. 线偏振光不改变原子或分子的磁量子数 M，故有

$$M_i = M_e = M_f = M \tag{7.8.6}$$

密度矩阵的对角矩阵元 $\rho_{M_f M_f}(J_f, J_f)$ 表示 $|\alpha_f J_f M_f\rangle$ 态的布居，跃迁强度正比于布居. 因此，双光子激发的跃迁强度为

$$I_\alpha \propto \rho_{M_f M_f}(J_f, J_f) = \sum_{M} \rho_{M_i M_i}(J_i, J_i) \times \left| \sum_{\alpha_e, J_e} \frac{\langle \alpha_f J_f M_f | \hat{\boldsymbol{\varepsilon}} \cdot \hat{\boldsymbol{\mu}} | \alpha_e J_e M_e \rangle \langle \alpha_e J_e M_e | \hat{\boldsymbol{\varepsilon}} \cdot \hat{\boldsymbol{\mu}} | \alpha_i J_i M_i \rangle}{E_e - E_i - h\nu + \mathrm{i}\Gamma_e / 2} \right|^2 \tag{7.8.7}$$

把光解离产物从高激发态 $|f\rangle$ 电离到电离态的概率与高激发态的布居成正比，即与跃迁强度 I_α 成正比，因此有

$$I(\det) \propto I_\alpha = \rho_{M_f M_f}(J_f, J_f) \tag{7.8.8}$$

取相对强度，得到

$$I(\det) = \sum_{M} \rho_{M_i M_i}(J_i J_i) \left| \sum_{\alpha_e, J_e} \frac{\langle \alpha_f J_f M_f | \hat{\boldsymbol{\varepsilon}} \cdot \hat{\boldsymbol{\mu}} | \alpha_e J_e M_e \rangle \langle \alpha_e J_e M_e | \hat{\boldsymbol{\varepsilon}} \cdot \hat{\boldsymbol{\mu}} | \alpha_i J_i M_i \rangle}{E_e - E_i - h\nu + \mathrm{i}\Gamma_e / 2} \right|^2 \tag{7.8.9}$$

应当注意，在方程（7.8.7）和方程（7.8.9）中，磁量子数满足方程（7.8.6）.

3. 对 I(det)进行统计张量处理

态多极矩（或统计张量）的表达式为

$$\rho_q^{(K)}(J, J') = \sum_{m,m'} (-1)^{J'-m'} (2K+1)^{1/2} \begin{pmatrix} J' & K & J \\ -m' & q & m \end{pmatrix} \rho_{mm'}(J, J') \tag{7.8.10}$$

两边乘以 $(2K+1)^{1/2} \begin{pmatrix} J' & K & J \\ -m''' & q & m'' \end{pmatrix}$，并对 K 和 q 求和，得

$$\sum_{K,q} (2K+1)^{1/2} \begin{pmatrix} J' & K & J \\ -m''' & q & m'' \end{pmatrix} \rho_q^{(K)}(J, J') = \sum_{m,m'} (-1)^{J'-m'} \rho_{mm'}(J, J') \sum_{K,q} (2K+1) \begin{pmatrix} J' & K & J \\ -m' & q & m \end{pmatrix} \begin{pmatrix} J' & K & J \\ -m''' & q & m'' \end{pmatrix} \tag{7.8.11}$$

利用 3-j 符号的正交关系式

$$\sum_{K,q} (2K+1) \begin{pmatrix} J' & K & J \\ -m' & q & m \end{pmatrix} \begin{pmatrix} J' & K & J \\ -m''' & q & m'' \end{pmatrix} = \delta_{m'm'''} \delta_{mm''} \tag{7.8.12}$$

得到

$$\sum_{K,q}(2K+1)^{1/2}\begin{pmatrix} J' & K & J \\ -m''' & q & m'' \end{pmatrix}\rho_q^{(K)}(J,J') = (-1)^{J'-m'''}\rho_{m''m'''}(J,J') \tag{7.8.13}$$

即

$$\rho_{mm'}(J,J') = \sum_{K,q}(-1)^{J'-m'}(2K+1)^{1/2}\begin{pmatrix} J' & K & J \\ -m' & q & m \end{pmatrix}\rho_q^{(K)}(J,J') \tag{7.8.14}$$

比较方程（7.8.10）和方程（7.8.14）可知，$\rho_{mm'}(J,J')$和$\rho_q^{(K)}(J,J')$的表达式互逆，即两者是等价的. 态多极矩直接与角动量的期望值$\langle J_q^{(K)}\rangle$相关联，采用态多极矩便于讨论分子定向（或取向）和离子角分布问题.

使用方程（7.8.14）计算方程（7.8.9）中的密度矩阵元$\rho_{M_iM_i}(J_i,J_i)$，得到

$$\begin{aligned}\rho_{M_iM_i}(J_i,J_i) &= \sum_{K,q}(-1)^{J_i-M}(2K+1)^{1/2}\begin{pmatrix} J_i & K & J_i \\ -M_i & q & M_i \end{pmatrix}\rho_q^{(K)}(J_i,J_i,\mathrm{PF}) \\ &= \sum_{K}(-1)^{J_i-M_i}(2K+1)^{1/2}\begin{pmatrix} J_i & K & J_i \\ -M_i & 0 & M_i \end{pmatrix}\rho_0^{(K)}(\mathrm{PF})\end{aligned} \tag{7.8.15}$$

在上式中，已经利用了 3-j 符号不等于零的条件（M_i–M_i+q=0 导致 q=0）. 在$\rho_0^{(k)}(J_i,J_i,\mathrm{PF})$中略去指标 J_i，使用 PF 表示在光子坐标系中进行探测（取光子坐标系 z 轴为线偏振方向）. 对于双光子激发，K=0, 2, 4. 把方程（7.8.15）代入方程（7.8.9）中，得到

$$I(\det) = \sum_{K=0,2,4}P_K\rho_0^{(K)}(\mathrm{PF}) \tag{7.8.16}$$

式中

$$\begin{aligned}P_K = &\sum_{M_i}(-1)^{J_i-M_i}(2K+1)^{1/2}\begin{pmatrix} J_i & K & J_i \\ -M_i & 0 & M_i \end{pmatrix} \\ &\times\left|\sum_{\alpha_e,J_e}\frac{\langle\alpha_fJ_fM_i|\hat{\boldsymbol{\varepsilon}}\cdot\hat{\boldsymbol{\mu}}|\alpha_eJ_eM_i\rangle\langle\alpha_eJ_eM_i|\hat{\boldsymbol{\varepsilon}}\cdot\hat{\boldsymbol{\mu}}|\alpha_iJ_iM_i\rangle}{E_e-E_i-h\nu+\mathrm{i}\Gamma_e/2}\right|^2\end{aligned} \tag{7.8.17}$$

上式中标量积$\hat{\boldsymbol{\varepsilon}}\cdot\hat{\boldsymbol{\mu}}$由下式计算：

$$\hat{\boldsymbol{\varepsilon}}\cdot\hat{\boldsymbol{\mu}} = \sum_p(-1)^p\varepsilon_p^{(1)}\mu_{-p}^{(1)} \tag{7.8.18}$$

利用线偏振光进行激发和探测，p=0. 方程（7.8.18）变为

$$\hat{\boldsymbol{\varepsilon}}\cdot\hat{\boldsymbol{\mu}} = \varepsilon_0^{(1)}\mu_0^{(1)} = \mu_0^{(1)} \tag{7.8.19}$$

式中，已经把$\varepsilon_0^{(1)}$取为单位量. 把方程（7.8.19）代入方程（7.8.17）中，采用 Wigner-Eckart 定理（Edmonds 约规）求得

$$\begin{aligned}P_K = &\sum_{M_i}(-1)^{J_i-M_i}(2K+1)^{1/2}\begin{pmatrix} J_i & K & J_i \\ -M_i & 0 & M_i \end{pmatrix} \\ &\times\left|\sum_{J_e}(-1)^{J_f+J_e}R(J_e)\begin{pmatrix} J_f & 1 & J_e \\ -M_f & 0 & M_e \end{pmatrix}\begin{pmatrix} J_e & 1 & J_i \\ -M_e & 0 & M_i \end{pmatrix}\right|^2\end{aligned} \tag{7.8.20}$$

式中

$$R(J_e)=\sum_{\alpha_e}\frac{(\alpha_f J_f\|\mu^{(1)}\|\alpha_e J_e)(\alpha_e J_e\|\mu^{(1)}\|\alpha_i J_i)}{E_e-E_i-h\nu+\mathrm{i}\Gamma_e/2} \tag{7.8.21}$$

把方程（7.8.16）中态多极矩 $\rho_0^{(K)}(\mathrm{PF})$ 转换为速度坐标系（VF）中的相应量，得出

$$\begin{aligned}\rho_0^{(K)}(\mathrm{VF})&=\sum_{M_i}(-1)^{J_i-M_i}(2K+1)^{1/2}\begin{pmatrix}J_i & K & J_i\\ -M_i & 0 & M_i\end{pmatrix}\rho_{mm}(\mathrm{VF})\\&=\sum_{M}(-1)^{J_i-M}(2K+1)^{1/2}\begin{pmatrix}J_i & K & J_i\\ -M & 0 & M\end{pmatrix}f_m(\mathrm{VF})\end{aligned} \tag{7.8.22}$$

式中

$$f_m(\mathrm{VF})=\rho_{mm}(\mathrm{VF}) \tag{7.8.23}$$

表示在光解离产物速度坐标系中测量的态布居.

我们已经给出计算离子空间角分布函数所需要的全部公式. 图 7.8.1 表示 OCS 分子的光解离产物 S 的二维离子（S^+）成像，图中 $\boldsymbol{\varepsilon}_{\mathrm{dis}}$ 和 $\boldsymbol{\varepsilon}_{\mathrm{pr}}$ 分别表示解离激光和探测激光的电场，箭头和圆点表示激光场的偏振方向. 图 7.8.1（b）中的理论计算结果分别与 7.8.1（a）中的实验观测结果吻合. 应当指出，严格来说，前面的理论处理不是很严密的. 因为它漏掉了一个环节，即分子由高激发态 $|f\rangle$ 到电离态这一过程没有处理. 这相当于假设：①被激发到高激发态 $|f\rangle$ 的原子全部被电离为离子和光电子；②从高激发态 $|f\rangle$ 态到电离态的光电离过程对离子空间角分布不产生影响. 很明显，这是不合理的.

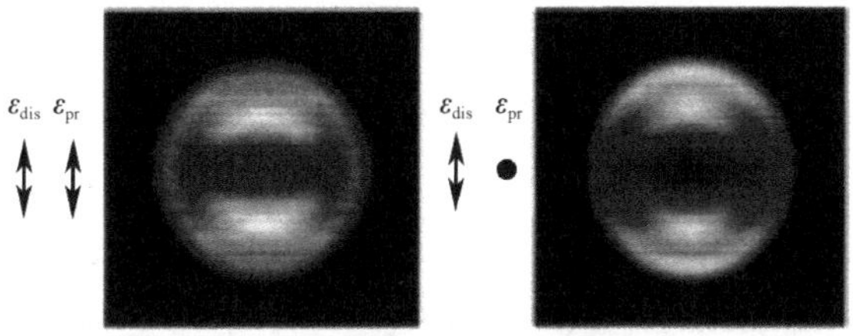

（a）实验观测结果

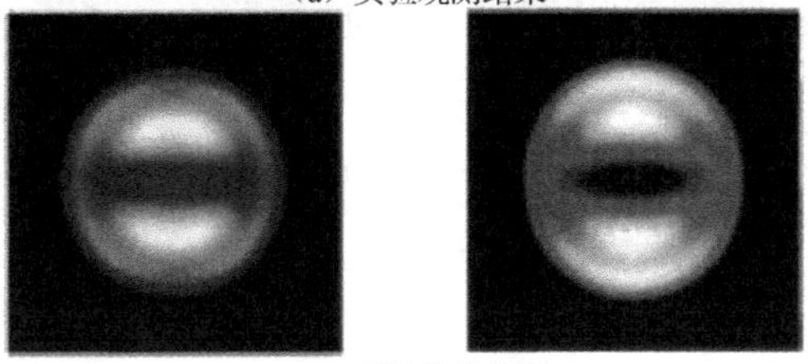

（b）理论计算结果

图 7.8.1　OCS 分子的光解离产物 S 的 S^+离子成像[36]

参 考 文 献

[1] Fano U, Macek J H. Impact excitation and polarization of the emitted light. Reviews of Modern Physics, 1973, 45(4): 553.

[2] Greene C H, Zare R N. Determination of product population and alignment using laser-induced fluorescence. The Journal of Chemical Physics, 1983, 78(11): 6741-6753.
[3] Green S, Zare R N. Ab initio calculation of the spin-rotation constant for $^2\Pi$ diatomics: test of the Van Vleck approximation. Journal of Molecular Spectroscopy, 1977, 64(2): 217-222.
[4] Greene C H, Zare R N. Photofragment alignment and orientation. Annual Review of Physical Chemistry, 1982, 33(1): 119-150.
[5] Cong S L, Han K L, Lou N Q. Alignment determination of symmetric top molecule using rotationally resolved LIF. Chemical Physics, 1999, 249(2-3): 183-190.
[6] Cong S L, Han K L, Lou N Q. Tensor density matrix theory for determining population and alignment of symmetric top molecule using rotationally unresolved fluorescence. Molecular Physics, 2000, 98(3): 139-147.
[7] Cong S L, Han K L, Lou N Q. Theory for determining alignment parameters of symmetric top molecule using (n+1) LIF. The Journal of Chemical Physics, 2000, 113(21): 9429-9442.
[8] Cong S L, Han K L, He G Z, et al. Determination of population, orientation and alignment of symmetric top molecule using laser-induced fluorescence. Chemical Physics, 2000, 256(2): 225-237.
[9] Cong S L, Han K L, Lou N Q. Orientation and alignment of reagent molecules by two-photon excitation. Physics Letters A, 2003, 306(5-6): 326-331.
[10] Shu C C, Yuan K J, Hu W H, et al. Controlling the orientation of polar molecules in a rovibrationally selective manner with an infrared laser pulse and a delayed half-cycle pulse. Physical Review A, 2008, 78(5): 055401.
[11] Shu C C, Yuan K J, Hu W H, et al. Carrier-envelope phase-dependent field-free molecular orientation. Physical Review A, 2009, 80(1): 011401.
[12] Yu J, Zhang W, Yang J, et al. Enhancement of molecular field-free orientation by utilizing a modulated two-color laser field. Chemical Physics, 2012, 400(1): 93-97.
[13] Yang J, Chen M, Yu J, et al. Field-free molecular orientation with chirped laser pulse. The European Physical Journal D, 2012, 66(4): 1-5.
[14] Ma L, Chai S, Zhang X M, et al. Molecular orientation controlled by few-cycle phase-jump pulses. Laser Physics Letters, 2017, 15(1): 016002.
[15] Wu S S, Chai S, Ni S, et al. Enhancement of molecular orientation with two super-Gaussian pulses. Laser Physics Letters, 2020, 17(5): 056001.
[16] Zhang X M, Li J, Yu J, et al. Field-free molecular orientation induced by a single-cycle THz laser pulse train. Communications in Computational Physics, 2016, 20(3): 689-702.
[17] Hu W H, Shu C C, Han Y C, et al. Efficient enhancement of field-free molecular orientation by combining terahertz few-cycle pulses and rovibrational pre-excitation. Chemical Physics Letters, 2009, 480(4-6): 193-197.

[18] Shu C C, Yuan K J, Hu W H, et al. Determination of the phase of terahertz few-cycle laser pulses. Optics letters, 2009, 34(20): 3190-3192.

[19] Liu Y, Li J, Yu J, et al. Field-free molecular orientation by two-color shaped laser pulse together with time-delayed THz laser pulse. Laser Physics Letters, 2013, 10(7): 076001.

[20] Zhao Z Y, Han Y C, Yu J, et al. The influence of field-free orientation on the predissociation dynamics of the NaI molecule. The Journal of Chemical Physics, 2014, 140(4): 044316.

[21] Han Y C, Yuan K J, Hu W H, et al. Steering dissociation of Br_2 molecules with two femtosecond pulses via wave packet interference. The Journal of Chemical Physics, 2008, 128(13): 134303.

[22] Zhang X M, Li J L, Yu J, et al. The influence of molecular pre-orientation on the resonance-enhanced multi-photon ionization dynamics. Chemical Physics, 2017, 485(1): 35-44.

[23] Zare R N, Herschbach D R. Doppler line shape of atomic fluorescence excited by molecular photodissociation. Proceedings of the IEEE, 1963, 51(1): 173-182.

[24] 杰尔. 角动量——化学及物理学中的方位问题. 赖善桃，余亚雄，丘应楠，译. 北京：科学出版社，1995.

[25] Zare R N. Photofragment angular distributions from oriented symmetric-top precursor molecules. Chemical Physics Letters, 1989, 156(1): 1-6.

[26] Choi S E, Bernstein R B. Theory of oriented symmetric-top molecule beams: precession, degree of orientation, and photofragmentation of rotationally state-selected molecules. The Journal of Chemical Physics, 1986, 85(1): 150-161.

[27] Taatjes C A, Janssen M H M, Stolte S. Dynamical information in angular distributions of fragments from photolysis of oriented molecules. Chemical Physics Letters, 1993, 203(4): 363-370.

[28] Seideman T. The analysis of magnetic-state-selected angular distributions: a quantum mechanical form and an asymptotic approximation. Chemical Physics Letters, 1996, 253(3-4): 279-285.

[29] Liyanage R, Gordon R J. A semiclassical model of the angular distribution of the photofragments of predissociating molecules. The Journal of Chemical Physics, 1997, 107(18): 7209-7213.

[30] Dixit S N, Lambropoulos P. Theory of photoelectron angular distributions in resonant multiphoton ionization. Physical Review A, 1983, 27(2): 861.

[31] Dixit S N, McKoy V. Theory of resonantly enhanced multiphoton processes in molecules. The Journal of Chemical Physics, 1985, 82(8): 3546-3553.

[32] Wang K, McKoy V. Rotational branching ratios and photoelectron angular distributions in resonance enhanced multiphoton ionization of diatomic molecules. The Journal of Chemical Physics, 1991, 95(7): 4977-4985.

[33] Dubs R L, McKoy V, Dixit S N. Atomic and molecular alignment from photoelectron angular distributions in $(n+1)$ resonantly enhanced multiphoton ionization. The Journal of Chemical Physics, 1988, 88(2): 968-974.

[34] Dubs R L, McKoy V. Molecular alignment from circular dichroic photoelectron angular distributions in (n+1) resonance enhanced multiphoton ionization. The Journal of Chemical Physics, 1989, 91(9): 5208-5211.

[35] Romanescu C, Loock H P. Photoelectron imaging following 2+1 multiphoton excitation of HBr. Physical Chemistry Chemical Physics, 2006, 8(5): 2940-2949.

[36] Mo Y X, Katayanagi H, Heaven M C, et al. Simultaneous measurement of recoil velocity and alignment of S ($^1D_2$) atoms in photodissociation of OCS. Physical Review Letters, 1996, 77(5): 830.

第 8 章　超快光物理与光化学动力学的基本理论

本章介绍超快光物理与光化学动力学的基本理论，主要内容包括：激发态的产生与衰减[1-6]、单分子光物理过程的速率方程、纳秒量级的分子激发态动力学[7-12]、皮秒和飞秒量级的分子激发态动力学[13-20]、飞秒时间分辨荧光亏蚀光谱[21-32].

描述超快光物理与光化学动力学过程的常用理论方法有：①超快光物理与光化学过程的速率方程；②量子力学微扰理论；③封闭系统的密度矩阵理论与开放系统的约化密度矩阵理论；④瞬态极化与色散理论；⑤对于小分子体系，可以采用含时量子波包方法研究快速及超快光物理与光化学动力学过程；⑥对于多原子的分子体系，可以采用量子化学从头计算方法研究光物理与光化学过程.

8.1　激发态的产生与衰减

8.1.1　激发态的产生

把处于基态的分子激发到激发态，主要方法有光激发、电激发（气体电离）、碰撞激发和化学激活等.

利用光激发产生激发态应该遵守弗兰克-康登（Frank-Condon）原理、电子跃迁自旋选择定则、宇称选择定则和轨道重叠定则等.

1. Frank-Condon 原理

Frank-Condon 原理：在分子中，原子核运动比电子运动慢得多，电子跃迁在极短时间（10^{-14} s）内完成. 在电子跃迁过程中，视原子核近似不动，分子的几何构型近似不变.

Frank-Condon 原理是玻恩-奥本海默近似的基础.

2. 电子跃迁自旋选择定则

在电子跃迁过程中，电子自旋不能改变.

允许：单重态（$2S+1=1$，$S=0$）$\leftrightarrow$ 单重态（$2S+1=1$，$S=0$）跃迁.

双重态（$2S+1=2$，$S=1/2$）$\leftrightarrow$ 双重态（$2S+1=2$，$S=1/2$）跃迁.

三重态（$2S+1=3$，$S=1$）$\leftrightarrow$ 三重态（$2S+1=3$，$S=1$）跃迁.

禁止：单重态（$2S+1=1$，$S=0$）→ 双重态（$2S+1=2$，$S=1/2$）跃迁.

单重态（$2S+1=1$，$S=0$）→ 三重态（$2S+1=3$，$S=1$）跃迁.

双重态（$2S+1=2$，$S=1/2$）→ 三重态（$2S+1=3$，$S=1$）跃迁.

其中，S 表示分子总的电子自旋量子数.

应该注意：电子跃迁自旋选择定则对量子跃迁过程有一定的约束或限制作用. 但在实际跃迁过程中可能会遭到破坏，可能会发生违背电子跃迁自旋选择定则的量子跃迁过程. 例如，发射磷光违背了电子跃迁自旋选择定则；系间穿越是无辐射跃迁过程，违背了电子跃迁自旋选择定则. 在违背电子跃迁自旋选择定则的情况下，尽管跃迁过程能够发生，但跃迁概率较小.

3. 量子跃迁的宇称选择定则

设 $\hat{A}$ 表示力学量算符，ψ_1 和 ψ_2 分别表示原子或分子跃迁前、后量子态的波函数. 宇称选择定则要求：①若 $\hat{A}$ 为奇宇称算符，则要求跃迁矩阵元 $\langle\psi_1|\hat{A}|\psi_2\rangle$ 中波函数 ψ_1 和 ψ_2 的宇称必须相反；②若 $\hat{A}$ 为偶宇称算符，则要求跃迁矩阵元 $\langle\psi_1|\hat{A}|\psi_2\rangle$ 中波函数 ψ_1 和 ψ_2 的宇称必须相同. 否则，跃迁矩阵元 $\langle\psi_1|\hat{A}|\psi_2\rangle$ 等于零（即跃迁过程不能发生）.

特殊地，若 $\hat{A}$ 表示分子的电偶极矩（奇宇称算符），则要求 ψ_1 和 ψ_2 的宇称不能相同. 如果 ψ_1 为奇宇称（u），则 ψ_2 必须为偶宇称（g）；反之，如果 ψ_1 为偶宇称（g），则 ψ_2 为奇宇称（u）. 采用简单的记号来表示：对于电偶极矩跃迁，允许 u→g 和 g→u 跃迁，禁止 u→u 和 g→g 跃迁.

偶宇称要求算符 $\hat{A}$ 和波函数 ψ_1（或 ψ_2）具有中心反演对称性，奇宇称要求算符 $\hat{A}$ 与波函数 ψ_1（或 ψ_2）具有中心反演反对称性. 在分子光谱项符号中，采用 u 和 g 分别表示奇宇称和偶宇称，并标记在光谱项符号的右下角（如 Σ_g、Π_u 等）. 例如，乙烯分子 π 轨道是反对称轨道（u），π^* 和 σ 轨道是对称轨道（g），允许 $\pi\to\pi^*$ 和 $\pi\to\sigma$ 跃迁，禁止 $\pi^*\to\sigma$ 跃迁.

宇称选择定则限制了量子跃迁过程的发生. 当违背宇称选择定则时，跃迁矩阵元 $\langle\psi_1|\hat{A}|\psi_2\rangle$ 接近于 0，即跃迁概率接近于 0. 但应当注意，在实际问题中，可能会发生违背宇称选择定则的量子跃迁过程.

4. 轨道重叠定则

若电子跃迁涉及的两个波函数（在量子化学中称为“轨道”）在空间中相互重叠，则可以发生跃迁，否则禁止跃迁.

两个波函数之间的重叠积分 $\langle\psi_1|\psi_2\rangle^2$ 称为 Frank-Condon 因子. 如果两个孤立能级的波函数之间不发生重叠或者重叠很小（即 Frank-Condon 因子取值很小），则两个能级之间很难发生跃迁，除非用频宽很宽的飞秒脉冲激光把这两个能级耦合起来.

5. 玻恩-奥本海默近似

玻恩-奥本海默（Born-Oppenheimer）近似：分子中原子核的质量为电子质量的 2000 倍

以上. 在电子运动发生明显变化的时间内，原子核的运动仅发生微小变化. 可以把求解电子和原子核波函数分开处理. 在某种核构型下求解电子满足的运动方程（视核不动），把求出的能量本征值作为势能函数，再求解原子核满足的运动方程.

8.1.2　激发态的衰减

1. Kasha 规则

处于基态的分子吸收光子后跃迁到单重激发态 $S_1,S_2,S_3,\cdots$，由于高激发态 $S_2,S_3,\cdots$ 的振动能级之间的重叠和振动弛豫，使高激发态分子的布居很快（10^{-12} s 量级）转移到最低激发单重态（S_1），然后再从 S_1 态发生光物理和光化学过程；同理，被激发到高激发三重态 T_2 和 T_3 的分子因振动能级重叠和振动弛豫而很快落到最低激发三重态（T_1），然后从 T_1 态发生光物理和光化学过程.

Kasha 规则[2]：光化学和光物理过程通常是从最低激发单重态（S_1）或者最低激发三重态（T_1）开始发生.

图 8.1.1 表示分子的激发、振动弛豫、自发辐射（荧光）和受激辐射过程. 采用泵浦光把分子激发到激发电子态的高振动能级，然后发生振动弛豫下落到最低的振动能级（u=0），并从最低振动能级开始向外辐射荧光. 跃迁过程遵守 Kasha 规则. 应该注意，Kasha 规则对跃迁过程有一定的限制作用，但可能会发生违背 Kasha 规则的跃迁过程.

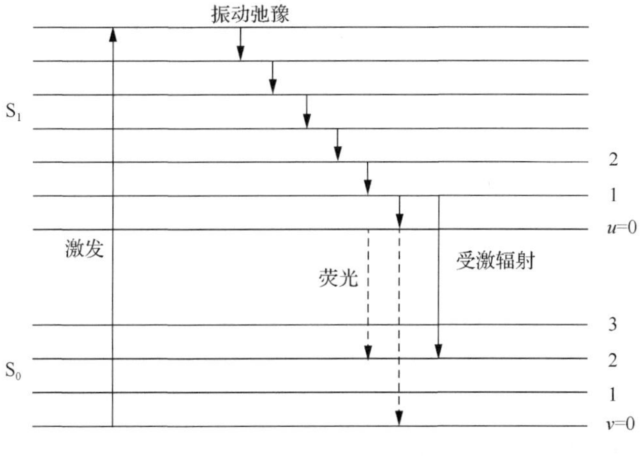

图 8.1.1　激发态分子的激发、振动弛豫和光辐射过程

2. 激发态的衰减

处于激发态的分子回到基态的过程称为衰减过程或者失活过程. 衰减经历了下列光物理和光化学过程：辐射跃迁、无辐射跃迁、能量转移、电荷转移和化学反应.

1）辐射跃迁

分子由高能级向低能级跃迁并辐射光的过程称为辐射跃迁，包括受激辐射和自发辐射. 自发辐射又包括荧光和磷光两种.

（1）荧光：相同自旋多重态之间发生自发辐射产生的光. 辐射荧光遵守电子跃迁自旋选择定则. 如 $S_1\rightarrow S_0$，$S_2\rightarrow S_1$，$S_2\rightarrow S_0$，$T_2\rightarrow T_1$ 等.

（2）磷光：不同自旋多重态之间发生自发辐射产生的光. 辐射磷光违背电子跃迁自旋选择定则，跃迁概率很小，因此磷光强度很弱. 如 $T_1\rightarrow S_0$，$T_2\rightarrow S_1$，$S_2\rightarrow T_1$ 等.

2）无辐射跃迁

分子从高电子态向低电子态跃迁但不辐射光的过程称为无辐射跃迁.

无辐射跃迁发生在不同电子态的等能量振动-转动能级之间，低电子态的高振-转能级与高电子态的低振-转能级之间发生耦合及能量转移.

无辐射跃迁包括内转换（ic）和系间穿越（或系间交叉，isc）两种.

（1）内转换（ic）：相同自旋多重态之间发生的无辐射跃迁过程. 内转换遵守电子跃迁自旋选择定则，跃迁前后总的电子自旋不变. 如 $S_m\rightarrow S_n$，$T_m\rightarrow T_n$ 等. 内转换时间为 10^{-12} s 量级（皮秒量级）.

（2）系间穿越（isc）：不同自旋多重态之间发生的无辐射跃迁过程. 系间穿越违背电子跃迁自旋选择定则，跃迁概率较小，跃迁前后电子自旋发生变化. 如 $T_m\rightarrow S_n$，$S_m\rightarrow T_n$ 等，系间穿越时间为 10^{-13}～10^{-12} s 量级.

3）能量转移

激发态分子 A^*与基态分子 B 相互作用，发生能量转移，使 B 变为激发态，即 $A^*+B\rightarrow A+B^*$. 能量转移过程要求自旋守恒，遵守电子跃迁自旋选择定则. 下面的过程能够发生：

（1）单重态↔单重态能量转移. 如 $A^*(S_1)+B(S_0)\rightarrow A(S_0)+B^*(S_1)$.

（2）三重态↔三重态能量转移. 如 $A^*(T_1)+B(S_0)\rightarrow A(S_0)+B^*(T_1)$.

4）电荷（电子）转移

激发态分子（或原子）A^*作为电子给体将一个电子转移给基态分子（或原子）B，产生离子自由基对，即 $A^*+B\rightarrow A^++B^-$（A^*为电子给体）；或者作为电子受体从基态分子（或原子）B 得到一个电子，即 $A^*+B\rightarrow A^-+B^+$（A^*为电子受体）.

另外，分子离子 A^+可将电荷直接转移给基态分子 B，即 $A^++B\rightarrow A+B^+$ 或 AB^+.

5）化学反应

化学反应（包括碰撞反应、光电离反应、光解离反应和光缔合反应等）可以使激发态分子（或原子）发生衰减，产生基态分子（或原子）.

8.1.3 激发态产生与衰减过程跃迁图

图 8.1.2 表示分子激发态产生与衰减过程的跃迁图（Jablonski 图）[1,2].

在图 8.1.2 中，a 表示光激发跃迁过程. 光激发过程的时间为 10^{-15}～10^{-14} s 量级；f 表示自发辐射荧光跃迁过程，辐射荧光的时间为 10^{-9}～10^{-7} s 量级；ic 表示内转换过程，内转换过程的时间为 10^{-12} s 量级；isc 表示系间穿越过程，时间为 10^{-13}～10^{-12} s 量级；p 表示辐射磷光跃迁过程，时间约为 0.1～10 s. 在图 8.1.2 中，ET、ELT 和 chem 分别表示能量转移、电荷转移和化学反应过程.

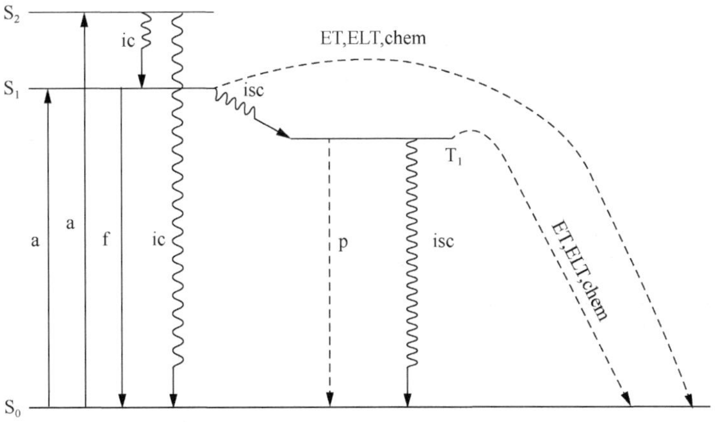

图 8.1.2　激发态产生与衰减过程跃迁图

另外，如图 8.1.1 所示，在同一电子激发态的不同振动能级之间将发生从高振动能级向低振动能级的弛豫过程，振动弛豫时间为 10^{-12} s 量级.

8.2　单分子光物理过程的速率方程

8.2.1　单分子光物理过程

表 8.2.1 表示单分子光物理过程及其时间尺度. 设 ρ_{S_0}、ρ_{S_1} 和 ρ_{T_1} 分别表示基单重态 S_0、激发单重态 S_1 和激发三重态 T_1 的分子数密度（或布居密度）；光激发速率λ_a表示单位时间内从 S_0 态激发到 S_1 态的分子数；k_{ic} 为内转换速率，$k_{ic}\rho_{S_1}$ 表示单位时间内通过内转换使 S_1 态失去的分子数；$k_{S_1T_1}$ 为 $S_1 \to T_1$ 系间穿越速率，$k_{S_1T_1}\rho_{S_1}$ 表示单位时间内通过 $S_1 \to T_1$ 系间穿越转移到 T_1 态的分子数；$k_{T_1S_1}$ 为 $T_1 \to S_1$ 系间穿越速率，$k_{T_1S_1}\rho_{T_1}$ 表示单位时间内通过 $T_1 \to S_1$ 系间穿越转移到 S_1 态的分子数；k_f 为荧光辐射速率，$k_f\rho_{S_1}$ 表示单位时间内因发射荧光使 S_1 态减少的分子数；k_p 为磷光辐射速率，$k_p\rho_{T_1}$ 表示单位时间内因发射磷光使 T_1 态减少的分子数；$k_{T_1S_0}$ 为 $T_1 \to S_0$ 系间穿越速率，$k_{T_1S_0}\rho_{T_1}$ 表示单位时间内通过 $T_1 \to S_0$ 系间穿越转移到 S_0 态的分子数.

表 8.2.1　单分子光物理过程及其时间尺度

名称	过程	时间/s	速率
激发（a）	$S_0+h\nu \to S_1$	$10^{-15}\sim10^{-14}$	λ_a
内转换（ic）	$S_1 \to S_0+h_1$（热）	10^{-12}	$k_{ic}\rho_{S_1}$
系间穿越（st）	$S_1 \to T_1+h_2$（热）	$10^{-1}\sim10^{-12}$	$k_{S_1T_1}\rho_{S_1}$
系间穿越（ts）	$T_1 \to S_1+h_3$（热）	$10^{-13}\sim10^{-12}$	$k_{T_1S_1}\rho_{T_1}$

续表

名称	过程	时间	速率
荧光（f）	$S_1 \to S_0+h\nu_f$	10^{-9}～10^{-7}	$k_f\rho_{S_1}$
磷光（p）	$T_1 \to S_0+h\nu_p$	0.1～10	$k_p\rho_{T_1}$
系间穿越（ts）	$T_1 \to S_0+h_4$（热）	10^{-13}～10^{-12}	$k_{T_1S_0}\rho_{T_1}$

8.2.2　简单的三能级速率方程

考虑简单的三能级系统，如图 8.2.1 所示. 基态 S_0、第一激发单重态 S_1 和第一激发三重态 T_1 的分子数密度分别为 ρ_{S_0}、ρ_{S_1} 和 ρ_{T_1}. 取激光开通时刻为时间零点，三个能级分子数密度满足下列速率方程：

$$\frac{\partial\rho_{S_1}(t)}{\partial t}=\lambda_a-(k_f+k_{ic}+k_{S_1T_1})\rho_{S_1}(t)+k_{T_1S_1}\rho_{T_1}(t) \tag{8.2.1}$$

$$\frac{\partial\rho_{T_1}(t)}{\partial t}=k_{S_1T_1}\rho_{S_1}(t)-(k_{T_1S_1}+k_p+k_{T_1S_0})\rho_{T_1}(t) \tag{8.2.2}$$

$$\frac{\partial\rho_{S_0}(t)}{\partial t}=-\lambda_a+(k_f+k_{ic})\rho_{S_1}(t)+(k_p+k_{T_1S_0})\rho_{T_1}(t) \tag{8.2.3}$$

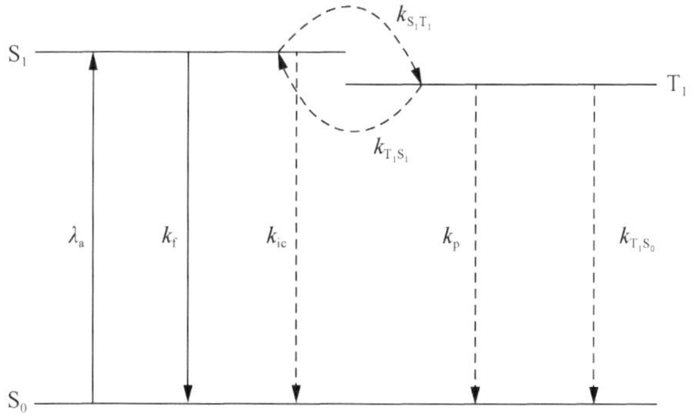

图 8.2.1　三能级系统量子跃迁过程

上述速率方程组包含了三个耦合微分方程，描述了三个能级分子数密度与相关跃迁速率之间的动态变化关系，其解析解很难得到（除非取某种近似）. 可以采用数值积分方法精确求解上述速率方程组，给出三个能级分子数密度随着时间的变化关系，并确定各种跃迁速率之间的关系；也可以通过模拟实验结果来确定各种跃迁速率. 在编写数值计算程序时应当注意：各个跃迁过程不是同时发生的，彼此之间有先后顺序，即存在延迟时间. 例如，从单重态 S_1 发生的辐射荧光、内转换和系间穿越（$S_1 \to T_1$）过程比光激发过程延迟了 $1/\lambda_a$ 时间，而辐射磷光和系间穿越（$T_1 \to S_0$）过程又比系间穿越（$S_1 \to T_1$）过程延迟了 $1/k_{S_1T_1}$ 时间.

下面讨论一种简单情况：在稳定状态下求解上述速率方程组，给出相关物理量的表达式.

8.2.3　跃迁速率与量子效率

（1）光激发速率：在稳定状态下，由方程（8.2.1）和方程（8.2.2）得

$$\lambda_a = (k_f + k_{ic} + k_{S_1T_1})\rho_{S_1} - k_{T_1S_1}\rho_{T_1} \tag{8.2.4}$$

$$\rho_{T_1} = \frac{k_{S_1T_1}}{k_{T_1S_1} + k_p + k_{T_1S_0}}\rho_{S_1} \tag{8.2.5}$$

由方程（8.2.4）和方程（8.2.5）得

$$\lambda_a = \frac{(k_f + k_{ic} + k_{S_1T_1})(k_{T_1S_1} + k_p + k_{T_1S_0}) - k_{T_1S_1}k_{S_1T_1}}{(k_{T_1S_1} + k_p + k_{T_1S_0})}\rho_{S_1} \tag{8.2.6}$$

或者

$$\rho_{S_1} = \frac{\lambda_a(k_{T_1S_1} + k_p + k_{T_1S_0})}{(k_f + k_{ic} + k_{S_1T_1})(k_{T_1S_1} + k_p + k_{T_1S_0}) - k_{T_1S_1}k_{S_1T_1}} \tag{8.2.7}$$

若取近似值，则得出

$$\rho_{S_1} \approx \frac{\lambda_a}{k_f + k_{ic} + k_{S_1T_1}} \tag{8.2.8}$$

（2）荧光量子效率（量子产率）：

$$\phi_f = \frac{k_f\rho_{S_1}}{\lambda_a} = \frac{k_f(k_{T_1S_1} + k_p + k_{T_1S_0})}{(k_f + k_{ic} + k_{S_1T_1})(k_{T_1S_1} + k_p + k_{T_1S_0}) - k_{T_1S_1}k_{S_1T_1}} \tag{8.2.9}$$

若取近似值，则有

$$\phi_f \approx \frac{k_f}{k_f + k_{ic} + k_{S_1T_1}} \tag{8.2.10}$$

（3）磷光量子效率（量子产率）：

$$\begin{aligned}\phi_p &= \frac{k_p\rho_{T_1}}{\lambda_a} = \frac{k_p k_{S_1T_1}}{\lambda_a(k_{T_1S_1} + k_p + k_{T_1S_0})}\rho_{S_1} \\ &= \frac{k_p k_{S_1T_1}}{(k_f + k_{ic} + k_{S_1T_1})(k_{T_1S_1} + k_p + k_{T_1S_0}) - k_{T_1S_1}k_{S_1T_1}}\end{aligned} \tag{8.2.11}$$

取近似值，得出

$$\phi_p \approx \frac{k_p k_{S_1T_1}}{(k_p + k_{T_1S_1} + k_{T_1S_0})(k_f + k_{ic} + k_{S_1T_1})} \approx \frac{k_p}{k_p + k_{T_1S_1} + k_{T_1S_0}}\phi_{S_1T_1} \tag{8.2.12}$$

（4）系间穿越（$S_1 \to T_1$）量子效率（量子产率）：

$$\phi_{S_1T_1} = \frac{k_{S_1T_1}\rho_{S_1}}{\lambda_a} = \frac{k_{S_1T_1}(k_{T_1S_1} + k_p + k_{T_1S_0})}{(k_f + k_{ic} + k_{S_1T_1})(k_{T_1S_1} + k_p + k_{T_1S_0}) - k_{T_1S_1}k_{S_1T_1}} \tag{8.2.13}$$

取近似值，得出

$$\phi_{S_1T_1} \approx \frac{k_{S_1T_1}}{k_f + k_{ic} + k_{S_1T_1}} \tag{8.2.14}$$

（5）系间穿越（$T_1 \to S_1$）量子效率（量子产率）：

$$\phi_{T_1S_1} = \frac{k_{T_1S_1}\rho_{T_1}}{\lambda_a} \approx \frac{k_{T_1S_1}k_{S_1T_1}}{(k_p + k_{T_1S_1} + k_{T_1S_0})(k_f + k_{ic} + k_{S_1T_1})} \tag{8.2.15}$$

（6）磷光与荧光辐射效率之比：

利用方程（8.2.5）、方程（8.2.9）和方程（8.2.11），得到磷光与荧光辐射效率之比为

$$\frac{\phi_p}{\phi_f} = \frac{k_p\rho_{T_1}}{k_f\rho_{S_1}} = \frac{k_p k_{S_1T_1}}{k_f(k_p + k_{T_1S_1} + k_{T_1S_0})} \tag{8.2.16}$$

值得注意的是，不同文献给出的量子效率（量子产率）表达式可能不同. 这是由于研究者根据实验条件在复杂表达式中略去了一个或多个取值较小的跃迁速率.

8.3　纳秒量级的分子激发态动力学

分子在激光作用下从基电子态跃迁到激发电子态，然后在分子内或分子间发生一系列快速（$1\ \mathrm{ps} < t < 1\ \mathrm{s}$）或超快（$t \leqslant 1\ \mathrm{ps}$）跃迁过程[7-12]. 观测这些过程的常用实验方法有瞬态吸收光谱、瞬态荧光光谱和瞬态拉曼光谱等.

探测快速和超快光物理过程经历了下列几个阶段：①在短脉冲激光器诞生之前，使用钠闪光灯技术探测时间为 $3\ \mathrm{ns} < t < 1\ \mathrm{ms}$ 的快速动力学过程. ②在短脉冲激光器诞生之后，使用纳秒脉冲激光探测发生在时间范围 $1\ \mathrm{ns} < t < 1\ \mu\mathrm{s}$ 的快速动力学过程. ③使用皮秒脉冲激光探测发生在时间范围 $1\ \mathrm{ps} < t < 1\ \mu\mathrm{s}$ 的快速动力学过程. ④使用飞秒脉冲激光探测发生在时间范围 $1\ \mathrm{fs} < t < 1\ \mathrm{ns}$ 的快速与超快动力学过程. ⑤使用阿秒脉冲技术探测发生在时间范围 $1\ \mathrm{as} < t < 1\ \mathrm{fs}$ 的超快动力学过程. 需要指出，要求激光脉冲的时间尺度必须小于拟探测过程的持续时间；至少使用两束超短脉冲激光才能探测快速或者超快光物理过程，并要求两束超短脉冲激光之间的延迟时间可控.

本节讨论采用瞬态荧光光谱方法探测发生在分子激发电子态的纳秒量级动力学过程.

8.3.1　光激发与辐射衰减过程

设激光频率为ν，将分子 A 激发，产生激发态分子 A^*，即 $A+h\nu \to A^*$. 描述产生激发态分子的速率方程为

$$\frac{\mathrm{d}\rho_{A^*}(t)}{\mathrm{d}t} = E(t) \tag{8.3.1}$$

式中，$E(t)$表示激发速率函数，它与激光脉冲参数和分子能级结构有关.

考虑自发辐射衰减效应，设衰减速率为 k，则速率方程变为

$$\frac{\mathrm{d}\rho_{\mathrm{A}^*}(t)}{\mathrm{d}t}=E(t)-k\rho_{\mathrm{A}^*}(t) \tag{8.3.2}$$

在激发过程结束之后，激发态的衰减过程由方程

$$\frac{\mathrm{d}\rho_{\mathrm{A}^*}(t)}{\mathrm{d}t}=-k\rho_{\mathrm{A}^*}(t) \tag{8.3.3}$$

决定. 对方程（8.3.3）积分得

$$\rho_{\mathrm{A}^*}(t)=\rho_{\mathrm{A}^*}(t=0)\exp(-kt)=\rho_{\mathrm{A}^*}(0)\exp(-t/\tau_F) \tag{8.3.4}$$

式中，τ_F 表示荧光寿命或自发辐射寿命.

8.3.2　辐射与无辐射跃迁速率

设 S 和 T 分别表示自旋单重态和三重态，分子的激发与衰减过程包括：①光激发：A(S)+$E(t)$→ A^*(S). ②荧光辐射衰减（辐射速率 k_1）：A^*(S) → A(S)+ $h\nu_F$ （发射荧光）. ③无辐射衰减（无辐射跃迁速率 k_2）：A^*(S) → A(T)+能量转移或放热（系间穿越），或者 A^*(S) → A(S)+放热（内转换）.

激发与衰减过程满足的速率方程为

$$\frac{\mathrm{d}\rho_{\mathrm{A}^*}(t)}{\mathrm{d}t}=E(t)-(k_1+k_2)\rho_{\mathrm{A}^*}(t) \tag{8.3.5}$$

激发过程结束后，衰减过程满足的速率方程为

$$\frac{\mathrm{d}\rho_{\mathrm{A}^*}(t)}{\mathrm{d}t}=-(k_1+k_2)\rho_{\mathrm{A}^*}(t) \tag{8.3.6}$$

对上式积分得出

$$\rho_{\mathrm{A}^*}(t)=\rho_{\mathrm{A}^*}(t=0)\exp[-(k_1+k_2)t]=\rho_{\mathrm{A}^*}(0)\exp(-t/\tau_F) \tag{8.3.7}$$

式中，荧光寿命为

$$\tau_F=\frac{1}{k_1+k_2} \tag{8.3.8}$$

荧光量子效率（量子产率）为

$$\phi_F=\frac{k_1}{k_1+k_2}=k_1\tau_F \tag{8.3.9}$$

仅测量荧光寿命 τ_F 无法同时确定辐射跃迁速率 k_1 和无辐射跃迁速率 k_2. 若再测量荧光量子效率 ϕ_F，则可以确定 k_1 和 k_2 的取值. 荧光强度 $I_F\propto\rho_{\mathrm{A}^*}$，写成等式，得出

$$I_F=A_{21}\rho_{\mathrm{A}^*}(t) \tag{8.3.10}$$

式中，A_{21} 表示自发辐射系数.

上述理论适用于处理热平衡条件下气相或液相分子的光激发与光辐射过程.

8.3.3　含有猝灭反应的快速动力学过程

设 Q 表示猝灭剂分子，其浓度为 n_{Q}. 含有猝灭反应的快速动力学过程如下.

（1）光激发：$A(S)+E(t)\to A^*(S)$.

（2）荧光辐射衰减（辐射跃迁速率 k_1）：$A^*(S)\xrightarrow{k_1}A(S)+h\nu_F$.

（3）无辐射衰减（无辐射跃迁速率 k_2）：$A^*(S)\xrightarrow{k_2}A(S)+$热，或者 A(T)+热.

（4）猝灭反应（猝灭速率 k_3）：$A^*(S)+Q\xrightarrow{k_3}$猝灭反应产物.

在激发过程结束之后，激发态衰减过程满足速率方程

$$\frac{d\rho_{A^*}(t)}{dt}=-(k_1+k_2+k_3n_Q)\rho_{A^*}(t) \tag{8.3.11}$$

积分得

$$\rho_{A^*}(t)=\rho_{A^*}(0)\exp[-(k_1+k_2+k_3n_Q)t]=\rho_{A^*}(0)\exp(-t/\tau_F) \tag{8.3.12}$$

式中

$$\tau_F=\frac{1}{k_1+k_2+k_3n_Q} \tag{8.3.13}$$

表示荧光寿命（$10^{-9}\sim10^{-7}$ s 量级）. 设 I 和 I_0 分别表示加入和未加入猝灭剂分子情况下荧光强度，在稳定状态下，有

$$\frac{I_0}{I}=1+\frac{k_3}{k_1+k_2}n_Q=1+k_{sv}n_Q \tag{8.3.14}$$

式中

$$k_{sv}=\frac{k_3}{k_1+k_2} \tag{8.3.15}$$

表示 Stern-Volmer 猝灭常数. 中国科学院大连化学物理研究所沙国河院士研究小组采用准静态池实验装置深入研究了气相烷烃、烯烃、醇及其氘代物对 O_2（$a^1\Delta$）的猝灭动力学，测量了猝灭速率常数，发现了许多有趣的光物理与光化学现象[7-12].

8.4　皮秒和飞秒量级的分子激发态动力学

8.4.1　皮秒和飞秒量级超快动力学过程

化学反应中的过渡态寿命、生物分子光合作用、细胞呼吸链中电子转移过程等均为分子系统中皮秒和飞秒量级的超快光物理与光化学过程.

（1）发生在分子内的超快动力学过程：断键、成键、异构、单重态之间或者三重态之间的内转换、单重态与三重态之间的系间穿越、同一电子态的不同振动能级之间的振动弛豫、光激发过程和受激辐射过程等.

（2）发生在分子间的超快动力学过程：分子间能量转移、动量转移、角动量转移、电子转移、氢键作用、偶极-偶极相互作用和激发态溶剂化效应等.

应当注意，不同分子体系的快速或超快过程的时间尺度不同. 上述某些过程（如能量转移、异构、成键、溶剂化效应等）的时间尺度跨越从快速到超快几个数量级.

8.4.2　超快动力学过程的实验研究方法

最近二十多年，人们发展了很多实验方法探测分子的超快光物理与光化学过程，主要有：①飞秒 pump-probe 与 pump-dump 探测技术；②飞秒光电子能谱技术；③飞秒质谱技术；④光电子成像与离子成像技术；⑤瞬态吸收光谱技术；⑥瞬态拉曼光谱技术；⑦瞬态光栅测量技术；⑧飞秒光子回波技术；⑨超快非线性光谱技术；⑩超快荧光频率上转换技术；⑪荧光探针技术；⑫飞秒时间分辨荧光亏蚀光谱技术，等等.

我们在第 3 章、第 4 章和第 5 章分别介绍了密度矩阵理论、量子力学微扰理论和含时量子波包方法. 下面介绍瞬态极化理论及其在计算飞秒时间分辨光谱中的应用.

8.4.3　瞬态极化理论

1. 分子吸收激光能量速率和极化率[13-20]

选取分子为研究对象. 在激光场中分子的哈密顿算符为

$$\hat{H} = \hat{H}_0 + \hat{V} \tag{8.4.1}$$

式中，$\hat{H}_0$ 表示无外激光场情况下分子的哈密顿算符；$\hat{V}$ 表示激光场与分子相互作用势. 设激光的电场强度为 $\boldsymbol{E}(t)$，分子的电偶极矩为 $\boldsymbol{\mu}$，相互作用势为 $\hat{V} = -\boldsymbol{\mu}\cdot\boldsymbol{E}(t)$. 分子吸收激光能量的速率为

$$Q_E = \left\langle \frac{\mathrm{d}\hat{H}}{\mathrm{d}t} \right\rangle = \left\langle \frac{\mathrm{d}\hat{V}}{\mathrm{d}t} \right\rangle = -\langle \boldsymbol{\mu} \rangle \cdot \frac{\mathrm{d}\boldsymbol{E}(t)}{\mathrm{d}t} = -\boldsymbol{P}\cdot\frac{\mathrm{d}\boldsymbol{E}(t)}{\mathrm{d}t} \tag{8.4.2}$$

式中，$\boldsymbol{P} = \langle \boldsymbol{\mu} \rangle$ 表示分子系统的电极化强度矢量. 由于孤立系统的能量守恒，故

$$\left\langle \frac{\mathrm{d}\hat{H}_0}{\mathrm{d}t} \right\rangle = 0 \tag{8.4.3}$$

分子吸收激光能量的速率等于激光向分子系统提供的有效功率. 利用密度矩阵的性质，电极化强度矢量可以表示为

$$\boldsymbol{P} = \langle \boldsymbol{\mu} \rangle = \mathrm{Tr}(\hat{\rho}\boldsymbol{\mu}) = \sum_n (\hat{\rho}\boldsymbol{\mu})_{nn} = \sum_{n,m} \hat{\rho}_{nm}\boldsymbol{\mu}_{mn} \tag{8.4.4}$$

电场强度在时间域和频率域中的关系为

$$\boldsymbol{E}(t) = \boldsymbol{E}(\omega)\exp(-\mathrm{i}\omega t) + \boldsymbol{E}(-\omega)\exp(\mathrm{i}\omega t) \tag{8.4.5}$$

电极化强度矢量满足类似的关系式

$$\boldsymbol{P}(t) = \boldsymbol{P}(\omega)\exp(-\mathrm{i}\omega t) + \boldsymbol{P}(-\omega)\exp(\mathrm{i}\omega t) \tag{8.4.6}$$

式中，ω 表示激光的圆频率. 电场强度和电极化强度之间的关系为

$$\boldsymbol{P}(\omega) = \chi(\omega)\boldsymbol{E}(\omega) \tag{8.4.7}$$

$$\boldsymbol{P}(-\omega) = \chi(-\omega)\boldsymbol{E}(-\omega) \tag{8.4.8}$$

式中，$\chi(\omega)$ 和 $\chi(-\omega)$ 表示分子系统的瞬态电极化率. 把方程（8.4.5）～方程（8.4.8）代入方程（8.4.2）中得到

$$Q_E = -\mathrm{i}\omega[\boldsymbol{P}(\omega)\cdot \boldsymbol{E}(-\omega) + \boldsymbol{P}(-\omega)\cdot \boldsymbol{E}(\omega)] = -\mathrm{i}\omega[\chi(\omega) - \chi(-\omega)]\left|\boldsymbol{E}(\omega)\right|^2 \tag{8.4.9}$$

式中，利用了关系式

$$\chi^*(\omega) = \chi(-\omega), \qquad \boldsymbol{E}^*(\omega) = \boldsymbol{E}(-\omega) \tag{8.4.10}$$

在一般情况下，$\chi(\omega)$ 为复变函数，可将 $\chi(\omega)$ 写成实部和虚部之和，即

$$\chi(\omega) = \mathrm{Re}\,\chi(\omega) + \mathrm{i}\,\mathrm{Im}\,\chi(\omega) = \chi'(\omega) + \mathrm{i}\chi''(\omega) \tag{8.4.11}$$

$$\chi(-\omega) = \chi^*(\omega) = \mathrm{Re}\,\chi(-\omega) + \mathrm{i}\,\mathrm{Im}\,\chi(-\omega) = \chi'(\omega) - \mathrm{i}\chi''(\omega) \tag{8.4.12}$$

把方程（8.4.11）和方程（8.4.12）代入方程（8.4.9）中，得到

$$Q_E = 2\omega\chi''(\omega)\left|\boldsymbol{E}(\omega)\right|^2 \tag{8.4.13}$$

从方程（8.4.13）可以看出，分子吸收激光能量的速率与电极化率的虚部成正比，与电场强度的模平方成正比（或与激光强度 I 成正比）. 分子吸收激光能量的速率为实验可观测量.

2. 飞秒时间分辨光谱理论

飞秒泵浦-探测（pump-probe）是常用的飞秒激光实验技术. 采用飞秒泵浦激光将分子从基电子态激发到激发电子态，然后利用飞秒探测激光把激发态分子电离，产生光电子和离子；或者引起激发态分子受激辐射（起 dump 光作用）. 在实验中，通过测量电离信号强度、光电子能谱、光电子角分布（成像）、离子角分布（成像）等来研究分子电离机理与超快光物理过程.

基于瞬态极化理论和密度矩阵理论，Gu 等[19]推导了飞秒时间分辨光谱强度的理论公式，用于计算瞬态吸收光谱、荧光光谱和电离光谱. 下面介绍其主要理论结果.

飞秒时间分辨光谱强度 $I(\omega_{pr},\tau)$ 正比于瞬态电极化率：

$$I(\omega_{pr},\tau) \propto \chi''(\omega_{pr},\tau) = -\frac{1}{\hbar}\sum_{v,v',u}\mathrm{Im}\left[\frac{\mathrm{i}\rho_{S_1v,S_1v'}(\tau)(\boldsymbol{\mu}_{S_1v',S_0u}\cdot\boldsymbol{\mu}_{S_0u,S_1v})}{\mathrm{i}(\omega_{S_1v',S_0u}-\omega_{pr})+1/\Gamma_{pr}}\right] \tag{8.4.14}$$

式中，ω_{pr} 表示探测激光的中心频率；τ 表示探测激光脉冲相对于泵浦脉冲激光的延迟时间；$1/\Gamma_{pr}$ 表示探测激光的频宽；$\rho_{S_1v,S_1v'}(\tau)$ 表示分子激发态的密度矩阵元（由量子刘维尔方程求得）；$\boldsymbol{\mu}_{S_1v',S_0u}$ 表示分子电偶极矩在基态 S_0 与激发态 S_1 之间的跃迁矩阵元. $\hbar\omega_{S_1v',S_0u}$ 表示分子两个电子态的不同振动能级差，即

$$\omega_{S_1v',S_0u} = \omega_{S_1S_0} + (v'-u)\omega \tag{8.4.15}$$

式中

$$\omega_{S_1S_0} = [E_{S_1}(v=0) - E_{S_0}(u=0)]/\hbar \tag{8.4.16}$$

在方程(8.4.14)中，瞬态电极化率 $\chi''(\omega_{pr},\tau)$ 包含相干 $\chi''_{\mathrm{co}}(\omega_{pr},\tau)$ 和非相干 $\chi''_{\mathrm{ico}}(\omega_{pr},\tau)$ 两部分：

$$\chi''_{\mathrm{co}}(\omega_{pr},\tau) = -\frac{1}{\hbar}\sum_{v\neq v'}\sum_{u}\mathrm{Im}\left[\frac{\mathrm{i}\rho_{S_1v,S_1v'}(\tau)(\boldsymbol{\mu}_{S_1v',S_0u}\cdot\boldsymbol{\mu}_{S_0u,S_1v})}{\mathrm{i}(\omega_{S_1v',S_0u}-\omega_{pr})+1/\Gamma_{pr}}\right] \tag{8.4.17}$$

$$\chi''_{\text{ico}}(\omega_{pr},\tau) = -\frac{1}{\hbar}\sum_{v,u}\text{Im}\left[\frac{\text{i}\rho_{\text{S}_1v,\text{S}_1v}(\tau)(\boldsymbol{\mu}_{\text{S}_1v,\text{S}_0u}\cdot\boldsymbol{\mu}_{\text{S}_0u,\text{S}_1v})}{\text{i}(\omega_{\text{S}_1v,\text{S}_0u}-\omega_{pr})+1/\Gamma_{pr}}\right] \tag{8.4.18}$$

方程（8.4.14）没有考虑实验仪器的响应时间. 为了模拟实验中观测的光信号强度 $S(\omega_{pr},\tau)$，我们把 $I(\omega_{pr},\tau)$ 与仪器时间分辨响应函数 $C(t)$ 作卷积积分[21]：

$$S(\omega_{pr},\tau) = \int_{-\infty}^{\infty} C(t)I(\omega_{pr},\tau-t)\text{d}t \tag{8.4.19}$$

在一般情况下，可以取 $C(t)=\text{sech}^2 t$，这里 sech t 表示以时间 t 为变量的双曲正割函数.

8.5　飞秒时间分辨荧光亏蚀光谱

8.5.1　飞秒时间分辨荧光亏蚀光谱技术的基本原理

利用飞秒泵浦（pump）激光将分子从基电子态 S_0 激发到激发电子态 S_1，经过一定的延迟时间 τ 后，采用飞秒探测（probe）激光将激发态分子电离（或者继续激发），或者诱导激发态分子发生受激辐射，减少了激发态分子布居，从而削弱了激发态分子辐射荧光（fluorescence）的光谱强度.

通过测量荧光光谱强度随着延迟时间的变化关系，可以获得分子激发、振动弛豫、振动能量分配、内转换和系间穿越等超快动力学信息[21-32].

在飞秒时间分辨荧光亏蚀光谱实验中，当探测脉冲激光强度较弱时（$I_{\text{pr}} < 10^{10}$ W/cm^2），它引起激发态分子发生受激辐射，使观测的荧光强度减弱，如图 8.5.1 所示. 当探测脉冲激光强度较强时（$I_{\text{pr}} \geqslant 10^{10}$ W/cm^2），探测脉冲激光将引起激发态分子继续激发或者电离，导致荧光强度减弱（在图 8.5.1 中没有画出）.

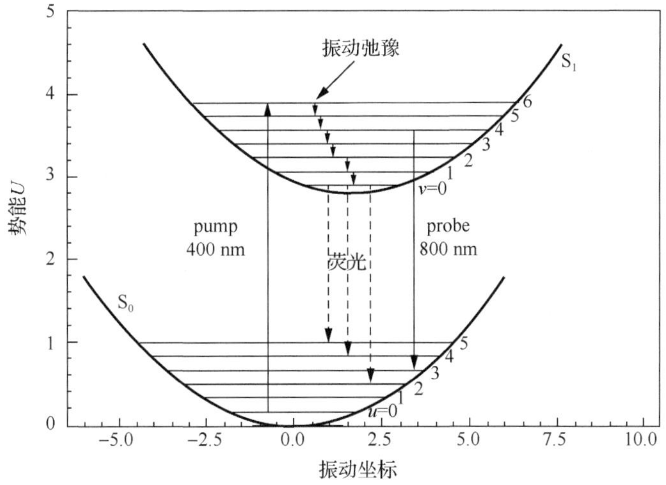

图 8.5.1　荧光亏蚀光谱实验原理图[21]

下面介绍从荧光光谱实验数据中提取分子振动弛豫和内转换过程等超快动力学信息.

8.5.2　液相染料分子的超快振动弛豫

1. 荧光强度理论计算公式

在热平衡状态下，激发态 S_1 第 v 个振动能级的密度矩阵元满足泡利主方程

$$\frac{d\rho_{v,v}}{dt}=\sum_{u}(K_{u\to v}\rho_{u,u}-K_{v\to u}\rho_{v,v}) \quad (8.5.1)$$

式中，$K_{u\to v}$ 和 $K_{v\to u}$ 分别表示 $u\to v$ 和 $v\to u$ 振动弛豫速率. 设 b 代表热浴（丙酮溶液），为了简单，把热浴视为谐振子. 分子与热浴之间的相互作用势为 $H'=\hat{Q}\cdot\hat{F}$，其中 $\hat{Q}$ 和 $\hat{F}$ 分别表示分子的坐标算符和热浴对分子施加的力算符. 振动弛豫速率可以表示为[21]

$$K_{u\to v}=\frac{2\pi}{\hbar}\sum_{u_b,v_b}\rho^{b}_{u_b u_b}\left|H'_{vv_b,uu_b}\right|^2\delta(E_{vv_b}-E_{uu_b}) \quad (8.5.2)$$

$$K_{v\to u}=\frac{2\pi}{\hbar}\sum_{u_b,v_b}\rho^{b}_{v_b v_b}\left|H'_{uu_b,vv_b}\right|^2\delta(E_{uu_b}-E_{vv_b}) \quad (8.5.3)$$

采用阶梯模型，密度矩阵元满足的速率方程为[21]

$$\frac{d\rho_{v,v}}{dt}=(v+1)k'\rho_{v+1,v+1}-(v+1)k'\exp\left(-\frac{\hbar\omega}{k_B T}\right)\rho_{v,v}$$
$$+vk'\exp\left(-\frac{\hbar\omega}{k_B T}\right)\rho_{v-1,v-1}-vk'\rho_{v,v} \quad (8.5.4)$$

式中，k' 表示从振动能级 v=1 到 v=0 的弛豫速率；ω表示热浴的谐振圆频率；k_B 和 T 分别为玻耳兹曼常数和温度. 上式右边第一项描述了 $v+1\to v$ 振动弛豫过程；第二项描述了因热浴的作用使分子从 v 到 $v+1$ 转移的布居；第三项表示因热浴的作用使分子从 $v-1$ 到 v 转移的布居；最后一项描述了 $v\to v-1$ 振动弛豫过程.

实验观测分子从激发电子态 S_1 的最低振动能级发射荧光随着探测激光脉冲相对于泵浦脉冲延迟时间 τ 的变化. 探测的荧光强度为

$$I(\omega_{pr},\tau)=C_0\sum_{v=0}^{v_m}B_{v,v}(\omega_{pr},\tau)\rho_{v,v}(\tau) \quad (8.5.5)$$

式中，C_0 表示常数；ω_{pr} 表示探测激光圆频率；密度矩阵元 $\rho_{v,v}(\tau)$ 由方程（8.5.4）计算. $B_{v,v}(\omega_{pr},\tau)$ 表示受激辐射系数，其表达式为[21]

$$B_{v,v}(\omega_{pr},\tau)=\frac{\boldsymbol{\mu}_{S_1,S_0}\cdot\boldsymbol{\mu}_{S_0,S_1}}{\hbar}\{1+C_1[1-\exp(-k\tau)]\}$$
$$\times\sum_{u}\frac{2\langle S_1 v|S_0 u\rangle^2}{[\omega_{S_1S_0}+(v-u)\omega-\omega_{pr}]^2\Gamma_{pr}+2/\Gamma_{pr}} \quad (8.5.6)$$

其中，$\omega_{S_1S_0}$ 表示 $S_2(v=0)\to S_1(v=0)$跃迁频率；C_1 表示可调节参数；k 表示慢衰减速率常数；Γ_{pr} 表示探测脉冲的频宽. 将 $I(\omega_{pr},\tau)$ 与仪器时间响应函数 $C(t)$作卷积积分，得到实验观测的荧光信号强度[21]：

$$S(\omega_{pr},\tau)=\int_{-\infty}^{\infty}C(t)I(\omega_{pr},\tau)\mathrm{d}t \tag{8.5.7}$$

式中，$C(t)=\mathrm{sech}^2 t$（双曲正割函数的平方）.

2. 荧光亏蚀光谱与振动弛豫速率

采用波长为 400 nm 的飞秒泵浦激光分别把染料分子 OX750 和 LD700 从基电子态 S_0 激发到激发电子态 S_1，经过延迟时间τ 后，用 800 nm 的飞秒探测激光使分子发生受激辐射，导致分子从 S_1 态向 S_0 态自发辐射产生的荧光强度减弱（亏蚀）. 实验中检测荧光强度随着延迟时间τ 的变化关系. 图 8.5.2 表示染料分子 OX750 和 LD700 在丙酮溶液中的荧光亏蚀光谱. 纵轴表示荧光的相对强度（relative intensity），横轴表示探测激光脉冲相对于泵浦脉冲激光的延迟时间（delay time）. 图中圆圈表示实验测量数据[28,29]，实线表示理论计算结果[21].

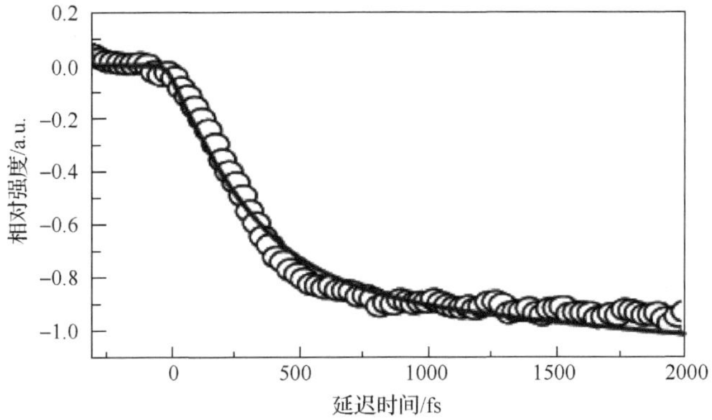

（a）染料分子OX750

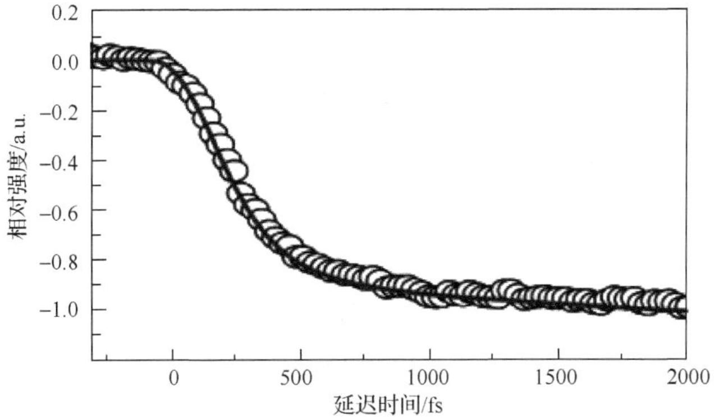

（b）染料分子LD700

图 8.5.2　在丙酮溶液中染料分子的荧光亏蚀光谱

通过理论计算来拟合实验测量数据，从荧光亏蚀光谱实验数据中提取染料分子 OX750 和 LD700 在丙酮溶液中的激发态振动弛豫速率分别为 4.3 ps^{-1} 和 4.9 ps^{-1}. 振动弛豫速率的倒数表示两个相邻振动能级之间的弛豫时间. 泵浦激光将两种染料分子 OX750 和 LD700 均激发到 S_1 态的 $v=6$ 振动能级，由此可以计算染料分子 OX750 和 LD700 总的弛豫时间分别为 1.40 ps 和 1.27 ps. 若考虑溶剂化效应，总的弛豫时间约为 2 ps.

8.5.3 叶绿素分子在乙酸乙酯和二乙醚溶剂中的超快内转换过程

1. 叶绿素分子在乙酸乙酯溶剂中荧光亏蚀光谱与内转换过程

密度矩阵元满足的主方程应包含内转换（ic）速率 k_{ic}，即[31]

$$\frac{\mathrm{d}\rho_{v,v}(\tau)}{\mathrm{d}t}=k_{\text{ic}}\rho_{\text{S}_2}(\tau)+(v+1)k'\rho_{v+1,v+1}(\tau)-(v+1)k'\exp\left(-\frac{\hbar\omega}{k_{\text{B}}T}\right)\rho_{v,v}(\tau)+vk'\exp\left(-\frac{\hbar\omega}{k_{\text{B}}T}\right)\rho_{v-1,v-1}(\tau)-vk'\rho_{v,v}(\tau) \tag{8.5.8}$$

式中，k'表示振动弛豫速率. 上式右边第一项表示因 $\text{S}_2\to\text{S}_1$ 内转换从 S_2 态转移到 S_1 态的分子布居；第二项表示因振动弛豫（$v+1\to v$）转移的布居；第三项和第四项分别表示因热浴（乙酸乙酯溶剂）的作用使振动能级 v 减少（$v\to v+1$）和增加（$v-1\to v$）的布居；最后一项表示因振动弛豫（$v\to v-1$）转移的布居. S_2 态分子布居随着延迟时间 τ 的演化方程为

$$\frac{\mathrm{d}\rho_{\text{S}_2}(\tau)}{\mathrm{d}\tau}=-k_{\text{ic}}\rho_{\text{S}_2}(\tau) \tag{8.5.9}$$

内转换过程的时间为

$$\tau_{\text{ic}}=1/k_{\text{ic}} \tag{8.5.10}$$

利用方程（8.5.8）和方程（8.5.9）计算密度矩阵元，然后代入方程（8.5.5）～方程（8.5.7）中计算探测的荧光亏蚀光谱强度.

如图 8.5.3 所示，采用波长 620 nm 的飞秒泵浦激光将叶绿素分子 chl-a 从基态 S_0 激发到激发态 S_2，叶绿素分子通过 $\text{S}_2\to\text{S}_1$ 内转换过程转移到 S_1 态. 经历延迟时间 τ 后，再用 800 nm 的飞秒探测激光使叶绿素分子发生受激辐射，导致分子从 S_1 态到 S_0 态自发辐射产生的荧光强度减弱（亏蚀）. 在实验中，检测荧光强度随着延迟时间 τ 的变化曲线.

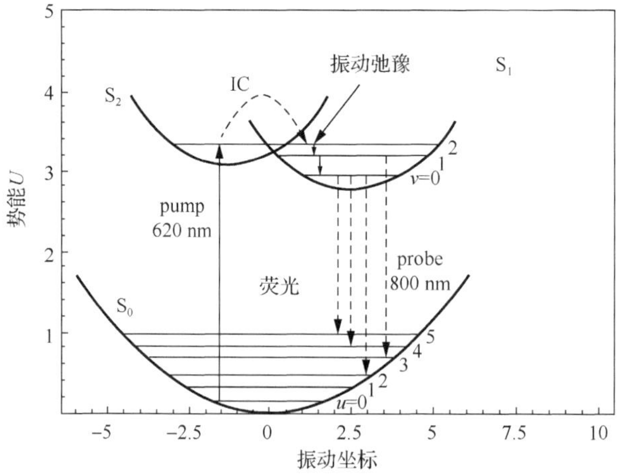

图 8.5.3　叶绿素分子 chl-a 在乙酸乙酯溶剂中从 S_2 态到 S_1 态的内转换过程[30, 31]

图 8.5.4 表示叶绿素分子 chl-a 在乙酸乙酯溶剂中的荧光亏蚀光谱. 纵轴表示荧光的相对强度，横轴表示探测激光脉冲相对于泵浦脉冲激光的延迟时间. 图中圆圈表示实验测量数据[30]，实线表示理论计算结果[31]. 结合实验测量数据和理论计算结果，给出叶绿素分子 chl-a 在乙酸乙酯溶剂中的内转换时间为 T_{ic}=133 fs，内转换速率为 $k_{ic}=1/T_{ic}$.

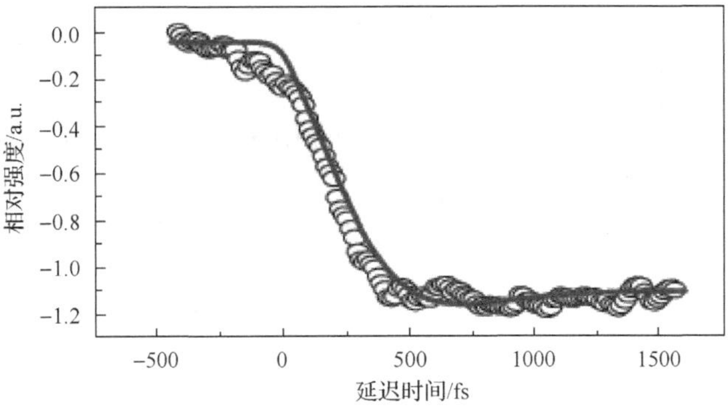

图 8.5.4　叶绿素分子 chl-a 在乙酸乙酯溶剂中的荧光亏蚀光谱[30, 31]

2. 叶绿素分子在二乙醚溶剂中荧光亏蚀光谱与内转换过程

在实验中[30]，分别采用 620 nm 和 430 nm 的泵浦激光激发处于二乙醚（ethyl ether）溶剂中的叶绿素分子 chl-a，分别对应 $S_0 \to S_2$ 和 $S_0 \to S_3$ 跃迁，如图 8.5.5 所示. 图 8.5.5（a）表示叶绿素分子 chl-a 在二乙醚溶剂中三能级内转换过程，而图 8.5.5（b）表示叶绿素分子 chl-a 在二乙醚溶剂中四能级内转换过程[32]. 在四能级内转换过程中，波长为 430 nm 的泵浦激光将叶绿素分子 chl-a 激发到 S_3 电子态后，叶绿素分子 chl-a 将经历三种途径回到第一激发态 S_1：①通过内转换 $S_3 \to S_1$ 从 S_3 态直接转移到 S_1 态；②通过内转换 $S_3 \to S_2 \to S_1$ 转移到 S_1 态；③通过内转换 $S_3 \to S_1$ 和 $S_3 \to S_2 \to S_1$ 从 S_3 态转移到 S_1 态.

（a）三能级内转换$S_2 \to S_1$过程　　　　　　（b）四能级内转换$S_3 \to S_2 \to S_1$过程

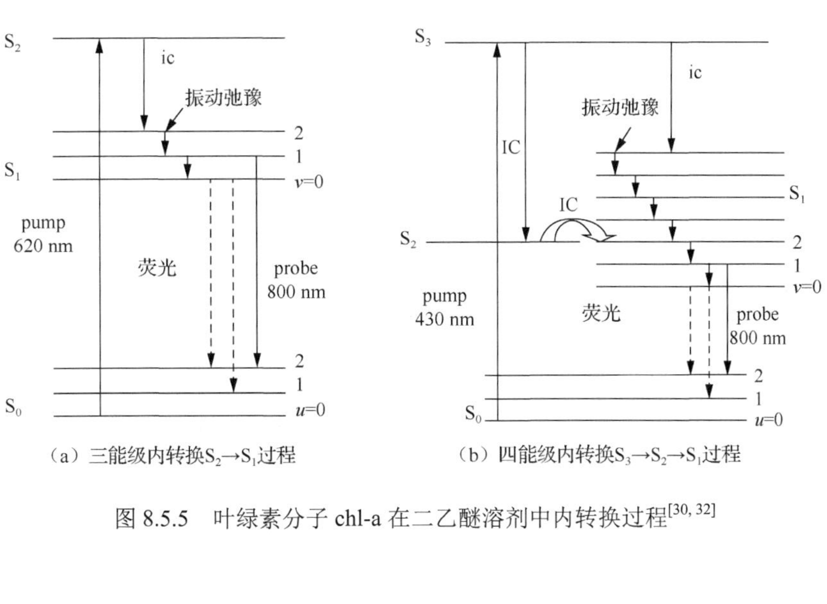

图 8.5.5　叶绿素分子 chl-a 在二乙醚溶剂中内转换过程[30, 32]

电子激发态 S_1 振动能级的对角矩阵元 $\rho_{v,v}(\tau)$ 满足时间演化方程[32]

$$\frac{\mathrm{d}\rho_{v,v}(t)}{\mathrm{d}t}=\sum_{n=2,3}k_{n1}\rho_{S_n}(t)+(v+1)k'\rho_{v+1,v+1}(t)-(v+1)k'\exp\left(-\frac{\hbar\omega}{k_B T}\right)\rho_{v,v}(t)$$
$$+vk'\exp\left(-\frac{\hbar\omega}{k_B T}\right)\rho_{v-1,v-1}(t)-vk'\rho_{v,v}(t) \tag{8.5.11}$$

式中，k_{n1} 表示从 S_n 态（n=2 或 3）跃迁到 S_1 态的内转换速率. 上式右边第一项表示 $S_n \to S_1$ 的内转换过程；第二项表示 $v+1 \to v$ 振动弛豫过程；第三项和第四项分别表示因热浴作用引起分子从 v 到 $v+1$ 和从 $v-1$ 到 v 的布居转移；最后一项表示 $v \to v-1$ 振动弛豫过程.

对于三能级内转换过程，如图 8.5.5（a）所示，S_2 态布居随着延迟时间的演化方程为

$$\frac{\mathrm{d}\rho_{S_2}(t)}{\mathrm{d}t}=-k_{21}\rho_{S_2}(t) \tag{8.5.12}$$

式中，k_{21} 表示 $S_2 \to S_1$ 内转换速率. 内转换过程的时间为 $\tau_{21}=1/k_{21}$.

对于四能级内转换过程，如图 8.5.5（b）所示，S_3 态和 S_2 态布居随着时间的演化方程为

$$\frac{\mathrm{d}\rho_{S_3}(t)}{\mathrm{d}t}=-(k_{32}+k_{31})\rho_{S_3}(t) \tag{8.5.13}$$

$$\frac{\mathrm{d}\rho_{S_2}(t)}{\mathrm{d}t}=k_{32}\rho_{S_3}(t)-k_{21}\rho_{S_2}(t) \tag{8.5.14}$$

式中，k_{32}、k_{31} 和 k_{21} 分别表示 $S_3 \to S_2$、$S_3 \to S_1$ 和 $S_2 \to S_1$ 内转换速率. 从 S_3 态到 S_1 态的内转换时间为

$$\tau_{ic}=\frac{k_{32}+k_{21}}{k_{31}(k_{32}+k_{21})+k_{32}k_{21}} \tag{8.5.15}$$

对于 $S_3 \to S_1$ 内转换过程，$k_{32}=0$，内转换时间为 $\tau_{31}=1/k_{31}$；对于 $S_3 \to S_2 \to S_1$ 阶梯内转换过程，$k_{31}=0$，内转换时间为 $\tau_{321}=1/k_{32}+1/k_{21}$.

图 8.5.6 表示叶绿素分子 chl-a 在二乙醚溶剂中三能级内转换 $S_2 \to S_1$ 过程的荧光亏蚀光谱. 图中圆圈表示实验测量数据[30]，实线表示理论计算结果[32]. 通过理论计算来拟合实验数据，提取叶绿素分子 chl-a 在二乙醚溶剂中三能级内转换时间为 T_{ic}=110 fs，内转换速率为 $k_{ic}=1/T_{ic}$.

图 8.5.7 表示叶绿素分子 chl-a 在二乙醚溶剂中四能级内转换 $S_3 \to S_2 \to S_1$ 过程的荧光亏蚀光谱[30,32]. 从实验数据中提取的内转换时间为 T_{ic}=143 fs.

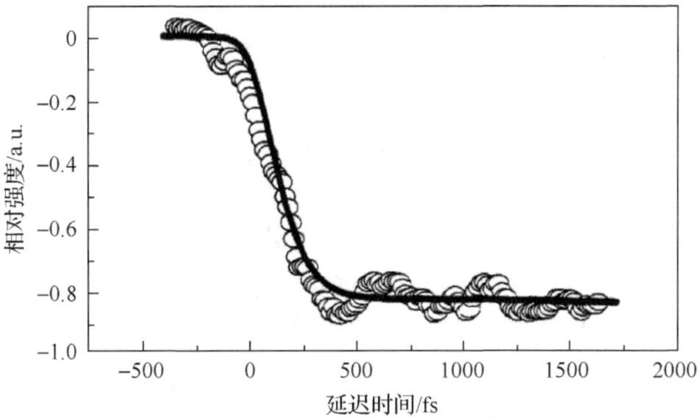

图 8.5.6　叶绿素分子 chl-a 在二乙醚溶剂中三能级内转换 $S_2 \to S_1$ 过程的荧光亏蚀光谱[30, 32]

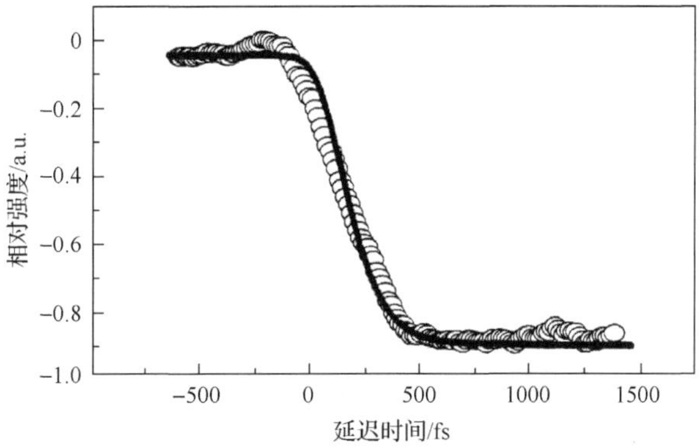

图 8.5.7　叶绿素分子 chl-a 在二乙醚溶剂中四能级内转换 $S_3 \to S_2 \to S_1$ 过程的荧光亏蚀光谱[30,32]

参 考 文 献

[1] Lin S H, Alden R, Islampour R, et al. Density matrix method and femtosecond processes. Singapore: World Scientific Publishing Co. Pte. Ltd., 1991.

[2] 樊美公, 姚建年, 佟振合. 分子光化学与光功能材料科学. 北京：科学出版社, 2009.

[3] Demtröder W. Atoms, molecules and photons. Berlin: Springer-Verlag, 2006.

[4] Manz J, Woste L. Femtosecond chemistry. Weinheim: Springer-Verlag, 1995.

[5] Zewail A H. Femtochemistry-ultrafast dynamics of the chemical bond. Singapore: World Scientific Publishing Co. Pte. Ltd., 1994.

[6] Zewail A H. Femtochemistry: recent progress in studies of dynamics and control of reactions and their transition states. Journal of Physical Chemistry, 1996, 100(31): 12701-12724.

[7] Wang J, Leng J, Yang H, et al. Luminescence properties and kinetic analysis of singlet oxygen from fullerene solutions. Journal of Luminescence, 2014, 149(3): 267-271.

[8] Wang J, Leng J, Yang H, et al. Long-lifetime and asymmetric singlet oxygen photoluminescence from aqueous fullerene suspensions. Langmuir, 2013, 29(29): 9051-9056.

[9] Wang J, Leng J, Yang H, et al. Study on gas phase collisional deactivation of $O_2(a^1\Delta_g)$ by alkanes and alkenes. Journal of Physical Chemistry, 2013, 138(2): 024320.

[10] Wang J, Leng J, Yang H, et al. An abnormal phenomenon on $O_2(a^1\Delta)$ deactivation by deuterated alcohols. Chemical Physics Letters, 2013, 583(1): 14-17.

[11] Du S, Leng J, Wang J, et al. A quasi-static method for measuring the deactivation rate constants of $O_2(a^1D_g)$ in gas phase by IR radiation decay. Chemical Physics Letters, 2011, 504(4-6): 241-244.

[12] Du S, Leng J, Wang J, et al. Study on collisional deactivation of $O_2(^1D_g)$ by H_2 and D_2. Chemical Physics, 2011, 383(1-3): 83-85.

[13] Lin S H, Fain B. Application of the theory of two-dimensional spectroscopy to the real-time femtosecond transition state spectroscopy. Chemical Physics Letters, 1989, 155(2): 216-220.

[14] Fain B, Lin S H, Hamer N. Two-dimensional spectroscopy: theory of nonstationary, time-dependent absorption and its application to femtosecond processes. The Journal of Chemical Physics, 1989, 91(8): 4485.

[15] Fain B, Lin S H, Wu W X. Rate processes affected by ultrashort-pulse fields. Physical Review A, 1989, 40(2): 824-833.

[16] Lin S H, Fujimura Y, Neusser H J, et al. Multiphoton spectroscopy of molecules. London: Academic Press, 1984.

[17] Bloembergen N. Nonlinear optics. New York: Addison-Wesley Publishing Company, 1965.

[18] Yariv A. Quantum electronics. New York: Addison-Wesley Publishing Company, 1975.

[19] Gu X Z, Hayashi M, Suzuki S, et al. Vibrational coherence and relaxation dynamics in the primary donor state of the mutant reaction center of rhodobacter capsulatus: theoretical analysis of pump-probe stimulated emission. Biochimica et Biophysica Acta-Bioenergetics, 1995, 1229(2): 215-224.

[20] Niu K, Dong L Q, Cong S L. Theoretical description of femtosecond fluorescence depletion spectrum of molecules in solution. The Journal of Chemical Physics, 2007, 127(12): 124502.

[21] Dong L Q, Niu K, Cong S L. Theoretical analysis of femtosecond fluorescence depletion spectra and vibrational relaxations of dye oxazine 750 and rhodamine 700 molecules in acetone solution. International Journal of Quantum Chemistry, 2007, 107(5): 1205-1214.

[22] Zhong Q, Wang Z, Sun Y, et al. Vibrational relaxation of dye molecules in solution studied by femtosecond time-resolved stimulated emission pumping fluorescence depletion. Chemical Physics Letters, 1996, 248(3-4): 277-282.

[23] Zhong Q, Wang Z, Liu Y, et al. The ultrafast intramolecular dynamics of phthalocyanine and porphyrin derivatives. The Journal of Chemical Physics, 1996, 105(13): 5377-5379.

[24] He Y, Xiong Y, Zhu Q, et al. Ultrafast internal conversion and vibrational relaxation of butylphthalocyanine and tetraphenylporphyrin in solution. Acta Physico-Chimica Sinica, 1999, 15(7): 636-642.

[25] He Y, Xiong Y, Wang Z, et al. A Theoretical study on ultrafast vibrational relaxation of dye molecule in solution. Acta Physico-Chimica Sinica, 1998, 14(2): 115-120.

[26] He Y, Xiong Y, Wang Z, et al. Theoretical analysis of ultrafast fluorescence depletion of vibrational relaxation of dye molecules in solution. Journal of Physical Chemistry A, 1998, 102(23): 4266-4270.

[27] Wang Z, Xiong Y J, Sun Y, et al. Femtosecond time-resolved fluorescence spectra of LDS751. Spectroscopy and Spectral Analysis, 1999, 19(3): 257-259.

[28] Liu J Y, Fan W H, Han K L, et al. Ultrafast dynamics of dye molecules in solution as a function of temperature. Journal of Physical Chemistry A, 2003, 107(12): 1914-1917.

[29] Liu J Y, Fan W H, Han K L, et al. Ultrafast vibrational and thermal relaxation of dye molecules in solutions. Journal of Physical Chemistry A, 2003, 107(50): 10857-10861.

[30] Shi Y, Liu J Y, Han K L. Investigation of the internal conversion time of the chlorophyll a from S_3, S_2 to S_1. Chemical Physics Letters, 2005, 410(4-6): 260-263.

[31] Dong L Q, Niu K, Cong S L. Theoretical study of vibrational relaxation and internal conversion dynamics of chlorophyll-a in ethyl acetate solvent in femtosecond laser fields. Chemical Physics Letters, 2006, 432(1-3): 286-290.

[32] Dong L Q, Niu K, Cong S L. Theoretical analysis of internal conversion pathways and vibrational relaxation process of chlorophyll-a in ethyl ether solvent. Chemical Physics Letters, 2007, 440(1-3): 150-154.

第 9 章　利用激光控制化学反应的基本理论

激光具有单色性、相干性、方向性和高亮度等特点以及频率可调等优点，已经成为控制化学反应的重要工具. 目前，利用激光控制化学反应在理论和实验研究方面均有所进展. 已经提出三种有效的理论控制方案.

（1）pump-dump 激光脉冲控制方案（Tannor-Rice 方案）[1-10]：由 Tannor 和 Rice 等提出. 该方案的基本思想是，用一束超短脉冲激光在分子激发态势能面上制备一个局域波包，该波包在势能面上运动. 经历一个极短的延迟时间后，根据波包的位置，选择特定的反应通道，用一束或者多束脉冲激光把激发态波包拉到与特定反应通道对应的基态（或低激发态）势能面的某一个区域，从而实现化学反应过程的激光控制. 控制参数主要是激光的强度、频率、脉冲形状和两束激光之间的延迟时间等.

（2）优化整形脉冲控制方案（Shi-Rabitz 方案）[11-14]：由 Shi 和 Rabitz 等提出. 其基本思想是，一个优化整形的脉冲激光可以在一定时间内控制分子从初始态到振-转态的转移过程，从而控制化学反应某一特定产物的产率. 最初提出的理论适用于控制单个势能面上的分子反应动力学过程，后来被 Kosloff 等[5]推广至多个势能面情况. 优化整形脉冲的振幅一般为复振幅. 在 Shi-Rabitz 方案中，要求对激光脉冲的形状进行优化整形控制，对激光脉冲的频率进行优化调频.

（3）量子相干控制方案（Shapiro-Brumer 方案）[15-41]：由 Shapiro 和 Brumer 等基于量子散射和量子干涉理论提出的用于控制化学反应的理论方案. Shapiro-Brumer 方案分为两种：一种是弱激光场相干控制理论，其核心是激光相位相干控制；另一种是强激光场相干控制理论，其核心是光解离通道（路径）相干控制. 前者可以使用量子力学微扰理论进行处理；后者为强场控制理论，微扰理论不适用，要求使用严格的量子散射理论进行处理.

上述三种理论控制方案均获得实验验证[42-64]. 然而，Tannor-Rice 和 Shi-Rabitz 方案对激光脉冲参数有严格的要求，使用一般的激光场难以实现. 需要使用 Tannor-Rice 和 Shi-Rabitz 控制理论来计算优化的激光脉冲参数，这给实验研究者带来一定的困难. 而 Shapiro-Brumer 方案对激光场的要求并不苛刻，可以是连续激光，也可以是脉冲激光（纳秒、皮秒和飞秒脉冲激光均可以）. 本章介绍 Shapiro-Brumer 控制方案的基本理论及其应用.

9.1　弱激光场相干控制的基本理论

弱激光场相干控制是利用激光的相位和频率等参数来改变分子态的性质，以求提高特定反应通道产物的产率. 弱激光场相干控制方案主要是针对单分子光解离反应和双分子反应提出的. Shapiro 和 Brumer 等针对不同类型的反应设计了不同的控制方案. 本节介绍弱激光场控制化学反应的基本理论[20-26]. 我们将在 9.2 节～9.4 节介绍几种典型的弱激光场控制方案.

设无外场时分子哈密顿算符为 $\hat{H}_M$，最初处于基态 $|\Phi\rangle = |E_i\rangle$ 或者低激发态 $|\Phi\rangle = \sum_i C_i |E_i\rangle$（由基态经过预激发得到），利用两束或者两束以上激光激发反应物分子（或原子），分子的哈密顿算符为

$$\hat{H} = \hat{H}_M - \hat{\boldsymbol{\mu}} \cdot \hat{\boldsymbol{\varepsilon}}(t) \tag{9.1.1}$$

式中，$\hat{\boldsymbol{\mu}}$ 表示分子的电偶极矩；$\hat{\boldsymbol{\varepsilon}}(t)$ 表示激光场的电场强度. 在激光场的作用下，分子由初态 $|\Phi\rangle$ 跃迁到能量为 E 的简并本征态 $|E,n,q^-\rangle$（注意，这不是普遍情况，有很多例外，见 9.4 节），其中 n 表示除了能量以外的所有其他量子数，q 表示反应通道指标，其右上角负号表示波函数应满足边界吸收条件.

将分子总的波函数 $|\psi(t)\rangle$ 按 $|\Phi(t)\rangle$ 和 $|E,n,q^-\rangle$ 展开为

$$|\psi(t)\rangle = |\Phi(t)\rangle + \sum_{n,q} \int \mathrm{d}E\, B(E,n,q,t) |E,n,q^-\rangle \exp(-\mathrm{i}Et/\hbar) \tag{9.1.2}$$

式中，$|\Phi(t)\rangle = |\Phi\rangle \exp(-\mathrm{i}Et/\hbar)$ 包含了时间传播因子. 设 $t \to \infty$ 时，反应已经发生. 根据量子力学理论，展开系数 $B(E,n,q,t)$ 表示概率振幅. 产生第 q 个通道产物的概率为

$$P(q,E,n) = |B(E,n,q,t=\infty)|^2 \tag{9.1.3}$$

对其他量子数 n 求和后，得到

$$P(q,E) = \sum_n |B(E,n,q,t=\infty)|^2 \tag{9.1.4}$$

把方程（9.1.1）和方程（9.1.2）代入薛定谔方程 $\mathrm{i}\hbar\partial\psi/\partial t = \hat{H}\psi$ 中，采用一阶微扰近似，可以求出展开系数 $B(E,n,q,t)$. 求出的展开系数将包含电偶极矩跃迁矩阵元 $\langle E_i|\mu|E,n,q^-\rangle$、激光的频率和相位等参量. 在实验中，通过操纵激光的强度、频率和相位等参量来控制 $B(E,n,q,t)$ 的取值，从而控制特定反应通道产物的产率.

两个反应通道产物产率的分支比定义为

$$R(q,q',E) = \frac{P(q,E)}{P(q',E)} \tag{9.1.5}$$

9.2　单分子光解离反应的双光子控制方案

对于单分子光解离反应，当各个解离通道产物的能量与某一固定能量接近时，系统具有一系列能量简并的连续本征态. 这些本征态的每一个都与一个特定的产物通道相联系. Shapiro 和 Brumer 针对这种情况设计了单分子光解离反应的双光子控制方案[17]，如图 9.2.1 所示. 推荐的实验样品为 $CH_3I \to CH_3+I$，CH_3+I^*.

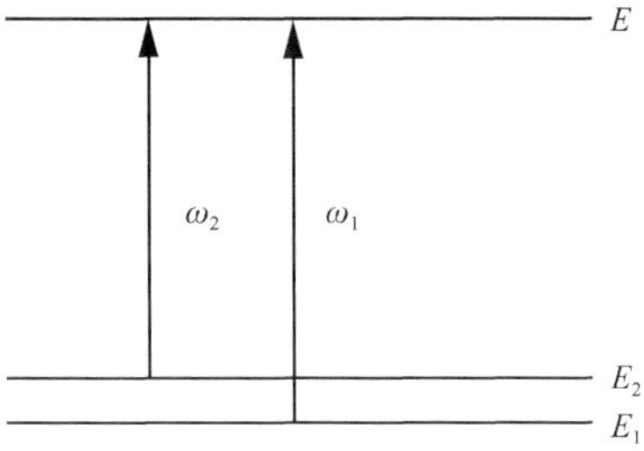

图 9.2.1　双光子控制方案

分子的初始态由基态经过预激发得到

$$|\phi(t)\rangle = \sum_{j=1}^{2} C_j |E_j\rangle \exp(-\mathrm{i}E_j t/\hbar) \tag{9.2.1}$$

用两束激光同时激发处于 $|\phi(t)\rangle$ 态的分子，激光的电场为

$$\boldsymbol{\varepsilon}(t) = \boldsymbol{\varepsilon}_1 \cos(\omega_1 t + \theta_1) + \boldsymbol{\varepsilon}_2 \cos(\omega_2 t + \theta_2) \tag{9.2.2}$$

式中，ω_1 和 ω_2 分别为第一束和第二束激光的圆频率；θ_1 和 θ_2 为两束激光的初始相位；$\boldsymbol{\varepsilon}_1$ 和 $\boldsymbol{\varepsilon}_2$ 为两束激光的电场振幅. 根据 9.1 节的理论，第 q 个通道产物的产率为

$$P(q,E) = \sum_n |B(E,n,q,t=\infty)|^2 = \frac{\pi^2}{\hbar^2}\sum_{i,j} F_{ij}\mu_{ij}^{(q)} \tag{9.2.3}$$

式中

$$F_{ij} = f_i f_j \exp[\mathrm{i}(\theta_i - \theta_j)] \tag{9.2.4}$$

$$\mu_{ij}^{(q)} = \sum_n \langle E_j|\mu|E,n,q^-\rangle\langle E,n,q^-|\mu|E_i\rangle \tag{9.2.5}$$

$$f_i = |C_i \varepsilon(\omega_i)| \tag{9.2.6}$$

$$\omega_i = (E - E_i)/\hbar \tag{9.2.7}$$

在式（9.2.6）中，$\varepsilon(\omega_i)$ 表示电场振幅的傅里叶变换. 电偶极矩跃迁矩阵元由人造通道方法计算[17]. $\mu_{ij}^{(q)}$ 仅包含了分子的贡献，而 F_{ij} 包含了激光的相关信息，即包含了激光的强度、频率、相位和预激发态的展开系数 C_i 等参量. 通过控制激光参数能够操纵第 q 个通道产物产率 $P(q, E)$的大小.

仅考虑两个反应通道的情况，产物的分支比为

$$R(1,2,E)=\frac{P(1,E)}{P(2,E)}=\frac{\left|\mu_{11}^{(1)}\right|+x^2\left|\mu_{22}^{(1)}\right|+2x\cos(\theta_1-\theta_2+\alpha_{12}^{(1)})\left|\mu_{12}^{(1)}\right|}{\left|\mu_{11}^{(2)}\right|+x^2\left|\mu_{22}^{(2)}\right|+2x\cos(\theta_1-\theta_2+\alpha_{12}^{(2)})\left|\mu_{12}^{(2)}\right|} \tag{9.2.8}$$

式中

$$x=\frac{f_2}{f_1}=\frac{\left|C_2\varepsilon(\omega_2)\right|}{\left|C_1\varepsilon(\omega_1)\right|} \tag{9.2.9}$$

$$\mu_{ij}^{(q)}=\left|\mu_{ij}^{(q)}\right|\exp(\mathrm{i}\alpha_{ij}^{(q)}),\ q=1,2 \tag{9.2.10}$$

式中，$\alpha_{ij}^{(q)}$ 表示复变量 $\mu_{ij}^{(q)}$ 的幅角.

方程（9.2.8）右边分子和分母的表达式与光学中杨氏双缝干涉的合成光强度表达式相似. 所谓相干控制就是控制干涉项的取值. 改变两束激光的相对相位（相位差），可以改变产物的产率和分支比. 因此，弱场相干控制的核心是相位控制. 我们考虑两种极端情况：若控制激光参数使

$$x=\frac{f_2}{f_1}=\frac{\left|\mu_{12}^{(1)}\right|}{\left|\mu_{22}^{(1)}\right|} \tag{9.2.11}$$

$$\left|\mu_{12}^{(1)}\right|^2=\left|\mu_{11}^{(1)}\right|\cdot\left|\mu_{22}^{(1)}\right| \tag{9.2.12}$$

$$\cos(\theta_1-\theta_2+\alpha_{12}^{(1)})=-1 \tag{9.2.13}$$

则 $P(1,E)=0$ 及 $R(1,2,E)=0$，将全部产生反应通道 2 的产物；若控制激光参数，使 $P(2,E)=0$，$R(1,2,E)=\infty$，则全部产生通道 1 的产物. 在该方案中，对化学反应产物产率的控制范围为 0～100%.

9.3　分子光解离反应的单光子与三光子控制方案

单光子与三光子控制方案适用于控制单分子光解离反应[17-22]. Shapiro 和 Brumer 推荐的实验为 IBr→I+Br(q=1)；I+Br*(q=2).

如图 9.3.1 所示，分子最初处于基态$\left|\varphi\right\rangle=\left|E_i\right\rangle$，同时用频率为 ω_1 的三个光子和频率为 $\omega_3=3\omega_1$ 的单光子激发分子，两束激光（指 ω_1 和 ω_3）均为连续光. 激光的电场强度为

$$\boldsymbol{\varepsilon}(t)=\boldsymbol{\varepsilon}_1\cos(\omega_1 t+\boldsymbol{K}_1\cdot\boldsymbol{R}+\theta_1)+\boldsymbol{\varepsilon}_3\cos(\omega_3 t+\boldsymbol{K}_3\cdot\boldsymbol{R}+\theta_3) \tag{9.3.1}$$

式中，$\boldsymbol{K}_1$ 和 $\boldsymbol{K}_3$ 分别表示第一束激光（ω_1）和第二束激光（ω_3）的波矢量；$\boldsymbol{R}$ 表示空间位置矢量；$\boldsymbol{K}_1\cdot\boldsymbol{R}$ 和 $\boldsymbol{K}_3\cdot\boldsymbol{R}$ 表示空间相位（取 $\boldsymbol{K}_3=3\boldsymbol{K}_1$）.

采用 9.1 节的理论，求出第 q 个反应通道产物的产率为

$$P(q,E)=\frac{\pi^2}{\hbar^2}[\varepsilon_3^2F_3^{(q)}+\varepsilon_1^6F_1^{(q)}-2\varepsilon_3\varepsilon_1^3\cos(\theta_3-3\theta_1+\delta_{13}^{(q)})\left|F_{13}^{(q)}\right|] \tag{9.3.2}$$

式中

$$F_3^{(q)}=\sum_n\left|\left\langle E,n,q^-\right|(\boldsymbol{\varepsilon}_3\cdot\boldsymbol{\mu})_{eg}\left|E_i\right\rangle\right|^2 \tag{9.3.3}$$

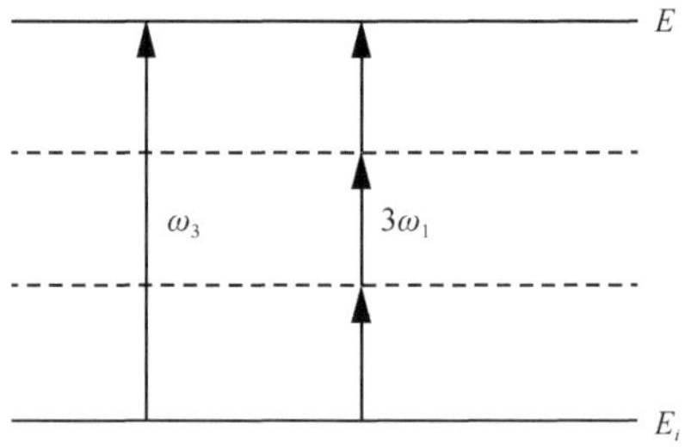

图 9.3.1　弱场 $\omega_3+3\omega_1$ 控制方案

$$F_1^{(q)}=\sum_n\left|\left\langle E,n,q^-\left|T\right|E_i\right\rangle\right|^2 \tag{9.3.4}$$

$$F_{13}^{(q)}=\left|F_{13}^{(q)}\right|\exp(\mathrm{i}\delta_{13}^{(q)})=\sum_n\left\langle E_i\left|T\right|E,n,q^-\right\rangle\left\langle E,n,q^-\left|(\boldsymbol{\varepsilon}_3\cdot\boldsymbol{\mu})_{eg}\right|E_i\right\rangle \tag{9.3.5}$$

$$T=(\boldsymbol{\varepsilon}_1\cdot\boldsymbol{\mu})_{eg}(E_i-\hat{H}_g+2\hbar\omega_1)^{-1}(\boldsymbol{\varepsilon}_1\cdot\boldsymbol{\mu})_{ge}(E_i-\hat{H}_e+\hbar\omega_1)^{-1}(\boldsymbol{\varepsilon}_1\cdot\boldsymbol{\mu})_{eg} \tag{9.3.6}$$

$$(\boldsymbol{\varepsilon}_j\cdot\boldsymbol{\mu})_{eg}=\left\langle e\left|\boldsymbol{\varepsilon}_j\cdot\boldsymbol{\mu}\right|g\right\rangle,\quad j=1,3 \tag{9.3.7}$$

式中，$|g\rangle$ 和 $|e\rangle$ 分别表示基态和激发态的电子本征态；$\hat{H}_g$ 和 $\hat{H}_e$ 分别表示处于基态和激发态的原子核哈密顿算符.

方程（9.3.2）再一次展示了相位干涉的量子特性. 在实验中，控制激光参数 ε_1、ε_3、ω_1 和相位差 $(\theta_3-3\theta_1)$，可以控制化学反应产物的产率. 该方案已经得到多项实验验证.

9.4　原子与分子碰撞反应的相干控制方案

原子与分子碰撞反应的相干控制方案是针对 $D+H_2\to DH+H$ 及 H_2+D 反应提出的[25]. 设反应物 $D+H_2$ 的初始态为 $|\phi_0\rangle$，用第一束脉冲激光 ε_1 激发后，$D+H_2$ 变为过渡复合物 $(DH_2)^*$，其状态由两个束缚态 $|E_1\rangle$ 和 $|E_2\rangle$ 的线性叠加来描述. 在经历一个可控的延迟 τ（为皮秒量级）后，加上第二束脉冲激光 ε_2 使 $(DH_2)^*$ 发生解离，其产物为 DH+H 或者 H_2+D. 控制两束激光参数和延迟时间可以控制产物 DH+H 和 H_2+D 的分支比.

设两束激光脉冲均为高斯脉冲，即

$$\varepsilon_{1(2)}(t)=\int\mathrm{d}E'\varepsilon_{1(2)}(E')\cos[E't/\hbar+\gamma_{1(2)}(E')] \tag{9.4.1}$$

式中

$$\varepsilon_{1(2)}(E')=\exp\left[-\beta\left(\frac{E'-X_{1(2)}}{\varDelta_{1(2)}}\right)^2\right] \tag{9.4.2}$$

其中，E' 为光子能量，$\varDelta_{1(2)}$ 为第一（第二）束激光脉冲脉宽，$\beta=4\ln 2$ 为常数，$X_{1(2)}$ 为第一（第二）束激光脉冲的中心能量；$\gamma_{1(2)}(E')$ 为激光脉冲的初始相位. 激光脉冲的持续时间为 $\tau_p=\sqrt{\beta}/(\varDelta_1\pi c)$. 反应物 $D+H_2$ 受到第一束激光脉冲激发后，其本征态 $|\phi(t)\rangle$ 可

以按$|\phi_0\rangle$、$|E_1\rangle$和$|E_2\rangle$展开为

$$|\phi(t)\rangle = |\phi_0\rangle \exp\left(-\mathrm{i}E_i t/\hbar\right) + \sum_{k=1}^{2} C_k |E_k\rangle \exp\left(-\mathrm{i}E_k t/\hbar\right) \tag{9.4.3}$$

式中展开系数为

$$C_k = \frac{\pi}{\mathrm{i}\hbar}\langle E_k|\mu|\phi_0\rangle \varepsilon_1(E_k - E_i)\exp\left[-\mathrm{i}\gamma_1(E_k - E_i)\right] \tag{9.4.4}$$

经历延迟时间τ后，用第二束激光将$(DH_2)^*$解离. 系统总的波函数为

$$|\Psi(t)\rangle = |\phi(t)\rangle + \sum_{n,q}\int \mathrm{d}EB(E,n,q,t)\left|E,n,q^-\right\rangle \exp(-\mathrm{i}Et/\hbar) \tag{9.4.5}$$

最终，在能量E_f处产生第q个反应通道产物的产率为

$$P(E_f,q) = \sum_n \left|S(E_f)\delta(E_i - E_f) + B(E_f,n,q,t=\infty)\right|^2 \tag{9.4.6}$$

式中，$S(E_f)$表示从初始态$|\phi_0\rangle$到末态$\left|E_f,n,q^-\right\rangle$的跃迁概率振幅. 经过运算得到

$$P(E_f,q) = K[F_{11} + F_{12} + 2\cos(\omega_{21}\tau + \alpha_{12})|F_{12}|] \tag{9.4.7}$$

式中，$\omega_{21} = (E_2 - E_1)/\hbar$；$K$表示比例系数；$F_{11}$和$F_{12}$表示与两束激光脉冲参数有关的参量；$\alpha_{12}$表示矩阵元$F_{12}$的幅角. 通过控制激光脉冲参数和延迟时间可以控制干涉项的取值，从而控制第q个反应通道产物的产率.

弱激光场相干控制的其他方案有：单光子加双光子相干控制、椭圆偏振光相干控制、双脉冲激光相干控制、四光子相干控制等. 所有这些方案大同小异，这里就不逐个介绍了.

9.5　强激光场相干控制化学反应的基本理论

弱激光场相干控制理论不能用于处理强场控制化学反应问题. 为此，Shapiro 等提出了强激光场相干控制理论[32-40]. 下面介绍分子在强激光场中解离反应的理论处理过程.

系统总的哈密顿$\hat{H}$由分子哈密顿$\hat{H}_M$、激光场哈密顿$\hat{H}_R$和分子与激光场相互作用势$\hat{V}$三部分组成，即

$$\hat{H} = \hat{H}_M + \hat{H}_R + \hat{V} = \hat{H}_0 + \hat{V} \tag{9.5.1}$$

在电偶极矩近似下，相互作用势为

$$\hat{V} = -\boldsymbol{\mu}\cdot\boldsymbol{\xi} \tag{9.5.2}$$

式中

$$\boldsymbol{\xi} = \mathrm{i}\sum_l \xi_l(\boldsymbol{e}_l\hat{a}_l + \boldsymbol{e}_l^*\hat{a}_l^+) \tag{9.5.3}$$

表示激光的电场强度，$\boldsymbol{e}_l$和ξ_l分别表示电场的第l个模的单位矢量和大小，$\hat{a}_l^+$和$\hat{a}_l$分别表示光子的产生算符和湮灭算符. 用$|\varepsilon_b\rangle$和$\left|\varepsilon,m,q^-\right\rangle$分别表示分子的束缚和解离本征态，则

$$\hat{H}_M|\varepsilon_b\rangle = \varepsilon_b|\varepsilon_b\rangle \tag{9.5.4}$$

$$\hat{H}_M\left|\varepsilon,m,q^-\right\rangle=\varepsilon\left|\varepsilon,m,q^-\right\rangle \tag{9.5.5}$$

激光场哈密顿 $\hat{H}_R$ 的本征态用 Fock 态表示为

$$\hat{H}_R\left|N_k\right\rangle=\hat{H}_R\left|n_1^{(k)},n_2^{(k)},\cdots\right\rangle=E_k\left|N_k\right\rangle \tag{9.5.6}$$

式中

$$E_k=\sum_l n_l^{(k)}\hbar\omega_l \tag{9.5.7}$$

表示总的光子能量. $\hat{H}_0$ 的本征态为 $\left|(\varepsilon,m,q^-),N_k\right\rangle=\left|(\varepsilon,m,q^-)\right\rangle\left|N_k\right\rangle$，而 $\hat{H}$ 的本征态为 $\left|(\varepsilon,m,q^-),N_k^-\right\rangle$. m 表示除了能量以外的所有其他量子数，q 表示通道指标. 加在 q 右上角的负号表示波函数满足边界吸收条件；而加在 N_k 右上角的负号表示相互作用势 $\hat{V}$ 不存在时，$\hat{H}$ 的本征态约化为 $\hat{H}_0$ 的本征态. 在激光场作用下，系统由初始态 $\left|\varepsilon_i,N_i\right\rangle=\left|\varepsilon_i\right\rangle\left|N_i\right\rangle$ 跃迁到解离态 $\left|(\varepsilon,m,q^-),N_f^-\right\rangle$ 的解离概率为

$$A(\varepsilon,q,N_f;\varepsilon_i,N_i)=\sum_m\left|\left\langle(\varepsilon,m,q^-),N_f^-\middle|\varepsilon_i,N_i\right\rangle\right|^2 \tag{9.5.8}$$

总的光解离概率为

$$P(q)=\sum_{N_f}\sum_i\int\mathrm{d}\varepsilon\,A(\varepsilon,q,N_f;\varepsilon_i,N_i) \tag{9.5.9}$$

理论处理的核心任务是计算矩阵元 $\left\langle(\varepsilon,m,q^-),N_f^-\middle|\varepsilon_i,N_i\right\rangle$. 由量子散射的李普曼-施温格（Lippmann-Schwinger）方程得

$$\left\langle(\varepsilon,m,q^-),N_f^-\middle|\varepsilon_i,N_i\right\rangle=\left\langle(\varepsilon,m,q^-),N_f\middle|\hat{V}\hat{G}(E^+)\middle|\varepsilon_i,N_i\right\rangle \tag{9.5.10}$$

式中，$\hat{G}(E^+)$ 表示格林函数算符，即

$$\hat{G}(E^+)=(E^+-\hat{H})^{-1}=(\varepsilon+E_f-\hat{H}+\mathrm{i}\delta)^{-1},\qquad\delta\to0 \tag{9.5.11}$$

定义投影算符 $\hat{P}$ 和势算符 $\hat{R}$ 分别为

$$\hat{P}=\sum_{mq}\sum_{N_k}\int\mathrm{d}\varepsilon\left|(\varepsilon,m,q^-),N_k\right\rangle\left\langle(\varepsilon,m,q^-),N_k\right| \tag{9.5.12}$$

和

$$\hat{R}=\hat{V}+\hat{V}(E^+-\hat{P}\hat{H}_0\hat{P}-\hat{P}\hat{V}\hat{P})^{-1}\hat{P}\hat{V} \tag{9.5.13}$$

式中

$$E^+=\varepsilon+E_f+\mathrm{i}\delta,\qquad\delta\to0 \tag{9.5.14}$$

把光解离概率表达式（9.5.8）中解离振幅表示为

$$\left\langle(\varepsilon,m,q^-),N_f^-\middle|\varepsilon_i,N_i\right\rangle=a+b+c+\cdots \tag{9.5.15}$$

式中

$$a=\frac{\left\langle(\varepsilon,m,q^-),N_f\middle|\hat{R}\middle|\varepsilon_i,N_i\right\rangle}{E^+-\varepsilon_i-E_i-R_{ii}} \tag{9.5.16}$$

$$b=\sum_{j(\neq i)}\frac{\left\langle(\varepsilon,m,q^{-}),N_f\left|\hat{R}\right|\varepsilon_j,N_j\right\rangle R_{ji}}{(E^{+}-\varepsilon_i-E_i-R_{ii})(E^{+}-\varepsilon_j-E_j-R_{jj})} \tag{9.5.17}$$

$$c=\sum_{k,j(j\neq k\neq i)}\frac{\left\langle(\varepsilon,m,q^{-}),N_f\left|\hat{R}\right|\varepsilon_k,N_k\right\rangle R_{j'j}R_{ji}}{(E^{+}-\varepsilon_i-E_i-R_{ii})(E^{+}-\varepsilon_k-E_k-R_{kk})(E^{+}-\varepsilon_j-E_j-R_{jj})} \tag{9.5.18}$$

其中

$$R_{ii}=\left\langle\varepsilon_i,N_i\left|\hat{R}\right|\varepsilon_i,N_i\right\rangle \tag{9.5.19}$$

$$R_{ji}=\left\langle\varepsilon_j,N_j\left|\hat{R}\right|\varepsilon_i,N_i\right\rangle \tag{9.5.20}$$

$$\left\langle(\varepsilon,m,q^{-}),N_f\left|\hat{R}\right|\varepsilon_j,N_j\right\rangle=\left\langle(\varepsilon,m,q^{-}),N_f\left|\hat{V}\right|\varepsilon_j,N_j\right\rangle \tag{9.5.21}$$

$$\left\langle(\varepsilon,m,q^{-}),N_f\left|\hat{R}\right|\varepsilon_i,N_i\right\rangle=\left\langle(\varepsilon,m,q^{-}),N_f\left|\hat{V}\right|\varepsilon_i,N_i\right\rangle \tag{9.5.22}$$

把方程（9.5.15）代入方程（9.5.8）中，得出分子的光解离概率为

$$A(\varepsilon,q,N_f;\varepsilon_i,N_i)=\sum_m\left|a+b+c+\cdots\right|^2 \tag{9.5.23}$$

式中，$a,b,c,\cdots$各代表一条解离通道（路径），a 表示直接解离过程，b 和 c 表示间接解离过程. 即

路径 a:　$\left|\varepsilon_i,N_i\right\rangle\to\left|(\varepsilon,m,q^{-}),N_f\right\rangle$

路径 b:　$\left|\varepsilon_i,N_i\right\rangle\to\left|\varepsilon_j,N_j\right\rangle\to\left|(\varepsilon,m,q^{-}),N_f\right\rangle$

路径 c:　$\left|\varepsilon_i,N_i\right\rangle\to\left|\varepsilon_j,N_j\right\rangle\to\left|\varepsilon_k,N_k\right\rangle\to\left|(\varepsilon,m,q^{-}),N_f\right\rangle$

将方程（9.5.23）右边展开后可以看出，不同的解离通道之间将发生量子干涉. Shapiro 等采用量子统计理论证明[38,40]，这种干涉效应不依赖于各激光场之间的相对相位（这与弱场相干控制不同），它主要取决于激光的频率和强度等参数. 改变这些参数，能够改变干涉项的取值，从而达到控制化学反应的目的.

Shapiro 等研究了 Na_2 分子在强激光场作用下发生的双光子光解离反应[38,40]，即

$$\mathrm{Na_2}\xrightarrow{\omega_1,\,\omega_2}\begin{cases}\mathrm{Na(3s)+Na(3p)}\\\mathrm{Na(3s)+Na(4s)}\\\mathrm{Na(3s)+Na(3d)}\end{cases} \tag{9.5.24}$$

理论计算结果已经得到了实验验证[64].

9.6　相干控制理论的实验验证

前面介绍的相干控制理论均得到实验验证[52-64]. 表 9.6.1 列出了各种理论控制方案及其实验验证.

表 9.6.1　相干辐射控制方案与实验验证

理论控制方案	实验验证
1. 弱场单光子加三光子控制方案[20, 26]	（1）汞 $6s^1S_0 \rightarrow 6p^1P_1$ 跃迁的激光相位相干控制[52] （2）用相干多光子电离测量激光相位[54] （3）HCl 分子多光子电离的激光相干控制[54] （4）HCl 和 CO 光电离的激光相干控制[55] （5）H_2S 光电离的激光相干控制[58]
2. 弱场单光子加双光子控制方案[21, 26]	（1）半导体内光电流定向的激光相干控制[56] （2）光电离过程中反对称光电子角分布测量[59] （3）AlGaAs/GaAs 光电流的激光相干控制[61] （4）NO 分子角分布的相干控制[63]
3. 弱场双脉冲激光控制方案[23, 24]	CH_3ONO 光解离反应的相干效应[57, 58]
4. 强激光场相干控制方案[38, 40]	Na_2 分子光解离反应实验研究[64]

图 9.6.1 表示利用弱激光场控制 HCl 分子光电离的实验结果[55]. 该实验是根据单光子与三光子相干控制方案设计的[25]. 图 9.6.1（a）～（c）表示在三种跃迁过程中 HCl^+ 信号强度随着相位调控 H_2 气体气压的变化关系. 通过改变两束激光的相位差 $\Delta\theta = 3\theta_1 - \theta_3$ 可以调控 H_2 的气压，从而控制 HCl^+的产率.

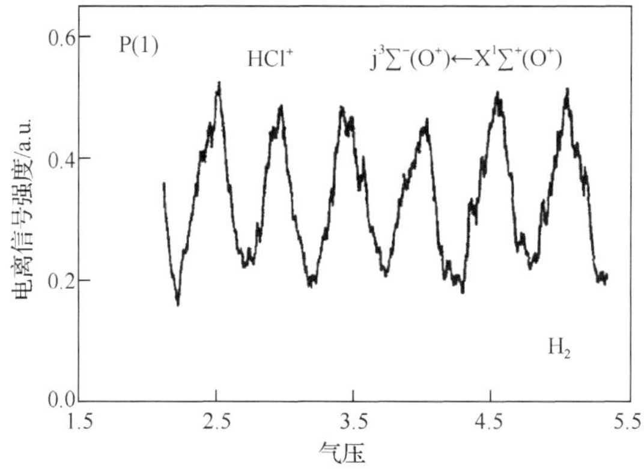

（a）

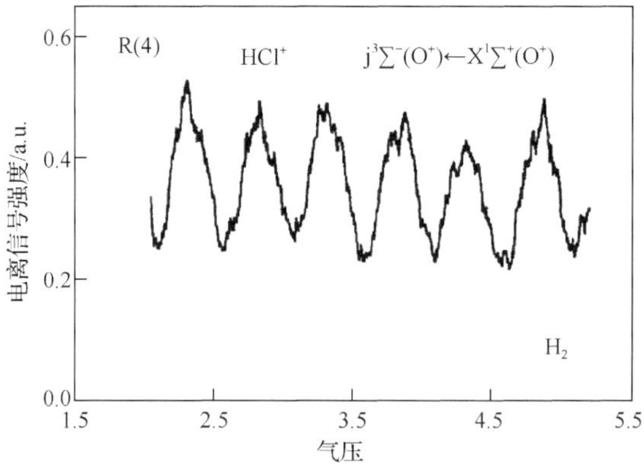

（b）

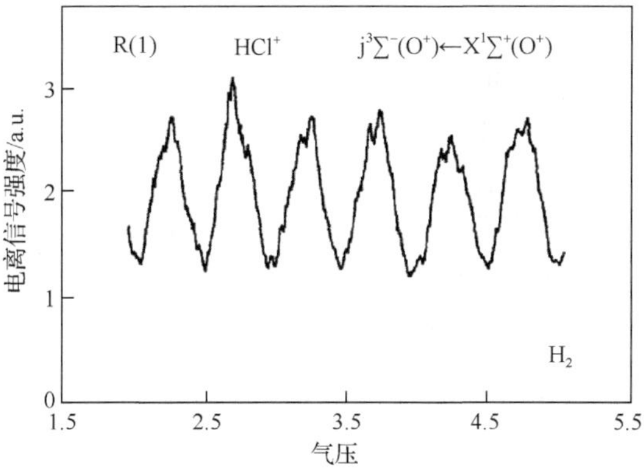

(c)

图 9.6.1　利用弱激光场控制 HCl 分子光电离的实验结果[55]

图 9.6.2 和图 9.6.3 分别表示利用强激光场控制光解离反应 $Na_2\rightarrow Na(3s)+Na(3d)$和$Na_2\rightarrow Na(3s)+Na(3p)$的理论计算（实线）与实验测量（点）结果[64]. 图 9.6.2 描绘了光解离反应 $Na_2\rightarrow Na(3s)+Na(3d)$的产物产率随着第二束激光频率 ω_2 的变化关系. 第一束激光频率为 ω_1=17720 cm^{-1}，两束激光的强度分别为 $I_1(\omega_1)=1.72\times10^8$ W/cm^2 和 $I_2(\omega_2)=2.84\times10^8$ W/cm^2. 图 9.6.3 表示光解离反应 $Na_2\rightarrow Na(3s)+Na(3p)$的产物产率随着第二束激光频率 ω_2 的变化关系. 从图 9.6.2 和图 9.6.3 可以看出，理论计算曲线和实验观测数据基本吻合.

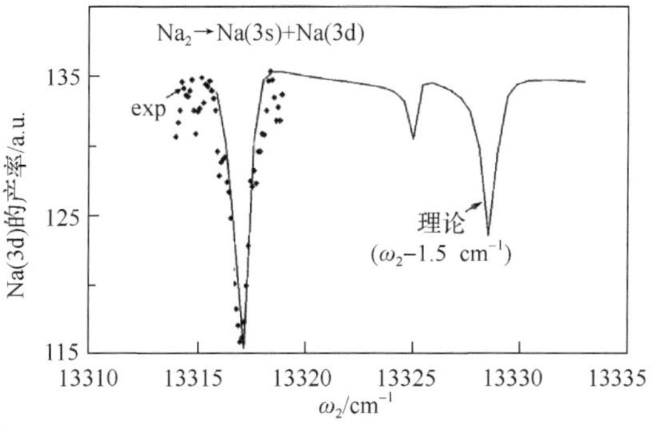

图 9.6.2　利用强激光控制 $Na_2\rightarrow Na(3s)+Na(3d)$光解离反应的理论计算（实线）与实验测量（点）结果[64]

相干控制理论为激光控制化学反应开辟了一条新的途径. 它是最近几年分子反应动力学领域的一项重要研究成果. 理论和实验研究的成功向人们展示了利用激光控制化学反应的可行性.

尽管 Shapiro-Brumer 理论取得了很大成功，但尚未达到完善的地步. 利用激光控制化学反应还有许多更复杂的问题等待人们去探索和深入研究.

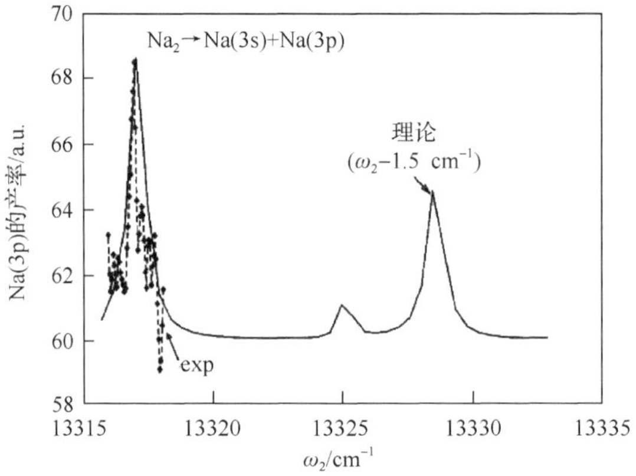

图 9.6.3　利用强激光控制 $Na_2 \to Na(3s)+Na(3p)$光解离反应的理论计算（实线）与实验测量（点）结果[64]

参 考 文 献

[1] Tannor D J, Rice S A. Control of selectivity of chemical reaction via control of wave packet evolution. The Journal of Chemical Physics, 1985, 83(10): 5013-5018.

[2] Rice S A, Tannor D T, Kosloff R. Correlation between hydrodesulphurization activity and reducibility of unsupported MoS_2-based catalysts promoted by group VIII metals. Journal of the Chemical Society, Faraday Transactions, 1986, 82(8): 2423-2434.

[3] Tannor D J, Kosloff R, Rice S A. Coherent pulse sequence induced control of selectivity of reactions: exact quantum mechanical calculations. The Journal of Chemical Physics, 1986, 85(10): 5805-5820.

[4] Tannor D J, Rice S A. Coherent pulse sequence control of product formation in chemical reactions. Advances in Chemical Physics, 1988, 70(1): 441-523.

[5] Kosloff R, Rice S A, Gaspard P, et al. Wavepacket dancing: achieving chemical selectivity by shaping light pulses. The Journal of Chemical Physics, 1989, 139(1): 201-220.

[6] Tersigni S, Gaspard P, Rice S A. On using shaped light pulses to control the selectivity of product formation in a chemical reaction: an application to a multiple level system. The Journal of Chemical Physics, 1990, 93(3): 1670-1680.

[7] Jakubetz W, Manz J, Mohan V. Model preparation of H_2O hyperspherical modes by visible versus infrared multiphoton excitation. The Journal of Chemical Physics, 1989, 90(7): 3686-3699.

[8] Jakubetz W, Just B, Manz J, et al. Mechanism of state-selective vibrational excitation by an infrared picosecond laser pulse studied by two techniques: fast Fourier transform propagation of a molecular wave packet and analysis of the corresponding vibrational transitions. The Journal of Chemical Physics, 1990, 94(6): 2294-2300.

[9] Hartke B, Kolba E, Manz J, et al. Model calculations on laser induced dissociation of bromine with control of electronic product excitation. Berichte der Bunsengesellschaft Für Physikalische Chemie, 1990, 94(11): 1312-1318.

[10] Combariza J E, Just B, Manz J, et al. Isomerizations controlled by ultrashort infrared laser pulses: model simulations for the inversion of ligands (H) in the double-well potential of an organometallic compound, [$(C_5H_5)(CO)_2FePH_2$]. Journal of Physical Chemistry, 1991, 95(25): 10351-10359.

[11] Shi S, Woody A, Rabitz H. Optimal control of selective vibrational excitation in harmonic linear chain molecules. The Journal of Chemical Physics, 1988, 88(11): 6870-6883.

[12] Shi S, Wlldy A, Rabitz H. Selective excitation in harmonic molecular systems by optimally designed fields. Chemical Physics, 1989, 139(1): 185-199.

[13] Shi S, Rabitz H. Optimal control of selective vibrational excitation of harmonic molecules: analytic solution and restricted forms for the optimal fields. The Journal of Chemical Physics, 1990, 92(5): 2927-2937.

[14] Yao K, Shi S, Rabitz H. Optimal control of molecular motion: nonlinear field effects. Chemical Physics, 1991, 150(3): 373-381.

[15] Shapiro M, Brumer P. The equivalence of unimolecular decay product yields in pulsed and cw laser excitation. The Journal of Chemical Physics, 1986, 84(1): 540-541.

[16] Shapiro M, Brumer P. Laser control of product quantum state populations in unimolecular reactions. The Journal of Chemical Physics, 1986, 84(7): 4103-4104.

[17] Brumer P, Shapiro M. Control of unimolecular reactions using coherent light. Chemical Physics Letters, 1986, 126(6): 541-546.

[18] Brumer P, Shapiro M. Coherent radiative control of unimolecular reactions: three-dimensional results. Faraday Discussions of the Chemical Society, 1986, 82(1): 177-185.

[19] Asaro C, Brumer P, Shapiro M. Coherent control of reactive scattering. Physical Review Letters, 1998, 81(17): 3789-3792.

[20] Shapiro M, Hepburn J W, Brumer P. Simplified laser control of unimolecular reactions: simultaneous (ω_1, ω_3) excitation. Chemical Physics Letters, 1988, 149(5-6): 451-454.

[21] Kurizki G, Shapiro M, Brumer P. Phase-coherent control of photocurrent directionality in semiconductors. Physical Review B, 1989, 39(5): 3435-3437.

[22] Shapiro M, Brumer P. Laser control of unimolecular decay yields in the presence of collisions. The Journal of Chemical Physics, 1989, 90(11): 6179-6186.

[23] Seideman T, Shapiro M, Brumer P. Coherent radiative control of unimolecular reactions: selective bond breaking with picosecond pulses. The Journal of Chemical Physics, 1989, 90(12): 7132-7136.

[24] Levy I, Shapiro M, Brumer P. Two-pulse coherent control of electronic states in the photodissociation of IBr: theory and proposed experiment. The Journal of Chemical Physics, 1990, 93(4): 2493-2498.

[25] Krause J L, Shapiro M, Brumer P. Coherent control of bimolecular chemical reactions. The Journal of Chemical Physics, 1990, 92(2): 1126-1131.

[26] Chan C K, Brumer P, Shapiro M. Coherent radiative control of IBr photodissociation via simultaneous (ω_1, ω_3) excitation. The Journal of Chemical Physics, 1991, 94(4): 2688-2696.

[27] Shapiro M, Brumer P. Controlled photon induced symmetry breaking: chiral molecular products from achiral precursors. The Journal of Chemical Physics, 1991, 95(11): 8658-8661.

[28] Jiang X P, Brumer P. Quantum beats induced by partially coherent laser sources. Chemical Physics Letters, 1991, 180(3): 222-229.

[29] Jiang X P, Brumer P. Creation and dynamics of molecular states prepared with coherent vs partially coherent pulsed light. The Journal of Chemical Physics, 1991, 94(9): 5833-5843.

[30] Shapiro M, Brumer P. Total N-channel control in the weak field domain. The Journal of Chemical Physics, 1992, 97(9): 6259-6261.

[31] Brumer P, Shapiro M. Laser control of molecular processes. Annual Review of Physical Chemistry, 1992, 43(1): 257-282.

[32] Chen Z, Brumer P, Shapiro M. Coherent radiative control of molecular photodissociation via resonant two-photon versus two-photon interference. Chemical Physics Letters, 1992, 198(5): 498-504.

[33] Chen Z, Shapiro M, Brumer P. Theory of resonant two-photon dissociation of Na_2. The Journal of Chemical Physics, 1993, 98(11): 8647-8659.

[34] Shapiro M, Brumer P. Weak field optimal control over product yields: the pump-dump scenario. Chemical Physics Letters, 1993, 208(3-4): 193-196.

[35] Chen Z, Brumer P, Shapiro M. Multiproduct coherent control of photodissociation via two-photon versus two-photon interference. The Journal of Chemical Physics, 1993, 98(9): 6843-6852.

[36] Shapiro M, Brumer P. Three-dimensional quantum-mechanical computations of the control of the H+OD←DOH→D+OH reaction. The Journal of Chemical Physics, 1993, 98(1): 201-205.

[37] Dods J, Brumer P, Shapiro M. Two-color coherent control with SEP preparation: electronic branching in Na_2 photodissociation. Canadian Journal of Chemistry, 1994, 72(3): 958-965.

[38] Chen Z, Shapiro M, Brumer P. Interference control of photodissociation branching ratios. Two-color frequency tuning of intense laser fields. Chemical Physics Letters, 1994, 228(4-5): 289-294.

[39] Chen Z, Shapiro M, Brumer P. Incoherent interference control of two-photon dissociation. Physical Review A, 1995, 52(3): 2225-2233.

[40] Chen Z, Shapiro M, Brumer P. Interference control without laser coherence: molecular photodissociation. The Journal of Chemical Physics, 1995, 102(14): 5683-5694.

[41] Jiang X P, Shapiro M, Brumer P. Pump-dump coherent control with partially coherent laser pulses. The Journal of Chemical Physics, 1996, 104(2): 607-615.

[42] Bar I, Cohen Y, David D, et al. Mode-selective bond fission: comparison between the photodissociation of HOD (0,0,1) and HOD (1,0,0). The Journal of Chemical Physics, 1991, 95(5): 3341-3346.

[43] Vander W, Scott J L, Crim F F, et al. An experimental and theoretical study of the bond selected photodissociation of HOD. The Journal of Chemical Physics, 1991, 94(5): 3548-3555.

[44] Bronikowski M J, Simpson W R, Girard B, et al. Bond-specific chemistry: OD: OH product ratios for the reactions H+HOD(100) and H+HOD(001). The Journal of Chemical Physics, 1991, 95(11): 8647-8648.

[45] Schererr N F, Ruggiero A J, Du M, et al. Time resolved dynamics of isolated molecular systems studied with phase-locked femtosecond pulse pairs. The Journal of Chemical Physics, 1990, 93(1): 856-857.

[46] Scherer N F, Carlson R J, Martro A, et al. Fluorescence-detected wave packet interferometry: time resolved molecular spectroscopy with sequences of femtosecond phase-locked pulses. The Journal of Chemical Physics, 1991, 95(3): 1487-1511.

[47] Zewail A H. Laser femtochemistry. Science, 1988, 242(4886): 1645-1653.

[48] Zewail A H, Bernstein R B B. Real-time laser femtochemistry viewing the transition from reagents to products. Chemical & Engineering News, 1988, 66(1): 24-43.

[49] Rosker M J, Dantus M, Zewail A H. Femtosecond real-time probing of reactions. I. The technique. The Journal of Chemical Physics, 1988, 89(10): 6113-6127.

[50] Dantus M, Rosker M J, Zewail A H. Femtosecond real-time probing of reactions. II. The dissociation reaction of ICN. The Journal of Chemical Physics, 1988, 89(10): 6128-6140.

[51] Bowman M J, Dantus M, Zewail A H. Femtosecond transition-state spectroscopy of iodine: from strongly bound to repulsive surface dynamics. Chemical Physics Letters, 1989, 161(4-5): 297-302.

[52] Chen C,Yin Y Y, Elliott D S. Interference between optical transitions. Physical Review Letters, 1990, 64(5): 507-510.

[53] Chen C, Elliott D S. Measurements of optical phase variations using interfering multiphoton ionization processes. Physical Review Letters, 1990, 65(14): 1737-1740.

[54] Park S M, Lu S P, Gordon R J. Coherent laser control of the resonance-enhanced multiphoton ionization of HCl. The Journal of Chemical Physics, 1991, 94(12): 8622-8624.

[55] Lu S P, Park S M, Xie Y, et al. Coherent laser control of bound-to-bound transitions of HCl and CO. The Journal of Chemical Physics, 1992, 96(9): 6613-6620.

[56] Baranova B A, Chudinov A N, Zeldovitch B Y. Polar asymmetry of photoionization by a field with $<E^3>\neq 0$. Theory and experiment. Optics Communications, 1990, 79(1-2): 116-120.

[57] Metiu H, Engel V. Coherence, transients and interference in photodissociation with ultrashort pulses. Journal of the Optical Society of America B-Optical Phycics, 1990, 7(8): 1709-1726.

[58] Engel V, Metiu H. Vibrational coherence effects in the pump-probe studies of photochemical predissociation. The Journal of Chemical Physics, 1991, 95(5): 3444-3455.

[59] Yin Y Y, Chen C, Elliott D S, et al. Asymmetric photoelectron angular distributions from interfering photoionization processes. Physical Review Letters, 69(16): 2353-2356.

[60] Kleiman V D, Zhu L, Li X, et al. Coherent phase control of the photoionization of H_2S. The Journal of Chemical Physics, 1995, 102(14): 5863-5866.

[61] Dupont E, Corkum P B, Liu H C, et al. Phase-controlled currents in semiconductors. Physical Review Letters, 1995, 74(18): 3596-3599.

[62] Sheeny B,Walker B, Dimauro L F. Phase control in the two-color photodissociation of HD^+. Physical Review Letters, 1995, 74(24): 4799-4802.

[63] Yin Y Y, Shehadeh R, Elliott D, et al. Two-pathway coherent control of photoelectron angular distributions in molecular NO. Chemical Physics Letters, 1995, 241(5-6): 591-596.

[64] Shniman A, Sofer I, Goiub I, et al. Experimental observation of laser control: electronic branching in the photodissociation of Na_2. Physical Review Letters, 1996, 76(16): 2886-2889.

附录 A　常用的 3-j 符号代数表达式

（1）J_3=0.

$$\begin{pmatrix} 0 & 0 & 0 \\ 0 & 0 & 0 \end{pmatrix} = 1$$

$$\begin{pmatrix} j & j & 0 \\ m & -m & 0 \end{pmatrix} = (-1)^{j-m}(2j+1)^{-1/2}$$

（2）J_3=1/2.

$$\begin{pmatrix} j+1/2 & j & 1/2 \\ m & -m-1/2 & 1/2 \end{pmatrix} = (-1)^{j-m-1/2}\left[\frac{j-m+1/2}{2(j+1)(2j+1)}\right]^{1/2}$$

（3）J_3=1.

$$\begin{pmatrix} j+1 & j & 1 \\ m & -m-1 & 1 \end{pmatrix} = (-1)^{j-m-1}\left[\frac{(j-m)(j-m+1)}{(2j+3)(2j+2)(2j+1)}\right]^{1/2}$$

$$\begin{pmatrix} j+1 & j & 1 \\ m & -m & 0 \end{pmatrix} = (-1)^{j-m-1}\left[\frac{(j+m+1)(j-m+1)}{(j+1)(2j+1)(2j+3)}\right]^{1/2}$$

$$\begin{pmatrix} j & j & 1 \\ m & -m-1 & 1 \end{pmatrix} = (-1)^{j-m}\left[\frac{(j+m+1)(j-m)}{2j(j+1)(2j+1)}\right]^{1/2}$$

$$\begin{pmatrix} j & j & 1 \\ m & -m & 0 \end{pmatrix} = (-1)^{j-m}\frac{m}{[j(j+1)(2j+1)]^{1/2}}$$

（4）J_3=3/2.

$$\begin{pmatrix} j+3/2 & j & 3/2 \\ m & -m-3/2 & 3/2 \end{pmatrix}$$
$$= (-1)^{j-m+1/2}A_{3/2}(2j+4)\left[(j-m-1/2)(j-m+1/2)(j-m+3/2)\right]^{1/2}$$

式中，$A_{3/2}(X) = [X(X-1)(X-2)(X-3)]^{-1/2}$（下同）.

$$\begin{pmatrix} j+3/2 & j & 3/2 \\ m & -m-1/2 & 1/2 \end{pmatrix}$$
$$= (-1)^{j-m+1/2}A_{3/2}(2j+4)\left[3(j-m+1/2)(j-m+3/2)(j+m+3/2)\right]^{1/2}$$

$$\begin{pmatrix} j+1/2 & j & 3/2 \\ m & -m-3/2 & 3/2 \end{pmatrix}$$
$$= (-1)^{j-m-1/2}A_{3/2}(2j+3)\left[3(j-m-1/2)(j-m+1/2)(j+m+3/2)\right]^{1/2}$$

$$\begin{pmatrix} j+1/2 & j & 3/2 \\ m & -m-1/2 & 1/2 \end{pmatrix} = (-1)^{j-m-1/2} A_{3/2}(2j+3)(j+3m+3/2)(j-m+1/2)^{1/2}$$

（5）$J_3=2$.

$$\begin{pmatrix} j+2 & j & 2 \\ m & -m-2 & 2 \end{pmatrix} = (-1)^{j-m} A_2(2j+5)[(j-m-1)(j-m)(j-m+1)(j-m+2)]^{1/2}$$

式中，$A_2(X)=[X(X-1)(X-2)(X-3)(X-4)]^{-1/2}$（下同）.

$$\begin{pmatrix} j+2 & j & 2 \\ m & -m-1 & 1 \end{pmatrix} = (-1)^{j-m} A_2(2j+5)[4(j+m+2)(j-m+2)(j-m+1)(j-m)]^{1/2}$$

$$\begin{pmatrix} j+2 & j & 2 \\ m & -m & 0 \end{pmatrix} = (-1)^{j-m} A_2(2j+5)[6(j+m+2)(j+m+1)(j-m+2)(j-m+1)]^{1/2}$$

$$\begin{pmatrix} j+1 & j & 2 \\ m & -m-2 & 2 \end{pmatrix} = (-1)^{j-m+1} A_2(2j+4)[4(j-m-1)(j-m)(j-m+1)(j+m+2)]^{1/2}$$

$$\begin{pmatrix} j+1 & j & 2 \\ m & -m-1 & 1 \end{pmatrix} = (-1)^{j-m+1} A_2(2j+4)[2(j+2m+2)][(j-m+1)(j-m)]^{1/2}$$

$$\begin{pmatrix} j+1 & j & 2 \\ m & -m & 0 \end{pmatrix} = (-1)^{j-m+1} A_2(2j+4)\,(2m)[6(j+m+1)(j-m+1)]^{1/2}$$

$$\begin{pmatrix} j & j & 2 \\ m & -m-2 & 2 \end{pmatrix} = (-1)^{j-m} A_2(2j+3)[6(j-m-1)(j-m)(j+m+1)(j+m+2)]^{1/2}$$

$$\begin{pmatrix} j & j & 2 \\ m & -m-1 & 1 \end{pmatrix} = (-1)^{j-m} A_2(2j+3)\,(2m+1)[6(j+m+1)(j-m)]^{1/2}$$

$$\begin{pmatrix} j & j & 2 \\ m & -m & 0 \end{pmatrix} = 2(-1)^{j-m} A_2(2j+3)[3m^2-j(j+1)]$$

说明：利用上述列出的3-j符号表达式和3-j符号对称性关系式，可以求出角动量量子数取0、1/2、1、3/2和2的所有非零3-j符号的结果.

附录 B 常用的 6-j 符号代数表达式

$$\begin{Bmatrix} j_1 & j_2 & j_3 \\ 0 & j_3 & j_2 \end{Bmatrix} = (-1)^S [(2j_2+1)(2j_3+1)]^{-1/2}$$

式中，$S = j_1 + j_2 + j_3$（下同）.

$$\begin{Bmatrix} j_1 & j_2 & j_3 \\ 1 & j_3-1 & j_2-1 \end{Bmatrix} = (-1)^S \left[\frac{S(S+1)(S-2j_1-1)(S-2j_1)}{(2j_2-1)(2j_2)(2j_2+1)(2j_3-1)(2j_3)(2j_3+1)}\right]^{1/2}$$

$$\begin{Bmatrix} j_1 & j_2 & j_3 \\ 1 & j_3-1 & j_2 \end{Bmatrix} = (-1)^S \left[\frac{2(S+1)(S-2j_1)(S-2j_2)(S-2j_3+1)}{(2j_2)(2j_2+1)(2j_2+2)(2j_3-1)(2j_3)(2j_3+1)}\right]^{1/2}$$

$$\begin{Bmatrix} j_1 & j_2 & j_3 \\ 1 & j_3-1 & j_2+1 \end{Bmatrix} = (-1)^S \left[\frac{(S-2j_2-1)(S-2j_2)(S-2j_3+1)(S-2j_3+2)}{(2j_2+1)(2j_2+2)(2j_2+3)(2j_3-1)(2j_3)(2j_3+1)}\right]^{1/2}$$

$$\begin{Bmatrix} j_1 & j_2 & j_3 \\ 1 & j_3 & j_2 \end{Bmatrix} = (-1)^S \frac{j_1(j_1+1)-j_2(j_2+1)-j_3(j_3+1)}{2[j_2(2j_2+1)(j_2+1)j_3(2j_3+1)(j_3+1)]^{1/2}}$$

$$\begin{Bmatrix} j_1 & j_2 & j_3 \\ 2 & j_3-2 & j_2-2 \end{Bmatrix} = (-1)^S A_2(2j_2+1)A_2(2j_3+1)[(S-2)(S-1)S(S+1)(S-2j_1-3)$$
$$\cdot(S-2j_1-2)(S-2j_1-1)(S-2j_1)]^{1/2}$$

式中，$A_2(X) = [X(X-1)(X-2)(X-3)(X-4)]^{-1/2}$（下同）.

$$\begin{Bmatrix} j_1 & j_2 & j_3 \\ 2 & j_3-2 & j_2-1 \end{Bmatrix} = 2(-1)^S A_2(2j_2+2)A_2(2j_3+1)[S(S-1)(S+1)(S-2j_1)$$
$$\cdot(S-2j_1-1)(S-2j_1-2)(S-2j_2)(S-2j_3+1)]^{1/2}$$

$$\begin{Bmatrix} j_1 & j_2 & j_3 \\ 2 & j_3-2 & j_2 \end{Bmatrix} = (-1)^S A_2(2j_2+3)A_2(2j_3+1)[6S(S+1)(S-2j_1)$$
$$\cdot(S-2j_1-1)(S-2j_2)(S-2j_2-1)(S-2j_3+1)(S-2j_3+2)]^{1/2}$$

$$\begin{Bmatrix} j_1 & j_2 & j_3 \\ 2 & j_3-2 & j_2+1 \end{Bmatrix} = 2(-1)^S A_2(2j_2+4)A_2(2j_3+1)[(S+1)(S-2j_1)(S-2j_2-2)$$
$$\cdot(S-2j_2-1)(S-2j_2)(S-2j_3+1)(S-2j_3+2)(S-2j_3+3)]^{1/2}$$

$$\begin{Bmatrix} j_1 & j_2 & j_3 \\ 2 & j_3-2 & j_2+2 \end{Bmatrix} = (-1)^S A_2(2j_2+5)A_2(2j_3+1)[(S-2j_2)(S-2j_2-1)(S-2j_2-2)$$
$$\cdot(S-2j_2-3)(S-2j_3+1)(S-2j_3+2)(S-2j_3+3)(S-2j_3+4)]^{1/2}$$

$$\begin{Bmatrix} j_1 & j_2 & j_3 \\ 2 & j_3-1 & j_2-1 \end{Bmatrix} = 4(-1)^S A_2(2j_2+2)A_2(2j_3+2)[(j_1+j_2)(j_1-j_2+1)-(j_3-1)$$
$$\cdot(j_3-j_2+1)][S(S+1)(S-2j_1-1)(S-2j_1)]^{1/2}$$

$$\begin{Bmatrix} j_1 & j_2 & j_3 \\ 2 & j_3-1 & j_2 \end{Bmatrix} = 2(-1)^S A_2(2j_2+3)A_2(2j_3+2)[(j_1+j_2+1)(j_1-j_2)-j_3^2+1] \cdot[6(S+1)(S-2j_1)(S-2j_2)(S-2j_3+1)]^{1/2}$$

$$\begin{Bmatrix} j_1 & j_2 & j_3 \\ 2 & j_3-1 & j_2+1 \end{Bmatrix} = 4(-1)^S A_2(2j_2+4)A_2(2j_3+2)[(j_1+j_2+2)(j_1-j_2-1)- \cdot(j_3-1)(j_2+j_3+2)][(S-2j_2-1)(S-2j_2)(S-2j_3+1)(S-2j_3+2)]^{1/2}$$

$$\begin{Bmatrix} j_1 & j_2 & j_3 \\ 2 & j_3 & j_2 \end{Bmatrix} = 2(-1)^S A_2(2j_2+3)A_2(2j_3+3)[3C(C+1)-4j_2(j_2+1)j_3(j_3+1)]$$

式中，$C=j_1(j_1+1)-j_2(j_2+1)-j_3(j_3+1)$．

$$\begin{Bmatrix} j_1 & j_2 & j_3 \\ 1/2 & j_3-1/2 & j_2+1/2 \end{Bmatrix} = (-1)^S \left[\frac{(S-2j_2)(S-2j_3+1)}{(2j_2+1)(2j_2+2)(2j_3)(2j_3+1)}\right]^{1/2}$$

$$\begin{Bmatrix} j_1 & j_2 & j_3 \\ 1/2 & j_3-1/2 & j_2-1/2 \end{Bmatrix} = (-1)^S \left[\frac{(S+1)(S-2j_1)}{(2j_2)(2j_2+1)(2j_3)(2j_3+1)}\right]^{1/2}$$

$$\begin{Bmatrix} j_1 & j_2 & j_3 \\ 3/2 & j_3-3/2 & j_2-3/2 \end{Bmatrix} = (-1)^S A_{3/2}(2j_2+1)A_{3/2}(2j_3+1)[(S-1)S(S+1) \cdot(S-2j_1-2)(S-2j_1-1)(S-2j_1)]^{1/2}$$

式中，$A_{3/2}(X)=[X(X-1)(X-2)(X-3)]^{-1/2}$（下同）．

$$\begin{Bmatrix} j_1 & j_2 & j_3 \\ 3/2 & j_3-3/2 & j_2-1/2 \end{Bmatrix} = (-1)^S A_{3/2}(2j_2+2)A_{3/2}(2j_3+1)[3S(S+1) \cdot(S-2j_1-1)(S-2j_1)(S-2j_2)(S-2j_3+1)]^{1/2}$$

$$\begin{Bmatrix} j_1 & j_2 & j_3 \\ 3/2 & j_3-3/2 & j_2+1/2 \end{Bmatrix} = (-1)^S A_{3/2}(2j_2+3)A_{3/2}(2j_3+1)[3(S+1)(S-2j_1) \cdot(S-2j_2-1)(S-2j_2)(S-2j_3+1)(S-2j_3+2)]^{1/2}$$

$$\begin{Bmatrix} j_1 & j_2 & j_3 \\ 3/2 & j_3-3/2 & j_2+3/2 \end{Bmatrix} = (-1)^S A_{3/2}(2j_2+4)A_{3/2}(2j_3+1)[(S-2j_2-2)(S-2j_2-1) \cdot(S-2j_2)(S-2j_3+1)(S-2j_3+2)(S-2j_3+3)]^{1/2}$$

$$\begin{Bmatrix} j_1 & j_2 & j_3 \\ 3/2 & j_3-1/2 & j_2-1/2 \end{Bmatrix} = (-1)^S A_{3/2}(2j_2+2)A_{3/2}(2j_3+2)[2(S-2j_2)(S-2j_3)- \cdot(S+2)(S-2j_1-1)][(S+1)(S-2j_1)]^{1/2}$$

$$\begin{Bmatrix} j_1 & j_2 & j_3 \\ 3/2 & j_3-1/2 & j_2+1/2 \end{Bmatrix} = (-1)^S A_{3/2}(2j_2+3)A_{3/2}(2j_3+2)[(S-2j_2-1)(S-2j_3)- \cdot2(S+2)(S-2j_1)]\,[(S-2j_2)(S-2j_3+1)]^{1/2}$$

注：附录 A、B 引自杰尔的《角动量——化学及物理学中的方位问题》（1995 年）．